建筑施工特种作业人员考核培训系列丛书

建筑施工
特种作业安全生产基本知识

那建兴　田占稳　主编

中国铁道出版社

2011年·北京

内 容 简 介

本书以国家建筑安全生产法律法规和特种作业安全技术规范标准为依据，详尽阐述了安全生产法律法规和规章制度、特种作业人员管理制度、高处作业安全知识、安全防护、标志、消防、急救知识、安全用电等建筑施工特种作业人员应掌握的安全生产基本知识，有助于读者提高建筑施工特种作业安全技能。

图书在版编目(CIP)数据

建筑施工特种作业安全生产基本知识/那建兴、田占稳主编. 北京：中国铁道出版社，2009.7(2011.4 重印)
(建筑施工特种作业人员考核培训系列丛书)
ISBN 978-7-113-10033-9

Ⅰ.建… Ⅱ.那… Ⅲ.建筑工程—安全生产—技术培训—教材 Ⅳ.TU714

中国版本图书馆 CIP 数据核字(2009)第 105422 号

书　　名： 建筑施工特种作业人员考核培训系列丛书
建筑施工特种作业安全生产基本知识
作　　者： 那建兴　田占稳　主编

责任编辑： 江新锡　徐　艳　　电话：010-51873065　　**电子信箱：** xy108@eyou.com
封面设计： 薛小卉
责任校对： 张玉华
责任印制： 李　佳

出版发行： 中国铁道出版社（100054，北京市宣武区右安门西街 8 号）
网　　址： http://www.tdpress.com
印　　刷： 北京市兴顺印刷厂
版　　次： 2009 年 7 月第 1 版　2011 年 4 月第 2 次印刷
开　　本： 787mm×1092mm　1/16　印张：17.75　字数：444 千
书　　号： ISBN 978-7-113-10033-9/TU·1032
定　　价： 39.00 元

《建筑施工特种作业安全生产基本知识》编委会

主　　任：徐向东

副 主 任：方永山　袁玉贵　张双群　李路昆

主　　编：那建兴　田占稳

编写人员：那建兴　田占稳　张喜敬　潘红亚

王国胜　古慧春　范利霞　吕家骥

张　锐　刘庆余　张艳斌　李卫锋

张国栋　于洪友　周宗满　武丽生

闫寿丰

前　言

为认真贯彻“安全第一，预防为主”的方针，提高建筑施工特种作业人员的素质，防止和减少建筑施工生产安全事故，通过安全技术理论知识和安全操作技能考核，确保取得《建筑施工特种作业操作资格证书》人员具备独立从事相应特种作业能力，落实住房和城乡建设部《建筑施工特种作业人员管理规定》和《关于建筑施工特种作业人员考核工作的实施意见》，我们依据国家建筑安全生产法律法规和特种作业安全技术规范标准，组织编写了建筑施工特种作业人员考核培训系列丛书，包括：《建筑电工》、《建筑架子工》（高处作业吊篮安装拆卸工）、《建筑起重机械作业》、《建筑施工特种作业安全生产基本知识》等专业技术书籍。

本书以普及安全生产知识，增强特种作业人员安全意识和自我保护能力，提高施工现场安全管理水平为出发点，系统地介绍了建筑施工特种作业人员应掌握的知识点，希望通过我们的努力，达到掌握相关操作技能，提高专业技术水平的目的。本书在编写过程中，得到了河北亿安工程技术有限公司等单位的大力协助，在此表示感谢。

由于编写时间仓促，编者水平有限，书中难免有疏漏和不当之处，敬请批评指正。

编　者

2009 年 4 月

目　录

第一章　建筑安全生产法律法规和规章制度

安全生产关系到人民群众生命和财产安全，直接影响到社会稳定和社会发展的大局。党和政府非常重视安全生产工作，为减少和防止生产安全事故的发生，从制度、体制、措施上制定了一系列的安全生产法律法规。

安全生产相关的法律法规按其立法的主体、法律效力不同可分为宪法、安全生产法律、行政法规、地方性行政法规、部门规章、国际安全公约和标准、规范。

第一节　安全生产法律法规

一、《中华人民共和国宪法》

宪法是我们国家的根本法律，是整个法律体系的核心，在我国的法律中有最高的权威和最大的效力。一切法律都要以宪法为依据，不得与宪法相抵触。目前，正在使用的《中华人民共和国宪法修正案》，是2004年3月14日修订的。

宪法第四十二条规定：中华人民共和国公民有劳动的权利和义务。国家通过各种途径，创造劳动就业条件，加强劳动保护，改善劳动条件，并在发展生产的基础上，提高劳动报酬和福利待遇。第四十六条规定：中华人民共和国公民有受教育的权利和义务。

二、《中华人民共和国建筑法》

《建筑法》(国家主席令第91号)1997年11月1日发布，自1998年3月1日起施行。是我国第一部专门规范各类房屋建筑及其附属设施的建造和与其配套的线路、管道、设备的安装等建筑施工活动的法律。从法律的层面上规范了建筑施工过程中所有的工作内容，其目的是为了加强对建筑活动的监督管理，维护建筑市场秩序，保证建筑工程的质量和安全，促进建筑业健康发展。《建筑法》第一次以法律的形式明确，我国建筑工程安全生产管理必须坚持“安全第一、预防为主”的方针，《建筑法》第五章专门阐述了建筑施工安全生产管理的要求。《建筑法》四十六条规定：建筑施工企业应当建立、健全劳动安全生产教育培训制度，加强对职工安全生产的教育培训；未经安全生产教育培训的人员，不得上岗作业。

三、《中华人民共和国劳动法》

《劳动法》(国家主席令第28号)已于1994年7月5日发布，自1995年1月1日起施行。该法作为我国第一部全面调整劳动关系的法律，以国家意志把实现劳动者的权利建立在法律保证的基础上，既是劳动者在劳动问题上的法律保障，又是每一个劳动者在劳动过程中的行为规范。《劳动法》共十三章、一百零七条。它的颁布，改变了我国劳动立法落后的状况，不仅提高了劳动法律规范的层次和效力，而且为制定其他相关法规，建立完备的劳动法律体系奠定了基础。

《劳动法》规定，用人单位应当建立职业培训制度，按照国家规定提取和使用职业培训经费，根据本单位实际，有计划地对劳动者进行职业培训。《劳动法》五十五条规定：从事特种作业的劳动者必须经过专门培训并取得特种作业资格。

四、《中华人民共和国安全生产法》

《安全生产法》（国家主席令第70号）于2002年6月29日公布，2002年11月1日起施行。《安全生产法》是我国第一部全面规范安全生产的专门法律，在安全生产法律法规体系中占有极其重要的地位。《安全生产法》共七章、九十七条，是我国安全生产法律体系的主体法，是党和政府在总结以往各类安全生产事故的基础上，根据我国经营单位的经济成分和经营组织日益多元化的实际情况而制定的。其适用范围为在中华人民共和国领域内从事生产经营活动的单位的安全生产。是各类生产经营单位及其从业人员实现安全生产所必须遵循的行为准则，是各级人民政府及其有关部门进行监督管理和行政执法的法律依据，是制裁各种安全生产违法犯罪行为的有力武器。

《安全生产法》从法律层面上规定了生产经营单位和从业人员的权利和义务。第二十一、二十二条规定：生产经营单位应当对从业人员进行安全生产教育和培训，保证从业人员具备必要的安全生产知识，熟悉有关的安全生产规章制度和安全操作规程，掌握本岗位的安全操作技能。生产经营单位采用新工艺、新技术、新材料或者使用新设备，必须了解、掌握其安全技术特性，采取有效的安全防护措施，并对从业人员进行专门的安全生产教育和培训。未经安全生产教育和培训合格的从业人员，不得上岗作业。

《安全生产法》第二十三条规定：经营单位的特种作业人员必须按照国家有关规定经专门的安全作业培训，取得特种作业操作资格证书，方可上岗作业。

五、《建设工程安全生产管理条例》

《建设工程安全生产管理条例》（国务院令第393号）于2003年11月12日公布，自2004年2月1日起施行。共八章、七十一条，主要规定了建设单位、勘察单位、设计单位、施工单位、工程监理单位和其他与建设工程有关的单位的安全责任以及安全生产的监督管理、生产安全事故应急救援与调查处理等内容。专门适用于工程建设的建筑施工。

《建设工程安全生产管理条例》对建设单位的安全生产责任进行了详细的规定：建设单位应当如实向施工单位提供有关施工资料，不得向有关单位提出非法要求，不得压缩合同工期，不得明示或者暗示施工单位购买不符合要求的设备、设施、器材和用具；建设单位在编制工程概算时，应当确定建设工程安全作业环境及安全施工措施所需费用；必须保证必要的安全投入等内容。同时明确规定了监理、勘察、设计单位和其他有关单位的安全生产责任。

《条例》第四章专门叙述了施工单位的安全生产责任。第三十六条规定：施工单位应当对管理人员和作业人员每年至少进行一次安全生产教育培训，其教育培训情况记入个人工作档案。安全生产教育培训考核不合格的人员，不得上岗。第三十七条规定：作业人员进入新的岗位或者新的施工现场前，应当接受安全生产教育培训。未经教育培训或者教育培训考核不合格的人员，不得上岗作业。施工单位在采用新技术、新工艺、新设备、新材料时，应当对作业人员进行相应的安全生产教育培训。

六、《中华人民共和国劳动合同法实施条例》

《中华人民共和国劳动合同法实施条例》（国务院令第535号）于2008年9月3日公布施

行。它的颁布实施对《劳动合同法》中的很多条款作了明确的规定，解决了《劳动合同法》的不足，细化了《劳动合同法》难以直接操作的原则性规定，补充和完善了《劳动合同法》的漏洞，对于我国劳动合同法律制度的完善，具有十分重大的意义。

用人单位为劳动者提供规定的培训费用，包括用人单位为了对劳动者进行专业技术培训而支付的有凭证的培训费用、培训期间的差旅费用以及因培训产生的用于该劳动者的其他直接费用。

依照劳动合同法规定的条件、程序，用人单位和劳动者在符合法律法规的情况下可以与劳动者和人员到位解除固定期限劳动合同、无固定期限劳动合同或者以完成一定工作任务为期限的劳动合同等。

七、《特种设备安全监察条例》

《国务院关于修改〈特种设备安全监察条例〉的决定》(国务院令第 549 号)，自 2009 年 5 月 1 日起施行。条例规定了特种设备设计、制造、安装、改造、维修、使用、检验检测全过程安全监察的基本制度。条例对于加强特种设备的安全管理，防止和减少事故，保障人民群众生命、财产安全发挥了重要作用。

特种设备是指涉及生命安全、危险性较大的锅炉、压力容器(含气瓶，下同)、压力管道、电梯、起重机械、客运索道、大型游乐设施和场(厂)内专用机动车辆。由于特种设备的设计、制造、安装、改造、维修、使用、检验检测等存在一定的特殊性和危险性，为了加强特种设备的安全监察，防止和减少事故，保障人民群众生命和财产安全，促进经济发展，制定特种设备安全监察条例。

新修订的特种设备安全监察条例将场(厂)内专用机动车辆、安全监察明确纳入条例调整范围，同时第三条第三款规定：房屋建筑工地和市政工程工地用起重机械、场(厂)内专用机动车辆的安装、使用的监督管理，由建设行政主管部门依照有关法律、法规的规定执行。

八、《建筑起重机械安全监督管理规定》

《建筑起重机械安全监督管理规定》(建设部令第 166 号)于 2008 年 1 月 8 号发布，自 2008 年 6 月 1 日起施行。建筑起重机械，是指纳入特种设备目录，在房屋建筑工地和市政工程工地安装、拆卸、使用的起重机械。目的是为了加强建筑起重机械的安全监督管理，防止和减少生产安全事故，保障人民群众生命和财产安全。建筑起重机械的租赁、安装、拆卸、使用及其监督管理，适用该规定。

该规定逐条明确了建筑起重机械出租单位、安装单位、拆除单位、使用单位、施工总承包单位、建筑起重机械特种作业人员的安全责任。

九、《工伤保险条例》

《工伤保险条例》(国务院令第 375 号)自 2004 年 1 月 1 日起施行。工伤保险是一项建立较早的社会保险制度。为了保障因工作遭受事故伤害或者患职业病的职工获得医疗救治和经济补偿，促进工伤预防和职业康复，分散用人单位的工伤风险，《工伤保险条例》工伤保险补偿作出了明确的法律规定，对做好工伤人员的医疗救治和经济补偿，加强安全生产工作，预防和减少生产安全事故，实现社会稳定，具有积极的作用。中华人民共和国境内的各类企业、有雇工的个体工商户应当依照《工伤保险条例》规定参加工伤保险，为本单位全部职工或者雇工缴纳工伤保险费。中华人民共和国境内的各类企业的职工和个体工商户的雇工，均有依照《工伤保险条例》的规定享受工伤保险待遇的权利。工伤保险具有补偿性、保险补偿、风险共担、无责任补偿的原则的特性。

《工伤保险条例》规定,职工发生工伤经治疗伤情相对稳定后存在残疾影响劳动能力的,应当进行劳动能力鉴定。劳动能力鉴定是指利用医学科学的办法和依据鉴定标准,对伤病劳动者的伤、病、残程度及其劳动能力进行诊断和鉴定的活动。劳动能力鉴定是劳动和社会保障行政部门的一项重要工作,是确定工伤保险待遇的基础。根据我国相关标准的规定,劳动功能障碍分为10个伤残等级。

工伤保险待遇:职工因工作遭受事故伤害或者患职业病进行治疗,享受工伤医疗待遇。工伤保险待遇包括:受伤职工的住院待遇、安装辅助器具的待遇、停工留薪的待遇、伤残补助的待遇、职工因公死亡的待遇等。工伤保险待遇从工伤保险基金支付。具体标准符合《工伤保险条例》的规定。

第二节 施工企业安全管理责任

工程建设中建设单位、设计单位、监理单位等,都担负着安全生产责任和义务。其中,施工单位是工程建设活动的主体之一,在安全生产中处于核心地位。在施工生产过程中,防范安全事故,消除事故隐患,确保施工安全生产,施工单位是关键。法律规定,施工现场的安全生产建筑施工企业负总责。

一、实行施工总承包的,施工现场安全由总承包单位负责

施工总承包企业承揽工程后,可以将工程中的部分工程合法分包给具有相应资质的专业承包企业或者劳务分包企业。实际施工中,总承包单位和分包单位在施工现场同一个施工作业区作业,如果施工中自己管自己,缺少统一的协调管理,就会导致施工现场的安全管理比较混乱,施工安全得不到真正的保证,一旦发生安全事故,又往往相互推卸责任。因此,《建筑法》明确规定:施工现场的安全管理由总承包企业统一管理和全面负责。

总承包单位依法将建设工程进行分包的,在分包合同中应当明确各自安全生产方面的权利、义务,分包单位要服从总承包单位的管理,对分包的工程,分包单位向总承包单位负责,服从总承包单位对施工现场的安全生产管理,但双方均承担安全管理的责任,分包单位不服从总承包单位管理导致生产安全事故的,由分包单位承担主要责任,总承包单位负连带责任。

《建筑法》第二十九条规定:建筑工程总承包单位可以将承包工程中的部分工程发包给具有相应资质条件的分包单位,但是,除总承包合同中约定的分包外,必须经建设单位认可。建筑工程总承包单位按照总承包合同的约定对建设单位负责;分包单位按照分包合同的约定对总承包单位负责。总承包单位和分包单位就分包工程对建设单位承担连带责任。禁止总承包单位将工程分包给不具备相应资质条件的单位。禁止分包单位将其承包的工程再分包。第四十五条规定:施工现场安全由建筑施工企业负责。实行施工总承包的,由总承包单位负责。分包单位向总承包单位负责,服从总承包单位对施工现场的安全生产管理。

二、对施工单位的安全管理要求

国家相关法律、法规规定:建筑施工企业在进行施工生产前,应该取得安全生产许可证,未取得安全生产许可证的,不得从事生产活动。取得安全生产许可证的条件包括很多内容,其中

企业应建立、健全安全生产责任制，制定完备的安全生产规章制度和操作规程，进行必要的安全生产投入，对从业人员和特种作业人员进行安全生产教育和培训。特种作业人员还应经有关业务主管部门考核合格，取得特种作业操作资格证书等是企业申办安全生产许可证的重要内容之一。

（一）安全生产责任制

安全生产责任制是根据我国的安全生产方针和安全生产法规建立的各级领导、职能部门、工程技术人员、岗位操作人员在劳动生产过程中对安全生产层层负责的制度。安全生产责任制是企业岗位责任制的一个组成部分，是企业中最基本的一项安全制度，也是企业安全生产、劳动保护管理制度的核心。实践证明，凡是建立、健全了安全生产责任制的企业，各级领导重视安全生产、劳动保护工作，切实贯彻执行党的安全生产、劳动保护方针、政策和国家的安全生产、劳动保护法规，在认真负责地组织生产的同时，积极采取措施，改善劳动条件，工伤事故和职业性疾病就会减少。反之，就会职责不清，相互推诿，而使安全生产、劳动保护工作无人负责，无法进行，工伤事故与职业病就会不断发生。《安全生产法》规定：生产经营单位必须遵守本法和其他有关安全生产的法律、法规，加强安全生产管理，建立、健全安全生产责任制度，完善安全生产条件，确保安全生产。

要建立、健全安全生产责任制度，首先要明确生产经营单位主要负责人的安全生产职责。生产经营单位主要负责人是指在本单位的日常生产经营活动中具有决策权的领导人或领导层，包括企业的法定代表人、企业最高行政负责人、公司的董事会成员或者有决策权的经理层人员。他们在安全生产工作中居于全面领导和决策的地位，如果他们对安全生产重视不够、管理不严、责任不清，甚至重视生产轻视安全，就有可能导致其他从业人员忽视对安全工作的管理，从而酿成安全事故，也就是说，他们对安全工作真正重视与否，对本单位的安全生产具有至关重要的意义。因此，《安全生产法》规定：建筑施工企业的法人代表对本单位的安全生产工作全面负责。《建设工程安全生产管理条例》第二十一条第一款又进行了进一步的规定：施工单位主要负责人依法对本单位的安全生产工作全面负责。同时，《安全生产法》第十七条第一次以法律形式确定了生产经营单位主要负责人对本单位安全生产负有的六项职责：建立、健全本单位安全生产责任制；组织制定本单位安全生产规章制度和操作规程；保证本单位安全生产投入的有效实施；督促、检查本单位的安全生产工作，及时消除生产安全事故隐患；组织制定并实施本单位的生产安全事故应急救援预案；及时、如实报告生产安全事故。《建设工程安全生产管理条例》对此规定进行了重申。

（二）安全生产条件

安全生产条件是指生产经营单位的各个系统、各生产经营环境、所有的设备和设施以及与生产相适应的管理组织、制度和技术措施等，能够满足保障生产经营安全的需要，在正常情况下不会导致人员的伤亡或者财产损失。安全生产条件是保证安全生产的基石，是保障安全生产的前提和基础，具备了这些安全生产条件，生产经营单位发生生产安全事故的可能性就降到了最低。不具备这些基本的安全生产条件，发生生产安全事故的可能性就会增加。《安全生产法》第十六条规定：生产经营单位应当具备本法和有关法律、行政法规和国家标准或者行业标准规定的安全生产条件；不具备安全生产条件的，不得从事生产经营活动。

1. 安全生产投入

要保证安全生产，必须有一定的物质条件和技术措施加以支持，这就必须有相应资金的投入，生产经营单位应当建立、健全安全生产资金投入保障制度，是为了进一步加强安全生产管理，确保对安全技术措施费使用的及时、到位。表面上看，安全生产方面的资金投入与单位追求的经济效益之间是相互矛盾的，实际上，发生一起大的事故，给单位带来的经济损失往往是巨大的，有的甚至能将单位多年的经济效益毁于一旦，因此，从法律要求来讲，生产经营单位必须保证安全生产资金的投入，是十分必要和迫切的。安全生产投入由生产经营单位的决策机构、主要负责人予以保证，如果因为投入不足，不具备安全生产条件，导致生产安全事故发生，造成人员伤亡和财产损失等严重后果，应由生产经营单位的决策机构、主要负责人承担相应法律责任，包括民事赔偿责任、行政责任和刑事责任。《安全生产法》第十八条规定：生产经营单位应当具备的安全生产条件所必需的资金投入，由生产经营单位的决策机构、主要负责人或者个人经营的投资人予以保证，并对由于安全生产所必需的资金投入不足导致的后果承担责任。

2.安全技术措施

建设工程从开工到竣工，都存在着许许多多的不安全因素和事故隐患，如果预见不到，安全管理措施不到位，将有可能导致安全事故的发生，造成损失。为确保施工安全，施工单位在组织施工前，按照有关法律法规和标准的要求，编制施工组织设计，并根据建筑工程的特点制定相应的安全技术措施，对专业性较强的工程项目，编制安全专项方案，并采取安全技术措施。

《建筑法》第三十八条规定：建筑施工企业在编制施工组织设计时，应当根据建筑工程的特点制定相应的安全技术措施；对专业性较强的工程项目，应当编制专项安全施工组织设计，并采取安全技术措施。建筑施工企业必须依法加强对建筑安全生产的管理，执行安全生产责任制度，采取有效措施，防止伤亡和其他安全生产事故的发生。建筑施工企业的法定代表人对本企业的安全生产负责。

由于施工现场的施工机械、机具种类多，高空与交叉作业多，临时设施多，不安全因素多，作业环境复杂，属于危险因素较大的作业场所，容易造成人身伤亡事故。施工单位应建立健全安全生产管理规章制度，制定维护安全、防范危险、预防火灾的措施和制度，为了避免对其他人员造成伤害，对施工现场实行封闭管理。同时，如果施工现场对毗邻的建筑物、构筑物和地下管线可能造成损坏的，应当采取专项保护措施，对毗邻的建筑物、构筑物和地下管线进行保护，否则，一旦造成事故，将严重影响人民群众的正常生活和工作秩序，造成重大的经济损坏，或带来一定的社会影响。

因此，《建筑法》第三十九条规定：建筑施工企业应当在施工现场采取维护安全、防范危险、预防火灾等措施；有条件的，应当对施工现场实行封闭管理。施工现场对毗邻的建筑物、构筑物和特殊作业环境可能造成损害的，建筑施工企业应当采取安全防护措施。

3.建立安全卫生制度、具备安全生产条件

《劳动法》第五十二条规定：用人单位必须建立、健全劳动安全卫生制度，严格执行国家劳动安全卫生规程和标准，对劳动者进行劳动安全卫生教育，防止劳动过程中的事故，减少职业危害。“用人单位”是指我国境内的企业和个体经济组织，劳动者与国家机关、事业组织、社会团体建立劳动合同关系时，国家机关、事业组织、社会团体也可视为用人单位。

劳动安全卫生，又称职业安全卫生，是指直接保护劳动者在劳动或工作中的生命和身体健康的法律制度。“劳动安全卫生制度”主要指：安全生产责任制、安全技术措施计划制度、安全生产教育制度、安全卫生检查制度、伤亡事故职业病统计报告和处理制度等。

“劳动安全卫生规程和标准”是指：关于消除、限制或预防劳动过程中的危险和危害因素，保护职工安全与健康，保障设备、生产正常运行而制定的统一规定。劳动安全卫生标准共分三级，即国家标准、行业标准和地方标准。

用人单位必须为劳动者提供符合国家规定的劳动安全卫生条件和必要的符合国家标准的合格劳动防护用品，对从事有职业危害作业的劳动者应当定期进行健康检查。

“国家规定”是指：各级人民政府或行政主管部门经批准发布的法律法规、标准规范、规程等相关规定。

“安全卫生条件”是指：工作场所和生产设备。建筑施工、易燃易爆和有毒有害等危险作业场所应当设置相应的防护措施、报警装置、通讯装置、安全标志等。《建设工程安全生产管理条例》规定：危险性大的生产设备设施，如起重机械、电梯等，必须经有资质的检验检测机构进行检测合格、颁发安全使用许可证后方可投入使用。施工单位应当在施工现场入口处、施工起重机械、临时用电设施、脚手架、出入通道口、楼梯口、电梯井口、孔洞口、桥梁口、隧道口、基坑边沿、爆破物及有害危险气体和液体存放处等危险部位，设置明显的安全警示标志。安全警示标志必须符合国家标准。

“安全设施”是指：防止伤亡事故和职业病的发生而采取的消除职业危害因素的设备、装置、防护用具及其他防范技术措施的总称，包括劳动安全卫生设施、个体防护措施和生产性辅助设施（如女工卫生室、更衣室、饮水设施）。劳动安全卫生设施必须符合国家规定的标准。《建设工程安全生产管理条例》规定：施工单位应当将施工现场的办公、生活区与作业区分开设置，并保持安全距离；办公、生活区的选址应当符合安全性要求。职工的膳食、饮水、休息场所等应当符合卫生标准。施工单位不得在尚未竣工的建筑物内设置员工集体宿舍。施工单位对列入建设工程概算的安全作业环境及安全施工措施所需费用，应当用于施工安全防护用具及设施的采购和更新、安全施工措施的落实、安全生产条件的改善，不得挪作他用。

4. 环境保护的要求

为保护和改善环境，防治污染，国家制定了一系列环境保护的法律法规。这些法律法规明确规定了施工单位对环境保护的义务和责任。如《中华人民共和国环境保护法》规定：产生环境污染和其他公害的单位，必须把环境保护工作纳入计划，建立环境保护责任制度，采取有效措施，防治在生产建设或者其他活动中产生的废气、废水、废渣、粉尘、恶臭气体、放射性物质以及噪声、振动、电磁波辐射等对环境的污染和危害。《建筑法》第四十一条规定：建筑施工企业应当遵守有关环境保护和安全生产的法律、法规的规定，采取控制和处理施工现场的各种粉尘、废气、废水、固体废物以及噪声、振动对环境的污染和危害的措施。

施工中发生事故时，建筑施工企业应当采取紧急措施减少人员伤亡和事故损失，并按照国家有关规定及时向有关部门报告。

三、女职工和未成年工特殊保护

女职工和未成年工由于生理等原因不应从事某些危险性较大的或者劳动强度较大的劳动，属于弱势群体，应当在劳动就业上给予特殊的保护。《劳动法》明确规定，国家对女职工和未成年工实行特殊保护。未成年工是指年龄满16周岁未满18周岁的劳动者。同时对女职工和未成年工专门作出了特殊保护的规定。

（一）女职工保护

一是禁止安排女职工从事国家规定的第四级体力劳动强度的劳动和其他紧急从事的劳动。二是禁止安排女职工在经期从事高处、低温、冷水作业和国家规定的第三级体力劳动强度的劳动。三是禁止安排女职工在怀孕期间从事根据规定的第三级体力劳动强度的劳动和孕期禁忌从事的活动。对怀孕7个月以上的女职工，不得安排其延长工作时间和夜间劳动。四是禁止安排女职工在哺乳未满1周岁婴儿期间从事国家规定的第三级体力劳动强度的劳动和哺乳期禁忌从事的活动，不得延长其工作时间和夜间劳动。

（二）未成年工保护

一是禁止安排未成年工从事有毒有害、国家规定的第四级体力劳动强度的劳动和其他禁忌从事的劳动。二是要求用人单位应当对未成年工定期进行体检。

第三节　从业人员安全教育培训

建筑施工具有人员流动性大、露天作业多、高处作业、施工环境和作业条件差、不安全因素随工程的进度变化而变化、事故隐患较多的特点。实际的施工现场一线从业人员多为农民工，他们普遍存在文化素质低、安全意识差等现象，为了提高他们的安全意识和安全技术水平，对他们进行有针对性的安全教育是必不可少的。

一、教育培训的必要性

人是生产经营活动的第一要素，生产经营活动最直接的承担者就是从业人员，每个岗位的从业人员的生产经营活动安全了，整个生产经营单位的安全生产就有保障了，因此从制度上要求每个从业人员具备本职岗位的安全生产知识和操作能力是非常必要的。现阶段，我国的经济还欠发达，一些从业人员的科学文化水平普遍较低，尤其是建筑施工现场，大量农民工走上工作岗位，他们普遍存在着文化素质低、安全意识差、缺乏防止和处理事故隐患及紧急情况的能力，这就必须通过必要的安全生产教育和培训来解决。教育的形式可以是多样的，教育的内容要贴近本单位、本岗位的规章制度和操作规程等，通过教育和培训，必须达到保证从业人员具备必要的安全生产知识，熟悉本单位的安全生产规章制度，掌握本岗位的安全操作规程和操作技能。

《建筑法》规定：建筑施工企业应当建立健全劳动安全生产教育培训制度，加强对职工安全生产的教育培训；未经安全生产教育培训的人员，不得上岗作业。

《安全生产法》第二十一条、第二十二条规定：

1.生产经营单位应当对从业人员进行安全教育和培训。

2.生产经营单位进行安全教育和培训，必须符合法律的要求。对从业人员的安全教育和培训必须包括3个方面：

（1）学习必要的安全生产知识。

（2）熟悉有关安全生产规章制度和安全操作规程。

（3）掌握本岗位安全操作技能。

3.从业人员须经培训合格方可上岗作业。

为了保证安全教育和培训的质量，《安全生产法》要求对从业人员不但要进行安全教育和培训，而且还要经过考试合格才能确认其具备上岗作业的资格。从业人员只有经过考试合格的，才能上岗作业。未经安全生产教育和培训合格的从业人员，不得上岗作业。

《建设工程安全生产管理条例》规定：作业人员进入新的岗位或者新的施工现场前，应当接受安全生产教育培训。未经教育培训或者教育培训考核不合格的人员，不得上岗作业。

二、教育培训的形式和内容

(一)一线工人的教育形式和内容包括

1.三级安全教育。新进场的作业人员必须进行公司、项目和班组的三级安全教育,经考核合格,方能上岗。

2.岗位安全培训。包括管理人员的岗位安全培训和特种作业人员的岗位安全培训。

3.年度安全教育培训。建筑业企业职工每年必须接受一次专门的安全培训。

4.变换工种、变换工地的安全培训教育。企业待岗、转岗的职工,在重新上岗的必须接受一次操作技能和安全操作知识的培训。

5.采用新技术、新工艺、新设备、新材料时,施工单位应对作业人员进行相应的安全培训教育。

6.经常性的安全教育。包括季节性和节假日前后的安全教育等。

培训教育是搞好安全生产的重要手段之一。

(二)使用四新的培训

随着科学技术的进步,许多新工艺、新技术、新材料或者新设备被研制开发出来,这些新的东西具有很多不一般的特性,在使用之前一定要先进行培训,了解或掌握其安全技术性能,知道并采取有效的安全防护措施,才可以进行使用、施工。《安全生产法》第二十二条规定:生产经营单位采用新工艺、新技术、新材料或者使用新设备,必须了解、掌握其安全技术特性,采取有效的安全防护措施,并对从业人员进行专门的安全生产教育和培训。《建设工程安全生产管理条例》也规定:施工单位在采用新技术、新工艺、新设备、新材料时,应当对作业人员进行相应的安全生产教育培训。

(三)特种作业人员的培训

特种作业人员是指国家主管部门认可的、容易发生伤亡事故,对操作者本人、他人及周围设施的安全可能造成重大危害的作业。直接从事特种作业的人员称为特种作业人员。特种作业人员所从事的岗位,一般危险性都较大,较易发生事故,而且往往是恶性事故。因此,特种作业人员素质的高低直接关系到用人单位的安全生产状况。“专门培训”是指有关主管部门组织的,专门针对特种作业人员的培训,无论从内容上、时间上,都不同于普通的从业人员的安全培训,其培训的内容应具有较强的针对性,以保证特种作业人员的人身安全和健康,保障用人单位的安全生产符合法律法规的要求。为了规范建筑施工现场特种作业人员的管理,住房和城乡建设部2008年印发了《建筑施工特种作业人员管理规定》。该《规定》中规定建筑施工特种作业人员包括(见P14,第一节,二自然段内容)。

《劳动法》规定:从事特种作业的劳动者必须经过专门培训并取得特种作业资格。《安全生产法》第二十三条第一款规定:生产经营单位的特种作业人员必须按照国家有关规定经专门的安全作业培训,取得特种作业操作资格证书,方可上岗作业。《建设工程安全生产管理条例》第二十五条规定:垂直运输机械作业人员、安装拆卸工、爆破作业人员、起重信号工、登高架设作业人员等特种作业人员,必须按照国家有关规定经过专门的安全作业培训,并取得特种作业操作资格证书后,方可上岗作业。

《特种设备监察条例》规定:特种设备作业人员——锅炉、压力容器、电梯、起重机械、客运索道、大型游乐设施、场(厂)内专用机动车辆的作业人员及其相关管理人员,应当按照国家有关规定经特种设备安全监督管理部门考核合格,取得国家统一格式的特种作业人员证书,方可从事相应的作业或者管理工作。

第四节　从业人员的权利和义务

依法保护广大从业人员的安全生产权利是由社会主义本质决定的。从业人员是建设社会主义现代强国的主力军，又是生产经营活动的具体承担者，在劳动关系中又往往处于弱者地位，生产经营活动直接关系到从业人员的生命安全；同时，从业人员的行为又直接影响到安全生产，是实现安全生产的主要依靠。为了保障生产经营单位的安全生产，应当赋予从业人员相应的权利，充分发挥他们在安全生产管理中的主力军作用。

一、从业人员的权利

（一）劳动的权利

宪法第四十二条规定：中华人民共和国公民有劳动的权利和义务。《劳动法》规定劳动者享有劳动的权利。劳动权利是指任何具有劳动能力且愿意工作的人都有获得有保障的工作的权利。狭义的劳动权利是指劳动者获得和选择工作岗位的权利；广义的劳动权利是指劳动者依据法律、法规和劳动合同所获得一切权利。其内容包括：平等就业和选择职业的权利、获得劳动报酬的权利、获得休息休假的权利、获得劳动安全卫生保护的权利、接受职业培训的权利、享受社会保险和福利的权利、提请劳动争议处理的权利、结社权、集体协商权、民主管理权。

（二）知情权、建议权

生产经营单位的从业人员有权了解其作业场所和工作岗位存在的危险因素、防范措施及事故应急措施，有权对本单位的安全生产工作提出建议。职工的知情权，与他们的安全和健康关系密切，是保护职工生命健康权的重要前提，也是保证职工参与权的前提条件，用人单位是保证知情权的责任方，如果用人单位没有履行告知的责任，职工有权拒绝工作。

《安全生产法》第四十五条规定：生产经营单位的从业人员有权了解其作业场所和工作岗位存在的危险因素、防范措施及事故应急措施，有权对本单位的安全生产工作提出建议。

（三）批评、检举、控告权

从业人员有权对本单位安全生产工作中存在的问题提出批评、检举、控告；用人单位违反安全生产相关法律法规，或者不履行安全保障责任的情况，职工有直接对用人单位提出批评，或向有关部门检举和控告的权利，这项权利也可以看成是对用人单位的监督。

《安全生产法》第四十六规定：从业人员有权对本单位安全生产工作中存在的问题提出批评、检举、控告，有权拒绝违章指挥和强令冒险作业。

生产经营单位不得因从业人员对本单位安全生产工作提出批评、检举、控告或者拒绝违章指挥、强令冒险作业而降低其工资、福利等待遇或者解除与其订立的劳动合同。

（四）拒绝违章指挥和强令冒险作业的权利

有权拒绝违章指挥和强令冒险作业。违章指挥和强令冒险作业是指用人单位领导、各类人员或工程技术人员违反规章制度和操作规程，或者在明知存在危险因素有没有采取相应的安全保护措施，开始和继续作业会危及操作人员生命的情况下，不顾操作人员的生命安全和健康，强迫命令操作人员进行作业。这些行为都对职工的生命安全和健康构成严重威胁，职工享有这项权利，是保障职工生命安全和健康的一项重要权利。

生产经营单位不得因从业人员对本单位安全生产工作提出批评、检举、控告或者拒绝违章指挥、强令冒险作业而降低其工资、福利等待遇或者解除与其订立的劳动合同。

(五)紧急避险权

《安全生产法》第四十七条规定:从业人员发现直接危及人身安全的紧急情况时,有权停止作业或者在采取可能的应急措施后撤离作业场所。生产经营单位不得因从业人员在前款紧急情况下停止作业或者采取紧急撤离措施而降低其工资、福利等待遇或者解除与其订立的劳动合同。

该条款充分体现了“以人为本”的精神。在生产劳动过程中有可能发生意外的、直接危及人身安全的紧急情况,此时如果不停止工作、紧急撤离,会威胁操作人员的生命安全和健康,造成重大伤亡,因此,法律赋予职工享有在紧急状态下停止作业或在采取了可能的应急措施以后撤离的权利。

(六)获得安全生产教育和培训的权利

宪法第四十六条规定:中华人民共和国公民有受教育的权利和义务。生产经营单位应当对从业人员进行安全生产教育和培训,保证从业人员具备必要的安全生产知识,熟悉有关的安全生产规章制度和安全操作规程,掌握本岗位的安全操作技能。未经安全生产教育和培训合格的从业人员,不得上岗作业。

对从业人员进行培训既是用人单位的义务,同时也是从业人员应该享受的权利。

(七)享有意外伤害保险、工伤保险权和要求民事赔偿的权利

《安全生产法》第四十三条规定:生产经营单位必须依法参加工伤社会保险,为从业人员缴纳保险费。生产经营单位与从业人员订立的劳动合同,应当载明有关保障从业人员劳动安全、防止职业危害的事项,以及依法为从业人员办理工伤社会保险的事项。已在企业所在地参加工伤保险的人员,从事现场施工时仍可参加建筑意外伤害保险。《建筑法》第四十八条规定:建筑施工企业必须为从事危险作业的职工办理意外伤害保险,支付保险费。建筑职工意外伤害保险是法定的强制性保险,也是保护建筑业从业人员合法权益、转移企业事故风险、增强企业预防和控制事故能力、促进企业安全生产的重要手段。因此,从业人员有权享受意外伤害保险。

参加工伤保险是用人单位承担的法定义务,它保障劳动者在受到工伤伤害时,及时获得工伤保险待遇;同时为了防止用人单位在参加工伤保险后,忽视工伤事故的预防及职业病的防治,安全生产法赋予受到工伤事故伤害的从业人员在享受工伤保险待遇的同时,有要求生产经营单位给予民事赔偿的权利。《安全生产法》第四十八条规定:因生产安全事故受到损害的从业人员,除依法享有工伤社会保险外,依照有关民事法律尚有获得赔偿的权利的,有权向本单位提出赔偿要求。工伤认定是指有关部门,根据国家有关法律法规的规定确认职工所受伤害是因工还是非因工造成的事实。依据国际上“无过错(过失)赔偿”原则,只要依法确认为工伤,无论责任在谁,都由用人单位负责赔偿和补偿,而且这项权利必须以劳动合同必要条款的书面形式加以确认。

1.《工伤保险条例》规定:职工有下列情形之一者,应当认定为工伤:

(1)工作时间和工作场所内,因工作原因受到事故伤害的;

(2)工作时间前后在工作场所内,从事与工作有关的预备性或者收尾性工作受到事故伤害的;

(3)在工作时间和工作场所内,因履行工作职责受到暴力等意外伤害的;

(4)患职业病的;

(5)因工外出期间,由于工作原因受到伤害或者发生事故下落不明的;

(6)在上下班途中,受到机动车事故伤害的;

(7)法律、行政法规规定应当认定为工伤的其他情形。

2.《工伤保险条例》规定：职工有下列情形之一者，视同工伤：

(1)在工作时间和工作岗位，突发疾病死亡或者在48小时之内经抢救无效死亡的；

(2)在抢险救灾等维护国家利益、公共利益活动中受到伤害的；

(3)职工原在军队服役，因战、因公负伤致残，已取得革命伤残军人证，到用人单位后旧伤复发的。

3.《工伤保险条例》规定：职工有下列情形之一者，不得认定工伤或视同工伤：

(1)因犯罪或者违反治安管理伤亡的；

(2)醉酒导致伤亡的；

(3)自残或者自杀的。

4.提出工伤认定申请应当的提交材料：

(1)工伤认定申请表；

(2)劳动合同文本或者其他与用人单位存在劳动关系(包括事实劳动关系)的证明材料；

(3)医疗机构出具的受伤后诊断证明或者职业病诊断机构出具的职业病诊断证明书(或者鉴定机构出具的职业病诊断鉴定书)。

(4)其他要求的材料。

(八)获得符合国家标准或者行业标准劳动防护用品的权利

获得各项安全生产保护条件和保护待遇的权利。即从业人员有获得安全生产卫生条件的权利，有获得符合国家标准或者行业标准劳动防护用品的权利，有获得定期健康检查的权利等。上述权利设置的目的是保障从业人员在劳动过程中的生命安全和健康，减少和防止职业危害发生。《安全生产法》第三十七条规定：生产经营单位必须为从业人员提供符合国家标准或者行业标准的劳动防护用品，并监督、教育从业人员按照使用规则佩戴、使用。

(九)劳动者有权依法参加工会组织

工会代表和维护劳动者的合法权益，依法独立自主地开展活动。劳动者依照法律规定，通过职工大会、职工代表大会或者其他形式，参与民主管理或者就保护劳动者合法权益与用人单位进行平等协商。

(十)劳动者有权依法解除劳动合同

根据《劳动合同法实施条例》的规定，劳动者可以依照劳动合同法规定的条件、程序，与用人单位解除固定期限劳动合同、无固定期限劳动合同或者以完成一定工作任务为期限的劳动合同：

1.劳动者与用人单位协商一致的；

2.劳动者提前30日以书面形式通知用人单位的；

3.劳动者在试用期内提前3日通知用人单位的；

4.用人单位未按照劳动合同约定提供劳动保护或者劳动条件的；

5.用人单位未及时足额支付劳动报酬的；

6.用人单位未依法为劳动者缴纳社会保险费的；

7.用人单位的规章制度违反法律、法规的规定，损害劳动者权益的；

8.用人单位以欺诈、胁迫的手段或者乘人之危，使劳动者在违背真实意思的情况下订立或者变更劳动合同的；

9.用人单位在劳动合同中免除自己的法定责任、排除劳动者权利的；

10.用人单位违反法律、行政法规强制性规定的；

11.用人单位以暴力、威胁或者非法限制人身自由的手段强迫劳动者劳动的；

12.用人单位违章指挥、强令冒险作业危及劳动者人身安全的；

13.法律、行政法规规定劳动者可以解除劳动合同的其他情形。

二、从业人员的义务

《劳动法》第三条在劳动卫生方面规定了从业人员需要履行的四项义务：一是劳动者应当完成任务。二是劳动者应当提高职业技能。三是劳动者应当执行劳动安全卫生规程。四是劳动者应当遵守劳动纪律好职业道德，但之后的《建筑法》《安全生产法》《建设工程安全生产管理条例》对从业人员在安全管理方法需要履行的义务进行了详细的规定，可以归纳为以下方面。

1.遵守安全生产规章制度和操作规程的义务

用人单位的规章制度是根据国家法律法规和标准的要求，结合本单位的实际情况制定的有关安全生产、劳动保护的具体制度，针对性和可操作性较强。操作规程是保障安全生产具体的操作技术和操作程序，是职工进行安全生产的专业技术准则，是用人单位职工经验的总结，有的是通过血的教训甚至是生命的代价换来的，是保护职工自己和他人免受伤害的护身法宝，所以职工不但自己必须严格遵守安全生产规章制度和操作规程，也不能允许任何人以任何借口违反。《劳动法》规定：劳动者在劳动过程中必须严格遵守安全操作规程。《安全生产法》规定：从业人员在作业过程中，应当严格遵守本单位的安全生产规章制度和操作规程……

2.服从管理的义务

施工现场影响安全生产的因素较多，需要统一的指挥和管理。为了保持良好的生产劳动秩序，保障自身和他人的生命安全和健康，对于符合规章制度和操作规程的、正确的指挥和管理，职工必须服从管理。《安全生产法》规定：从业人员在作业过程中，应当服从管理……

3.正确佩戴和使用劳动防护用品的义务

劳动防护用品是职工在劳动过程中为防御外界因素伤害人体而穿戴和配备的各种物品的总称。尽管在生产劳动过程中采用了多种安全防护措施，但由于条件限制，仍会存在一些不安全、不卫生的因素，对操作人员的安全与健康构成威胁，个人劳动防护用品是保护职工的最后一道防线。不同的劳动防护用品具有特定的佩戴和使用规则、方法，只有正确佩戴和使用，才能发挥它的防护作用。职工提高自己的安全防护意识，按规定的要求正确佩戴和使用劳动防护用品，既是保护本人的安全和健康的需要，也是用人单位实现安全生产的需要。《安全生产法》规定：从业人员在作业过程中，应当正确佩戴和使用劳动防护用品。

4.掌握安全生产知识和提高安全生产技能的义务

为了预防伤亡事故和职业危害、职业病，保障职工的安全和健康，职工必须具备相关的知识与技能，以及事故预防和应急处理能力等。要使从业人员具备这些基本的素质，必须通过必要的安全教育培训。《安全生产法》规定：从业人员应当接受安全生产教育和培训，掌握本职工作所需的安全生产知识，提高安全生产技能，增强事故预防和应急处理能力。

5.发现事故隐患或者职业危害及时报告的义务

由于从业人员承担生产劳动一线具体的操作工作，更容易发现现场的事故隐患，如果他们拖延报告或者隐瞒不报，用人单位不能及时采取有效的防范措施，消除事故隐患和职业危害，这会给操作者本人、周围的人员以及生产经营单位带来更大的安全隐患，甚至会造成安全事故，因此，从业人员一旦发现事故隐患，有义务及时、如实向现场管理人员或本单位负责人报告。《安全生产法》第五十一条规定：从业人员发现事故隐患或者其他不安全因素，应当立即向现场安全生产管理人员或者本单位负责人报告；接到报告的人员应当及时予以处理。

第二章　特种作业人员管理制度

建筑施工特种作业人员是指在房屋建筑和市政工程施工活动中，从事可能对本人、他人及周围设备设施的安全造成重大危害作业的人员。

第一节　建筑施工特种作业人员管理规定

《建筑施工特种作业人员管理规定》(建办质〔2008〕75号)(以下简称《规定》)，于2008年6月1日开始实施。目的是为加强对建筑施工特种作业人员的管理，防止和减少生产安全事故。《规定》对建筑施工特种作业人员的考核、发证、从业和监督管理等方面，都提出了明确而严格的要求。

建筑施工特种作业包括：建筑电工、建筑架子工、建筑起重信号司索工、建筑起重机械司机、建筑起重机械安装拆卸工、高处作业吊篮安装拆卸工，以及经省级以上人民政府建设主管部门认定的其他特种作业。

建筑施工特种作业人员必须经建设主管部门考核合格，取得建筑施工特种作业人员操作资格证书，方可上岗从事相应作业。建筑施工特种作业人员的考核内容应当包括安全技术理论和实际操作。

一、考　核

建筑施工特种作业人员的考核发证工作，由省、自治区、直辖市人民政府建设主管部门或其委托的考核发证机构负责组织实施。

(一)申请考核

从事建筑施工特种作业的人员，符合下列基本条件，应当向本人户籍所在地或者从业所在地考核发证机关提出申请，并提交相关证明材料：

1.年满18周岁且符合相关工种规定的年龄要求；

2.经医院体检合格且无妨碍从事相应特种作业的疾病和生理缺陷；

3.初中及以上学历；

4.符合相应特种作业需要的其他条件。

(二)考核发证

考核发证机关应当自收到申请人提交的申请材料之日起5个工作日内依法作出受理或者不予受理决定。对于受理的申请，考核发证机关应当及时向申请人核发准考证，并应当在办公场所公布建筑施工特种作业人员申请条件、申请程序、工作时限、收费依据和标准等事项。在考核前应当在机关网站或新闻媒体上公布考核科目、考核地点、考核时间和监督电话等事项。

建筑施工特种作业人员的考核内容应当包括安全技术理论和实际操作。考核大纲由国务院建设主管部门制定。

考核发证机关应当自考核结束之日起10个工作日内公布考核成绩。对于考核合格的，应当自考核结果公布之日起10个工作日内颁发资格证书；对于考核不合格的，应当通知申请人并说明理由。

资格证书应当采用国务院建设主管部门规定的统一样式，由考核发证机关编号后签发。资格证书在全国通用。

二、从　　业

（一）对从业人员的要求

持有资格证书的人员，应当受聘于建筑施工企业或者建筑起重机械出租单位（以下简称用人单位），方可从事相应的特种作业。

建筑施工特种作业人员应当严格按照安全技术标准、规范和规程进行作业，正确佩戴和使用安全防护用品，并按规定对作业工具和设备进行维护保养。

在施工中发生危及人身安全的紧急情况时，建筑施工特种作业人员有权立即停止作业或者撤离危险区域，并向施工现场专职安全生产管理人员和项目负责人报告。

（二）对用人单位的要求

用人单位对于首次取得建筑施工特种作业资格证书的人员，应当在其正式上岗前安排不少于3个月的实习操作，并应当每年对从业人员进行安全教育培训或者继续教育，不得少于24小时。

用人单位应当履行的职责：

1.与持有效资格证书的特种作业人员订立劳动合同；

2.制定并落实本单位特种作业安全操作规程和有关安全管理制度；

3.书面告知特种作业人员违章操作的危害；

4.向特种作业人员提供齐全、合格的安全防护用品和安全的作业条件；

5.按规定组织特种作业人员参加年度安全教育培训或者继续教育，培训时间不少于24小时；

6.建立本单位特种作业人员管理档案；

7.查处特种作业人员违章行为并记录在档；

8.法律法规及有关规定明确的其他职责。

建筑施工特种作业人员变动工作单位，任何单位和个人不得以任何理由非法扣押其资格证书。任何单位和个人不得非法涂改、倒卖、出租、出借或者以其他形式转让资格证书。

三、延期复核

资格证书有效期为2年。有效期满需要延期的，建筑施工特种作业人员应当于期满前3个月内向原考核发证机关申请办理延期复核手续。延期复核合格的，资格证书有效期延期2年。

（一）建筑施工特种作业人员申请延期复核，应当提交下列材料：

1.身份证（原件和复印件）；

2.体检合格证明；

3.年度安全教育培训证明或者继续教育证明；

4.用人单位出具的特种作业人员管理档案记录；

5. 考核发证机关规定提交的其他资料。

(二)建筑施工特种作业人员在资格证书有效期内,有下列情形之一的,延期复核结果为不合格:

1. 超过相关工种规定年龄要求的;

2. 身体健康状况不再适应相应特种作业岗位的;

3. 对生产安全事故负有责任的;

4. 2 年内违章操作记录达 3 次(含 3 次)以上的;

5. 未按规定参加年度安全教育培训或者继续教育的;

6. 考核发证机关规定的其他情形。

(三)考核发证机关在收到建筑施工特种作业人员提交的延期复核资料后,应当根据以下情况分别作出处理:不符合规定的,自收到延期复核资料之日起 5 个工作日内作出不予延期决定,并说明理由;对于提交资料齐全且符合规定的,自受理之日起 10 个工作日内办理准予延期复核手续,在证书上注明延期复核合格,并加盖延期复核专用章。

考核发证机关应当在资格证书有效期满前按本规定第二十五条作出决定;逾期未作出决定的,视为延期复核合格。

四、监督管理

(一)考核发证机关应建立健全相关制度

考核发证机关应当制定建筑施工特种作业人员考核发证管理制度,建立本地区建筑施工特种作业人员档案。县级以上地方人民政府建设主管部门应当监督检查建筑施工特种作业人员从业活动,查处违章作业行为并记录在档。

(二)考核发证机关及时向国务院建设主管部门报送相关资料

考核发证机关应当在每年年底向国务院建设主管部门报送建筑施工特种作业人员考核发证和延期复核情况的年度统计信息资料。

(三)有下列情形之一的,考核发证机关应当撤销资格证书:

1. 持证人弄虚作假骗取资格证书或者办理延期复核手续的;

2. 考核发证机关工作人员违法核发资格证书的;

3. 考核发证机关规定应当撤销资格证书的其他情形。

(四)有下列情形之一的,考核发证机关应当注销资格证书:

1. 依法不予延期的;

2. 持证人逾期未申请办理延期复核手续的;

3. 持证人死亡或者不具有完全民事行为能力的;

4. 考核发证机关规定应当注销的其他情形。

第二节 建筑施工特种作业人员考核内容、程序

住房和城乡建设部办公厅根据《建筑施工特种作业人员管理规定》(建质〔2008〕75 号),为规范建筑施工特种作业人员考核管理工作,制定了关于建筑施工特种作业人员考核工作的实施意见(建办质〔2008〕41 号),具体内容如下:

一、考核目的

为提高建筑施工特种作业人员的素质，防止和减少建筑施工生产安全事故，通过安全技术理论知识和安全操作技能考核，确保取得《建筑施工特种作业操作资格证书》人员具备独立从事相应特种作业工作能力。

二、考核机关

省、自治区、直辖市人民政府建设主管部门或其委托的考核机构负责本行政区域内建筑施工特种作业人员的考核工作。

三、考核对象

在房屋建筑和市政工程（以下简称"建筑工程"）施工现场从事建筑电工、建筑架子工、建筑起重信号司索工、建筑起重机械司机、建筑起重机械安装拆卸工、高处作业吊篮安装拆卸工以及经省级以上人民政府建设主管部门认定的其他特种作业的人员。

四、考核条件

参加考核人员应当具备下列条件：

1. 年满 18 周岁且符合相应特种作业规定的年龄要求；

2. 近 3 个月内经二级乙等以上医院体检合格且无妨碍从事相应特种作业的疾病和生理缺陷；

3. 初中及以上学历；

4. 符合相应特种作业规定的其他条件。

五、考核内容

建筑施工特种作业人员考核内容应当包括安全技术理论和安全操作技能。考核内容分掌握、熟悉、了解三类。其中掌握即要求能运用相关特种作业知识解决实际问题，熟悉即要求能较深理解相关特种作业安全技术知识，了解即要求具有相关特种作业的基本知识。具体考核内容应符合该考核工种的安全技术考核大纲的要求。

六、考核办法

1. 安全技术理论考核，采用闭卷笔试方式。考核时间为 2 小时，实行百分制，60 分为合格。其中，安全生产基本知识占 25%，专业基础知识占 25%，专业技术理论占 50%。

2. 安全操作技能考核，采用实际操作（或模拟操作）、口试等方式。考核实行百分制，70 分为合格。

3. 安全技术理论考核不合格的，不得参加安全操作技能考核。安全技术理论考试和实际操作技能考核均合格的，为考核合格。

七、其他事项

1. 考核发证机关应当建立健全建筑施工特种作业人员考核、发证及档案管理计算机信息系统，加强考核场地和考核人员队伍建设，注重实际操作考核质量。

2.首次取得《建筑施工特种作业操作资格证书》的人员实习操作不得少于3个月。实习操作期间，用人单位应当指定专人指导和监督作业。指导人员应当从取得相应特种作业资格证书并从事相关工作3年以上、无不良记录的熟练工中选择。实习操作期满，经用人单位考核合格，方可独立作业。

八、建筑施工特种作业操作范围

1.建筑电工：在建筑工程施工现场从事临时用电作业；

2.建筑架子工(普通脚手架)：在建筑工程施工现场从事落地式脚手架、悬挑式脚手架、模板支架、外电防护架、卸料平台、洞口临边防护等登高架设、维护、拆除作业；

3.建筑架子工(附着升降脚手架)：在建筑工程施工现场从事附着式升降脚手架的安装、升降、维护和拆卸作业；

4.建筑起重司索信号工：在建筑工程施工现场从事对起吊物体进行绑扎、挂钩等司索作业和起重指挥作业；

5.建筑起重机械司机(塔式起重机)：在建筑工程施工现场从事固定式、轨道式和内爬升式塔式起重机的驾驶操作；

6.建筑起重机械司机(施工升降机)：在建筑工程施工现场从事施工升降机的驾驶操作；

7.建筑起重机械司机(物料提升机)：在建筑工程施工现场从事物料提升机的驾驶操作；

8.建筑起重机械安装拆卸工(塔式起重机)：在建筑工程施工现场从事固定式、轨道式和内爬升式塔式起重机的安装、附着、顶升和拆卸作业；

9.建筑起重机械安装拆卸工(施工升降机)：在建筑工程施工现场从事施工升降机的安装和拆卸作业；

10.建筑起重机械安装拆卸工(物料提升机)：在建筑工程施工现场从事物料提升机的安装和拆卸作业；

11.高处作业吊篮安装拆卸工：在建筑工程施工现场从事高处作业吊篮的安装和拆卸作业。

九、各特殊工种的技术考核大纲的主要内容

各特殊工种的技术考核大纲包括的内容：安全技术理论、安全操作技能。

安全技术理论分为安全生产基本知识、专业基础知识、专业技术理论。

安全生产基本知识具体内容如下：

1.了解建筑安全生产法律法规和规章制度；

2.熟悉有关特种作业人员的管理制度；

3.掌握从业人员的权利义务和法律责任；

4.熟悉高处作业安全知识；

5.掌握安全防护用品的使用；

6.熟悉安全标志、安全色的基本知识；

7.熟悉施工现场消防知识；

8.了解现场急救知识；

9.熟悉施工现场安全用电基本知识。

各工种应考核的安全技术理论的专业基础知识和专业技术理论及安全操作技能的要求应符合相关规定。

第三节 劳动纪律

劳动纪律又称职业纪律，是指劳动者在劳动过程中所应遵循的劳动规则和劳动秩序。劳动纪律是用人单位为形成和维持生产经营秩序，保证劳动合同得以履行，要求全体员工在集体劳动、工作、生活过程中，以及与劳动、工作紧密相关的其他过程中必须共同遵守的规则。它要求每个劳动者按照规定的时间、质量、程序和方法完成自己应承担的工作。

一、制定劳动纪律的意义

从其内涵可知，劳动纪律的目的是保证生产、工作的正常运行；劳动纪律的本质是全体员工共同遵守的规则；劳动纪律的作用是实施于集体生产、工作、生活的过程之中，是劳动者应当履行规定的义务，也是企业正常生产、生活秩序的重要保证。

遵守劳动纪律，一方面从劳动者的角度而言，有利于保护其生命安全和身体健康。制定和遵守劳动纪律是对劳动者利益的保护，因此，劳动者有遵守劳动纪律的主动性和自觉性。另一方面，从用人单位的角度而言，制定劳动纪律有利于保证生产和经营的安全有效。制定和遵守劳动纪律也是对用人单位利益的保护，因此，用人单位有权在法律允许的情况下制定劳动纪律，并对违反劳动纪律的劳动者进行处理。

二、制定劳动纪律的依据

我国《宪法》明文规定：中华人民共和国公民必须遵守劳动纪律。《劳动法》也规定：劳动者应当遵守劳动纪律和职业道德……其他相关法律法规同时规定：企业实行奖惩制度，必须把思想政治工作同经济手段结合起来。对遵守劳动纪律的职工应当进行表扬、奖励，对不遵守劳动纪律的职工批评、教育，严重的可以给予处分直至辞退。

遵守劳动纪律首先表现为遵纪守法，遵纪守法是用人单位对从业人员的基本要求，也是从业人员的基本义务和必备素质。每个人都应该要做到遵纪守法，做到学法、知法、守法、用法，遵守企业各项纪律和规范。在生产劳动过程中劳动者要不断增强国家主人翁责任感，兢兢业业、勤勤恳恳地劳动，保质保量地完成规定的生产任务，自觉地遵守劳动纪律，维护工作制度和生产秩序。

三、制定劳动纪律的目的

随着建筑工程结构的日益复杂，楼高逐渐增加，施工中各种新设备、新材料、新工艺等得到广泛应用，这些对施工技术的要求越来越高，用人单位根据工作实际编制的规章制度、操作规程、劳动纪律等，都是确保安全生产必要的手段。这就要求每个劳动者严格遵守劳动纪律，以保证集体劳动的协调一致，从而提高劳动生产率，保证产品质量。劳动者应掌握扎实的职业技能和相关专业知识，严格遵守企业的规章制度，服从企业的安排，维护企业形象，力争为企业创造更大的利润，为企业的生存和发展作出贡献，维护企业和自身利益的同时，履行法律要求劳动者承担的义务。

四、全体职工必须严格遵守和执行劳动纪律的范畴

全体职工必须严格遵守和执行劳动纪律的范畴大致包括以下内容：

1. 严格履行劳动合同及违约应承担的责任(履约纪律)。

2. 认真学习并严格执行安全技术操作规程，遵守安全生产规章制度(安全卫生纪律)。

3. 根据生产、工作岗位职责及规则，按质、按量完成工作任务(生产、工作纪律)。积极参加各项安全生产活动，认真执行安全技术交底要求，不违章作业，不违反劳动纪律，虚心服从安全生产管理人员的监督指导。

4. 发扬团结友爱精神，在安全生产方面做到互相帮助，互相监督，做到"三不伤害"，维护一切安全设施、设备，保持正常运转，做到正确使用，不准随意拆改，爱护公共财产和物品(日常工作生活纪律)。

5. 对不安全的作业环境和作业过程提出意见或建议，对违章作业进行监督、检举、控告，有权拒绝违章指挥。

6. 保守用人单位的商业秘密和技术秘密(保密纪律)。

7. 按规定的时间、地点到达工作岗位，按要求请休事假、病假、年休假、探亲假等(考勤纪律)。遵纪奖励与违纪惩罚规则(奖惩制度)。

8. 与劳动、工作紧密相关的规章制度及其他规则(其他纪律)。

第四节　职业道德

一、职业道德

职业道德，是指所从业人员在职业活动中应该遵循的行为准则，是一定职业范围内特殊道德要求，即整个社会对从业人员的职业观念、职业态度、职业技能、职业纪律和职业作风等方面的行为标准和要求。

职业道德是从事一定职业劳动的人们，在特定的工作和劳动中以其内心信念和特殊社会手段来维系的，以善恶进行评价的心理意识、行为原则和行为规范的总和，是人们在从事职业的过程中形成的一种内在的、非强制性的约束机制，是适应各种职业的要求而必然产生的道德规范，是社会占主导地位的道德或阶级道德在职业生活中的具体体现，是人们在履行本职工作过程中所应遵循的行为规范和准则。

职业道德是在职业生活中形成和发展，调节职业活动中的特殊道德关系和利益矛盾，是一般社会道德在职业活动中的体现，其基本要求是忠于职守，并对社会负责，是从业人员在职业活动中应当遵循的道德。

二、建筑行业职业道德

建筑行业职业道德是建筑系统工作人员在生产、施工实践中所应遵循的基本行为规范，是建筑工人、工程设计人员及其指挥人员的行为准则。建筑行业是社会主义现代化建设中的一个十分重要的行业，工厂、住宅、学校、商店、医院、体育场馆、文化娱乐设施等的建设，都离不开建筑行为。它以满足人民群众日益增长的物质文化生活需要为出发点。建筑行业职业道德是社会主义职业道德之一，是社会主义道德、共产主义道德规范在建筑行业的具体体现。

建筑工人职业道德基本规范包括忠于职守、热爱本职、质量第一、信誉至上、遵纪守法等。

建筑行业的职业守则一般内容如下：

1. 热爱社会主义祖国、热爱人民，树立全心全意为人民服务的思想。一切建筑工程的设计、施工，都必须从广大人民群众的根本利益出发，既要立足于发展生产、美化环境、改善人民生活，又不能脱离国情。

2. 认真履行自己的工作职责，保质保量地完成自己应予承担的各项任务。工作要踏实认真，一丝不苟，精益求精，严格按照精心设计的图纸和设计要求科学组织施工，确保工程质量。"百年大计，质量第一"，一切都要向人民负责，向用户负责。施工中在原材料使用和设备安装上，不以次充好，不偷工减料。

3. 热爱劳动，不怕吃苦，注意节约，不浪费原材料，以主人翁的态度做好自己负责的工作。自觉接受和分担任务，工作认真负责，精益求精，尽量避免因失误和疏忽而给同事带来被动和麻烦，若出现要及时予以补救并诚恳地道歉。

4. 严格遵守劳动纪律，遵守企业的各项规章制度，顾全大局，勇挑重担，个人利益服从集体利益和国家利益，暂时利益服从长远利益，局部利益服从整体利益。维护生产秩序，爱岗敬业、诚实守信，做到文明施工、安全施工，保持施工场地的整洁。

5. 廉洁奉公，遵纪守法，忠诚老实，讲究信誉。在工作中不以权谋私，不行贿受贿索贿。正确处理个人利益、集体利益与国家利益的关系。

6. 工程技术人员和工人以及工人之间要团结友爱，互相学习，取长补短。与人合作使用工作用具和设备时，要多替同事着想，多给同事方便，关心和信任对方，积极帮助对方解决困难，虚心接受批评，认真改正自己的缺点和不足。

7. 努力学习科学文化知识，刻苦钻研生产和施工技术，不断提高业务能力，讲究工作效率。充分发挥主观能动性，积极给领导提出合理化建议，帮助领导排忧解难。

三、劳动纪律与职业道德联系和区别

在生产劳动过程中，每个人都遵守劳动纪律和职业道德，是保证生产正常进行和提高劳动生产率的需要。劳动纪律和职业道德都是为调解人与人、人与集体之间的劳动关系的而产生的，他们之间既相互联系又有区别。

（一）劳动纪律与职业道德的联系

1. 主体相同

虽然劳动纪律和职业道德存在显著的区别，但是它们共同的主体都是劳动者，劳动者在遵守劳动纪律的同时，也应当具有良好的职业道德。

2. 调整对象相同

劳动纪律和职业道德调整的都是劳动者的职业劳动，在劳动者的劳动过程中发挥作用，调整的是同一行为——劳动行为。

3. 最终目的相同

虽然二者的直接目的不同，但是它们的最终目的是一致的，都是为了保证社会主义生产劳动的正常进行，促进劳动生产率的提高，完善科学管理，还可以促进社会主义精神文明建设的发展。

（二）劳动纪律与职业道德的区别

1. 性质不同

劳动纪律属于法律关系的范畴，是一种义务；而职业道德属于思想意识范畴，是一种自律信条，确立正确的人生观是职业道德修养的前提。

2. 直接目的不同

劳动纪律的直接目的是保证劳动者劳动义务的实现，保证劳动者能按时、按质、按量完成自己的本职工作；而职业道德的直接目的是为了企业实现最佳的经济效益以及实现其他劳动者的合法权益。

3. 实现手段不同

遵守劳动纪律，有时候需要强制的手段，不遵守劳动纪律可能会受到惩罚；职业道德修养要从培养自己良好的行为习惯着手，不断学习先进人物的优秀品质，不断激励自己，提高自己的职业道德水平，违背了职业道德，会受到社会舆论和良心的谴责。

第五节　三级安全教育制度

一、安全教育

安全生产教育工作是安全生产管理的重要手段，要把“安全第一，预防为主，综合治理”的方针真正落实到实处，就必须把“以人为本”放在第一位。人是生产中最宝贵的因素，在生产中把保护人的安全和健康放在首位，不允许用人的生命和健康作为代价，去换取建筑产品。

《安全生产法》规定：生产经营单位应当对从业人员进行安全生产教育和培训，保证从业人员具备必要的安全生产知识，熟悉有关的安全生产规章制度和安全操作规程，掌握本岗位的安全操作技能。未经安全生产教育和培训合格的从业人员，不得上岗作业。生产经营单位的特种作业人员必须按照国家有关规定经专门的安全作业培训，取得特种作业操作资格证书，方可上岗作业。作业人员进入新的岗位或者新的施工现场前，应当接受安全生产教育培训。未经教育培训或者教育培训考核不合格的人员，不得上岗作业。

安全教育的形式多种多样，但概括起来可以分为两大类，即一般性教育和特殊性教育。一般性教育是指对施工人员进行有关常识性安全知识教育。一般分为入场三级教育、班前活动教育、周一例会教育等。特殊性教育是指为完成某一特殊工作而进行的专门的教育，如：特种作业安全教育、安全技术交底等。

二、三级安全教育

《建筑业企业职工安全培训教育暂行规定》中指出：加强建筑业企业职工安全培训教育工作，增强职工的安全意识和安全防护能力。同时规定：建筑业企业新进场的工人，必须接受公司、项目（或工区、工程处、施工队，下同）、班组的三级安全培训教育，经考核合格后，方能上岗。

新进场的人员是指第一次进入建筑施工现场的所有人员。包括合同工、临时工、代训工、实习人员及参加劳动的学生等。

建筑业企业新进场的工人，必须接受公司（或分公司）、项目部（工程处、施工队）、班组的三级安全培训教育，经考核合格后，方能上岗。分别由公司进行一级安全教育，项目经理部进行二级安全教育，现场施工员及班组长（或劳务、分包单位代表）进行三级安全教育。

三、三级安全教育的内容和要求

随着科学技术的进步，许多新技术、新工艺、新设备在建筑施工现场得到应用，三级教育的内容有所变化，三级教育时间和内容为：

（一）公司教育

培训教育的时间不得少于15学时，教育内容为：

1. 国家的安全生产方针、政策；

2. 安全生产法规、标准和法制观念；

3. 施工过程及安全生产规章制度、安全纪律；

4. 公司安全生产形势、历史上发生的重大事故，从中吸取教训；

5. 事故后如何抢救伤员、排险、保护现场与及时报告。

（二）项目经理部教育

培训教育的时间不得少于15学时，教育内容为：

1. 本项目施工特点及施工安全基本常识；

2. 本项目安全生产制度、规定及安全注意事项；

3. 本工种的安全操作规程；

4. 机械设备、电气安全及高处作业等安全基本常识；

5. 防火、防毒、防尘、防爆知识及紧急情况安全处置和安全疏散知识；

6. 防护用品发放标准及防护用具、用品使用的基本常识。

（三）班组教育

培训教育的时间不得少于20学时，教育内容为：

1. 本班组作业特点及安全操作规程；

2. 班组安全活动制度及纪律；

3. 爱护和正确使用安全防护装置（设施）及个人劳动用品；

4. 本岗位易发生事故的不安全因素及其防范对策；

5. 本岗位的作业环境及使用的机械设备、工具的安全要求。

建筑施工企业建立健全新入场工人的三级教育档案，三级教育记录卡必须有教育者和被教育者本人签字，培训教育完成后，应分工种进行考试或考核合格后，方可上岗作业。

通过教育提高现场所有人员的安全意识、安全知识、安全技术和自我保护能力，了解国家有关法律法规、规程以及本公司的安全形势、有关安全生产的规章制度，避免出现安全事故。

第六节　安全技术交底制度

安全技术交底是指导工人安全施工操作的技术文件，是工程项目施工组织设计或专项安全技术方案中的安全技术措施具体落实的要求，一般是针对某一分部分项工程而进行，或采用新工艺、新技术、新设备、新材料而制定的有针对性的安全技术要求，是特殊性安全教育的一种形式，具有一定的针对性、时效性和可操作性，能具体指导工人安全施工。

安全技术交底一般由项目经理部技术管理人员根据工程分部分项工程的特点、具体要求及危险因素编写，是操作者的指令性文件，因此安全技术交底要求针对性强、具有可操作性。

一、安全技术交底的基本要求

《建设工程安全生产管理条例》规定：建设工程施工前，施工单位负责项目管理的技术人员应当对有关安全施工的技术要求向施工作业班组、作业人员作出详细的说明，并经双方签字认可。操作人员应当严格按照交底内容施工。

1. 安全技术交底必须内容具体、明确、有针对性。

2. 技术交底明确分析出工程施工给作业人员带来的潜在的危险因素及应采取的有效的安

全技术措施。

3.安全技术交底实行分级制度，开工前由技术负责人向全体职工进行交底。两个以上施工队或工种配合施工时，要按工程进度进行交叉作业的交底，班组长每天要向工人进行施工要求、作业环境的安全交底，在下达施工任务时，必须填写安全技术交底卡。安全技术交底从上到下逐级进行，确保具体操作的交底内容顺利到达班组全体作业人员。

4.交底人和被交底人分别在安全技术交底上签字，并妥善保管好签字记录。

总之，安全技术交底工作，是施工负责人向施工作业人员指导工作的法律要求，一定要严肃认真，不能流于形式。

二、安全技术交底的内容

工程开工前，项目经理部技术负责人必须将工程概况、施工方法、施工工艺、施工程序、安全技术措施，向承担施工的作业队长、班组长和相关人员进行安全技术交底。作业队长和班组长及时向参加施工的职工认真进行安全技术措施的交底，使广大职工都知道，在什么时候、什么作业应当采取哪些措施，并说明其重要性。结构复杂的分部分项工程施工前，技术负责人应根据施工特点和施工方法，结合施工现场周围环境，从技术上、防护上进行有针对性的、全面的、详细的安全技术交底，一般应包括以下内容：

1.分部分项工程的作业特点和危险点，针对危险点的预防措施。

2.操作者在操作过程中应注意的事项，保证操作者的人身安全。

3.相应的安全操作规程和相关标准。

4.建筑机械的安全技术交底要向操作者交代机械的技术参数安全性能及安全操作规程和安全防护措施。

5.发生生产安全事故后的紧急避难和急救措施。

安全技术交底是在施工组织设计和施工方案的基础上进行的，是按照施工方案的要求，针对作业程序和作业环节进行详细分解，更具有可操作性。交底的内容不能过于单一、千篇一律、口号化，注意一定要与施工组织设计和专项安全技术方案保持一致，不能随意发挥和补充。

三、安全技术交底的编批要求及交底方式

安全技术交底由技术人员编制，每个单项工程开始前，技术负责人向施工员就分部分项工程的安全技术措施进行具体交底。施工员安排分项工程施工生产任务时，向作业人员进行有针对性的安全技术交底，不但要口头讲解，同时应有书面文字材料，准确填写交底部位和交底日期。接受交底的工人，明白交底内容后，在交底书上签字，履行签字手续，不准代签和漏签，一定要纠正只有编制者知道、施工者不知道的现象。安全技术交底一式三份，施工负责人、生产班组、安全员三方各一份。

安全技术交底交底应满足时间的有效性，同一工种、同一班组、同一工序交底时间不超过1个月。

第七节　班组班前安全活动制度

班组作为企业的基本细胞，其安全工作直接影响企业的安全生产，从某种意义上说，班组安全管理就是企业安全生产管理的第一道防线。

一、班组的安全管理

建筑施工现场点多、线长、面广，流动性大，施工环境复杂，若不加强安全管理就会出现人身伤亡事故，并造成重大经济损失。班组是企业的重要基层组织，是控制事故的前沿阵地，是企业完成各项经济目标的主要承担者和直接实现者。班组安全生产是企业安全管理的重要内容之一，班组的安全管理水平直接影响企业的综合素质，搞好班组安全管理，是保证企业安全生产的基础。

生产班组的安全生产由班组长全面负责，班组长要兼顾全盘，不仅要做到更要想到，做到凡事超前决策，时时防患于未然，合理安排操作面，作好班前教育，团结带领全班员工，并肩携手，共同筑牢安全生产的第一道防线，为企业安全生产提供可靠保证。

班组必须设专职安全员，专职安全员由一些技术好、责任心强的人员担任，在平常的工作中起表率作用，在具体的生产实践中可规范并约束其他人员的不良行为，协助班组长督促本班组人员做好安全工作，建立班组的安全管理组织体系和内部分担制度，形成由班组长、安全员、全体员工共同参与的安全管理体系，就可以及时、有效地纠正班组在日常生产实践中的不良行为，并极大提高安全管理的权威和效力。

在班组的日常管理中将安全工作进行分解，让每一个人都参与和分担一些，象其他生产工作一样，细化到班组的每一个成员。当每一位员工都参与到实际的安全管理工作中，他们的安全知识、安全技能就能得到有效提高，安全意识也就自然而然地树立起来了。

二、班组的班前活动教育

班组班前安全活动，是搞好安全最重要的基础工作，必须当成一项重要工作来抓。

(一)班组班前教育的目的

班组班前教育的目的是提高广大职工的自我保护能力。自我保护能力就是职工对所在的工作岗位的危险程度的认识，对可能出现的不安全因素的判断及能否及时、正确处理即将出现的危害的应变能力。虽然企业制定了一系列的规章制度和操作规程，但不可能包罗万象，不可能规定得那么具体，也不可能对任何操作环节都规定得那么详细，更不可能预知每时每刻发生的具体情况，很多时候是靠当事的职工自身的素质和意识来保证安全的。这种素质和意识一方面是靠自身经验的积累，另一方面就是靠接受安全知识教育来提高安全意识和应变能力。因此要认真开展班前教育，针对具体情况提出具体的安全措施，提高职工安全生产的责任感和自觉性。

(二)班组班前教育的特点

班组在每个工作日开始工作之前将工作内容与安全措施结合起来，认真贯彻“五同时”。班前教育是班组长根据当天的工作任务，结合本班组的人员情况及操作水平、使用的机械、现场条件、工作环境等，在向班组成员布置当天的生产任务时布置安全工作，其特点是时间短、内容集中、针对性强。

(三)班组班前教育的内容

班前教育是一种分析预测活动，班组长要根据前一天任务的完成情况，以及当天的生产任务特点、当天使用机械设备的状况、人员状况等进行分析，指出不安全的环节及相应的安全措施。具体内容一般应包括：

1. 交代当天的工作任务，作出分工，指定负责人和监护人；

2.告知作业环境的情况、应注意的事项；

3.讲解使用的机械设备和工具的性能和操作技术；

4.分析危险源，告知可能发生事故的环节、部位和应采取的防护措施；

5.检查督促班组成员正确穿戴和使用防护用品、用具。

散会前，还要询问每个成员是否已经清楚安全注意事项，对他们提出的问题，耐心地解释，使班组每个成员明白应该做什么，不应该做什么。班前安全教育活动不能流于形式，要扎扎实实地搞好安全活动记录，让记录真正体现活动内容，让活动真正具有针对性，起到一定的启发和教育作用，职工知道得越多，所犯的错误就应该会越少，安全防护意识、操作的准确性等方面也都会相应提高。

三、班组班前教育制度

为了切实开展好班组班前安全活动，特定如下制度。开展安全生产活动的目的是为了提高职工的安全意识，增强自我保护能力。

1.班组长必须认真开展班组前安全活动，每天上班前在交代当天生产任务的同时，要有针对性地交代安全，并作好记录备查(作为考核的依据)。班组班前活动原则上是每天进行，但每周至少应记录3次。

2.对不开展班组班前安全活动的班组，应加强教育，加深他们对开展班前安全活动的认识并理解其重要性。

3.对班前活动开展得不认真，抱着走过场即了事的班组，且不作记录的，根据情节轻重进行批评或处以罚款。

4.班长、建筑队长(大班长)必须参加工地召开的安全生产会议，接受安全教育。

5.对班前安全活动开展得好的班组，利用工地黑板专栏等多种形式予以表扬，树立典型，同时可按照《施工现场安全奖罚制度》给予适当的经济奖励。对班前安全活动开展得不好的班组，利用工地黑板专栏给予曝光，同时可按照《施工现场安全奖罚制度》给予适当的经济处罚。

总之，积极推进班组安全教育工作，通过培训教育，使员工掌握标准、执行标准、依标作业，规范班组的作业行为，可有效强化班组安全管理。

第三章　高处作业安全知识

第一节　高处作业分级

高处作业的范围是相当广泛的，建筑、安装维修以及电力架线等施工中涉及的作业大部分都是高处作业。习惯上人们把架子工从事的登高架设或拆除作业，专指为登高架设作业，实际是高处作业中的一种。

一、高处作业的定义

1. 定义

国家标准《高处作业分级标准》(GB/T 3608—2008)中规定：在距坠落高度基准面 2 m 或 2 m 以上有可能坠落的高处进行的作业，都称为高处作业。

2. 坠落高度基准面

所谓基准面，是指由高处坠落达到的底面，而底面也可能是高低不平的，所以，坠落高度基准面是在可能坠落范围内最低处的水平面。

3. 可能坠落范围

以作业位置为中心，可能坠落距离为半径划成的与水平面垂直的柱形空间，称为可能坠落范围。

4. 可能坠落范围半径 R

为确定可能坠落范围而规定的相对于作业位置的一段水平距离。称为可能坠落范围半径。可能坠落的范围用米表示，其大小取决于与作业现场的地形、地势或建筑物分布等有关的基础高度具体的规定是在分析了许多高处坠落事故实例的基础上作出的。

其可能坠落范围半径 R，根据高度 h 不同分别是：

当高度 h 为 2～5 m 时，半径 R 为 2 m；

当高度 h 为 5～15 m 时，半径 R 为 3 m；

当高度 h 为 15～30 m 时，半径 R 为 4 m；

当高度 h 为 30 m 以上时，半径 R 为 5 m。

高度 h 为作业位置至其底部的垂直距离。

5. 基础高度

以作业位置为中心，6 m 为半径，划出一个垂直水平面的柱形空间内的最低处与作业位置间的高度差，称为基础高度。基础高度用米表示。

6. 高处作业高度

作业区各作业位置至相应坠落高度基准面的垂直距离中的最大值。称为该作业区的高处作业高度，简称作业高度。高处作业高度用米表示。

二、高处作业分级

按照建筑、安装维修等施工特点，把不同高度、不同作业环境对作业人员带来的危险程度进行分级，以便采取不同方式对作业人员进行保护。

高处作业高度分为2 m到5 m，5 m以上至15 m，15 m以上至30 m及30 m以上四个区段。

不存在任何一种客观危险因素的高处作业分级按下表规定的A类法分级。存在一种或一种以上客观危险因素的高处作业按下表规定的B类法分级。

高处作业分级

分类法	高处作业高度/m			
	$2 \leqslant h_w \leqslant 5$	$5 < h_w \leqslant 15$	$15 < h_w \leqslant 30$	$h_w > 30$
A	Ⅰ	Ⅱ	Ⅲ	Ⅳ
B	Ⅱ	Ⅲ	Ⅳ	Ⅳ

三、直接引起坠落的客观危险因素分为11种

1. 阵风风力五级(风速8.0 m/s)以上；
2. GB/T 4200—2008规定的Ⅱ级或Ⅱ级以上的高温作业；
3. 平均气温等于或低于5℃的作业环境；
4. 接触冷水温度等于或低于12℃的作业；
5. 作业场地有冰、雪、霜、水、油等易滑物；
6. 作业场光线不足，能见度差；
7. 作业活动范围与危险电压带电体的距离小于表1的规定；

表1　作业活动范围与危险电压带电体的距离

危险电压带电体的电压等级/kV	距离/m
≤10	1.7
35	2.9
63～110	2.5
220	4.0
330	5.0
500	6.0

8. 摆动，立足处不是平面或只有很小的平面，即任一边小于500 mm的矩形平面，直径小于500 mm的圆形平面或具有类似尺寸的其他形状的平面，致使作业者无法维持正常姿势；
9. GB 3869—1997规定的Ⅲ级或Ⅲ级以上的体力劳动强度；
10. 存在有毒气体或空气中含氧量低于0.195的作业环境；
11. 可能会引起各种灾害事故的作业环境和抢救突然发生的各种灾害事故。

第二节　建筑施工高处作业安全技术规范

为了在建筑施工高处作业中贯彻安全生产的方针，做到防护要求明确、技术合理、经济适用，制定了《建筑施工高处作业安全技术规范》，编号JGJ 80－91，已批准为行业标准，建标〔1992〕5号发布，自1992年8月1日施行。该规范适用于工业与民用房屋建筑及一般构筑物施工时，高处作业中临边、洞口、攀登、悬空、操作平台及交叉等作业。

一、高处作业安全要求的基本规定

1. 施工单位在编制施工方案时，必须将预防高处坠落列为安全技术措施的重要内容。安全技术措施及其所需料具，必须列入工程的施工组织设计。施工前，应逐级进行安全技术教育及交底，落实所有安全技术措施和个人劳动防护用品，未经落实时不得进行施工。安全技术措施实施后，由工地技术负责人组织有关人员进行验收，凡验收不合格的或不符合要求的，待修整合格后方可投入使用。

2. 凡经医生诊断患有高血压、心脏病、严重贫血、癫痫病以及其他不宜从事高处作业的病症的人员，不得从事高处作业。高处作业人员应每年进行一次体检。

3. 攀登和悬空高处作业人员及搭设高处作业安全设施的人员必须接受三级安全教育，经过专业技术培训及专业考试合格，取得特种作业操作证后方可上岗作业。

4. 高处作业人员必须按规定穿戴合格的防护用品，禁止赤脚、穿拖鞋或硬底鞋作业。使用安全带时，必须高挂低用，并系挂在牢固可靠处。

5. 高处作业中的安全标志、工具、仪表、电气设施和各种安全保护装置和设备，必须在施工前加以检查，确认其完好，方能投入使用。施工中发现有缺陷和隐患时，必须及时解决；危及人身安全时，必须停止作业。

6. 施工作业场所有坠落可能的物件，应一律先行撤除或加以固定。

高处作业中所用的物料，均应堆放平稳，不妨碍通行和装卸。工具应随手放入工具袋；作业中的走道、通道板和登高用具，应随时清扫干净；拆卸下的物件及余料和废料均应及时清理运走，不得任意乱置或向下丢弃；传递物件禁止抛掷。

7. 雨天和雪天进行高处作业时，必须采取可靠的防滑、防寒和防冻措施。凡水、冰、霜、雪均应及时清除。

对进行高处作业的高耸建筑物，应事先设置避雷设施。遇有 6 级以下强风、浓雾等恶劣气候，不得进行露天攀登与悬空高处作业。暴风雪及台风暴雨后，应对高处作业安全设施逐一加以检查，发现有松动、变形、损坏或脱落等现象，应立即修理完善。

8. 高处作业人员应从规定的通道上下，不得攀爬井架、龙门架、脚手架，更不能乘坐非载人的垂直运输设备上下。

9. 作为安全措施的各种栏杆、设施、安全网等，不得随意拆除。因作业需要必须临时拆除或变动安全防护设施时，须经施工负责人同意，并采取相应的可靠措施，作业后应立即恢复。

10. 防护棚搭设与拆除时，应设警戒区，并应派专人监护。严禁上下同时拆除。

二、临边作业

在建筑安装施工中，由于高处作业工作面的边缘没有围护设施或虽有围护实施，但其高度低于 800 mm 时，在这样的工作面上的作业统称为临边作业。例如：沟边作业，阳台、料台与挑平台周边尚未安装栏杆或栏板时的作业，尚未安装栏杆的楼梯段以及楼层周边尚未砌筑围护等处作业都属于临边作业。施工现场的坑槽作业、深基础作业，对地面上的作业人员也构成临边作业。

在进行临边作业时，必须设置防护栏杆、安全网等防护设施，防止发生坠落事故。对于不同的作业条件，采取的措施要求也不同。

（一）对临边高处作业，必须设置防护措施，并符合下列规定：

1. 基坑周边，尚未安装栏杆或栏板的阳台、料台与挑平台周边，雨篷与挑檐边，无外脚手的屋面与楼层周边及水箱与水塔周边等处，都必须设置防护栏杆。

2. 头层墙高度超过 3.2 m 的二层楼面周边，以及无外脚手的高度超过 3.2 m 的楼层周边，必须在外围架设安全平网一道。

3. 分层施工的楼梯口和梯段边，必须安装临时护栏。顶层楼梯口应随工程结构进度安装正式防护栏杆。

4. 井架与施工用电梯和脚手架等与建筑物通道的两侧边，必须设防护栏杆。地面通道上部应装设安全防护棚。双笼井架通道中间，应予分隔封闭。

5. 各种垂直运输接料平台，除两侧设防护栏杆外，平台口还应设置安全门或活动防护栏杆。

（二）临边防护栏杆杆件的规格及连接要求，应符合下列规定：

1. 毛竹横杆小头有效直径不应小于 70 mm，栏杆柱小头直径不应小于 80 mm，并须用不小于 16 号的镀锌钢丝绑扎，不应少于 3 圈，并无泻滑。

2. 原木横杆上杆梢径不应小于 70 mm，下杆梢径不应小于 60 mm，栏杆柱梢径不应小于 75 mm，并须用相应长度的圆钉钉紧，或用不小于 12 号的镀锌钢丝绑扎，要求表面平顺和稳固、无动摇。

3. 钢筋横杆上杆直径不应小于 16 mm，下杆直径不应小于 14 mm。钢管横杆及栏杆柱直径不应小于 18 mm，采用电焊或镀锌钢丝绑孔固定。

4. 钢管栏杆及栏杆均采用 $\phi48\times(2.75\sim3.5)$mm 的管材，以扣件或电焊固定。

5. 以其他钢材如角钢等作防护栏杆杆件时，应选用强度相当的规格，以电焊固定。

（三）搭设临边防护栏杆时，必须符合下列要求：

1. 防护栏杆应由上、下两道横杆及栏杆柱组成，上杆离地高度为 1.0～1.2 m，下杆离地高度为 0.5～0.6 m。坡度大于 1∶2.2 的层面，防护栏杆应高 1.5 m，并加挂安全立网。除经设计计算外，横杆长度大于 2 m 时，必须加设栏杆柱。

2. 栏杆柱的固定应符合下列要求：

(1)当在基坑四周固定时，可采用钢管并打入地面 50～70 cm 深。钢管离边口的距离，不应小于 50 cm。当基坑周边采用板桩时，钢管可打在板桩外侧。

(2)当在混凝土楼面、屋面或墙面固定时，可用预埋件与钢管或钢筋焊牢。采用竹、木栏杆时，可在预埋件上焊接 30 cm 长的∟ 50×5 角钢，其上下各钻一孔，然后用 10 mm 螺栓与竹、木杆件拴牢。

(3)当在砖或砌块等砌体上固定时，可预先砌入规格相适应的 80×6 弯转扁钢作预埋铁的混凝土块，然后用上项方法固定。

3. 栏杆柱的固定及其与横杆的连接，其整体构造应使防护栏杆在上杆任何处，能经受任何方向的 1 000 N 外力。当栏杆所处位置有发生人群拥挤、车辆冲击或物件碰撞等可能时，应加大横杆截面或加密柱距。

4. 防护栏杆必须自上而下用安全立网封闭，或在栏杆下边设置严密固定的高度不低于 18 cm的挡脚板或 40 cm 的挡脚笆。挡脚板与挡脚笆上如有孔眼，不应大于 25 mm。板与笆下边距离底面的空隙不应大于 10 mm。

接料平台两侧的栏杆，必须自上而下加挂安全立网或满扎竹笆。

5. 当临边的外侧面临街道时，除防护栏杆外，敞口立面必须采取满挂安全网或其他可靠措施作全封闭处理。

三、洞口作业

在建筑施工过程中，由于管道、设备以及工艺的要求，设置预留的各种孔与洞，都给施工人员带来一定的危险。在洞口附近作业，统称为洞口作业。孔与洞的意思是一样的，只是大小不同。规范中规定：在水平面上短边尺寸小于250 mm的，在垂直面上高度小于750 mm的均称为孔；在水平面上短边尺寸等于或大于250 mm，在垂直面上高度等于或大于750 mm的均称为洞。

洞口作业的防护措施，主要有设置防护栏杆、用遮盖物盖严、设置防护门以及张挂安全网等多种形式。

（一）进行洞口作业以及在因工程和工序需要而产生的，使人与物有坠落危险或危及人身安全的其他洞口进行高处作业时，必须按下列规定设置防护设施：

1. 板与墙的洞口，必须设置牢固的盖板、防护栏杆、安全网或其他防坠落的防护设施。

2. 电梯井口必须设防护栏杆或固定栅门；电梯井内应每隔两层并最多隔10 m设一道安全网。

3. 钢管桩、钻孔桩等桩孔上口，杯形、条形基础上口，未填土的坑槽，以及人孔、天窗、地板门等处，均应按洞口防护设置稳固的盖件。

4. 施工现场通道附近的各类洞口与坑槽等处，除设置防护设施与安全标志外，夜间还应设红灯示警。

（二）洞口根据具体情况采取设防护栏杆、加盖件、张挂安全网与装栅门等措施时，必须符合下列要求：

1. 楼板、屋面和平台等面上短边尺寸小于25 cm但大于2.5 cm的孔口，必须用坚实的盖板盖严。盖板应防止挪动移位。

2. 楼板面等处边长为25～50 cm的洞口、安装预制构件时的洞口以及缺件临时形成的洞口，可用竹、木等作盖板盖住洞口。盖板须能保持四周搁置均衡，并有固定其位置的措施。

3. 边长为50～150 cm的洞口，必须设置以扣件扣接钢管而成的网格，并在其上满铺竹笆或脚手板。也可采用贯穿于混凝土板内的钢筋构成防护网，钢筋网格间距不得大于20 cm。

4. 边长在150 cm以上的洞口，四周设防护栏杆，洞口下张设安全平网。

5. 垃圾井道和烟道，应随楼层的砌筑或安装而消除洞口，或参照预留洞口作防护。管道井施工时，除按上办理外，还应加设明显的标志。如有临时性拆移，需经施工负责人核准，工作完毕后必须恢复防护设施。

6. 位于车辆行驶道旁的洞口、深沟与管道坑、槽，所加盖板应能承受不小于当地额定卡车后轮有效承载力2倍的荷载。

7. 墙面等处的竖向洞口，凡落地的洞口应加装开关式、工具式或固定式的防护门，门栅网格的间距不应大于15 cm，也可采用防护栏杆，下设挡脚板(笆)。

8. 下边沿至楼板或底面低于80 cm的窗台等竖向洞口，如侧边落差大于2 m时，应加设1.2 m高的临时护栏。

9. 对邻近的人与物有坠落危险性的其他竖向的孔、洞口，均应予以盖没或加以防护，并有固定其位置的措施。

四、攀登作业

在施工现场，借助于登高工具或登高设施，在攀登条件下进行的作业称为攀登作业。攀登作业因作业面窄小，且处于高空，故危险性更大。攀登作业主要利用梯子、高凳、脚手架和结构上的条件进行作业和上下的。所以对这些用具和设施，在使用前应进行检查，认为符合要求时方可使用。

在实际施工中，攀登作业的安全技术要求如下：

1. 在施工组织设计中应确定用于现场施工的登高和攀登设施。现场登高应借助建筑结构或脚手架上的登高设施，也可采用载人的垂直运输设备。进行攀登作业时可使用梯子或采用其他攀登设施。

2. 柱、梁和行车梁等构件吊装所需的直爬梯及其他登高用拉攀件，应在构件施工图或说明内作出规定。

3. 攀登的用具，结构构造上必须牢固可靠。供人上下的踏板其使用荷载不应大于1 100 N。当梯面上有特殊作业，重量超过上述荷载时，应按实际情况加以验算。

4. 移动式梯子，均应按现行的国家标准验收其质量。

5. 梯脚底部应坚实，不得垫高使用。梯子的上端应有固定措施。立梯工作角度以 75°±5°为宜，踏板上下间距以 30 cm 为宜，不得有缺挡。

6. 梯子如需接长使用，必须有可靠的连接措施，且接头不得超过 1 处。连接后梯梁的强度，不应低于单梯梯梁的强度。

7. 折梯使用时上部夹角以 35°～45°为宜，铰链必须牢固，并应有可靠的拉撑措施。

8. 固定式直爬梯应用金属材料制成。梯宽不应大于 50 cm，支撑应采用不小于∟70×6 的角钢，埋设与焊接均必须牢固。梯子顶端的踏棍应与攀登的顶面齐平，并加设 1～1.5 m 高的扶手。

使用直爬梯进行攀登作业时，攀登高度以 5 m 为宜。超过 2 m 时，宜加设护笼，超过 8 m 时，必须设置梯间平台。

9. 作业人员应从规定的通道上下，不得在阳台之间等非规定通道进行攀登，也不得任意利用吊车臂架等施工设备进行攀登。

上下梯子时，必须面向梯子，且不得手持器物。

10. 钢柱安装登高时，应使用钢挂梯或设置在钢柱上的爬梯。

钢柱的接柱应使用梯子或操作台。操作台横杆高度：当无电焊防风要求时，其高度不宜小于 1 m；有电焊防风要求时，其高度不宜小于 1.8 m。

11. 登高安装钢梁时，应视钢梁高度，在两端设置挂梯或搭设钢管脚手架。

梁面上需行走时，其一侧的临时护栏横杆可采用钢索，当改用扶手绳时，绳的自然下垂度不应大于 l/20，并应控制在 10 cm 以内。

12. 钢层架的安装，应遵守下列规定：

(1)在层架上下弦登高操作时，对于三角形屋架应在屋脊处，梯形层架应在两端，设置攀登时上下的梯架。材料可选用毛竹或原木，踏步间距不应大于 40 cm，毛竹梢径不应小于 70 mm。

(2)屋架吊装以前，应在上弦设置防护栏杆。

(3)屋架吊装以前，应预先在下弦挂设安全网；吊装完毕后，即将安全网铺设固定。

五、悬空作业

悬空作业是指在周边临空状态下，无立足点或无牢靠立足点的条件下进行的高处作业。

因此，进行悬空作业时，需要建立牢固的立足点，并视具体情况配置防护栏杆等安全措施。

一般情况下悬空作业主要是指建筑安装工程中的构件吊装、悬空绑扎钢筋、混凝土浇筑以及安装门窗等多种作业。不包括机械设备及脚手架、龙门架等临时设施的搭设、拆除时的悬空作业。

1. 悬空作业处应有牢靠的立足处，并必须视具体情况，配置防护栏网、栏杆或其他安全设施。

2. 悬空作业所用的索具、脚手板、吊篮、吊笼、平台等设备，均需经过技术鉴定或检证方可使用。

3. 构件吊装和管道安装时的悬空作业，必须遵守下列规定：

(1)钢结构的吊装，构件应尽可能在地面组装，并应搭设进行临时固定、电焊、高强螺栓连接等工序的高空安全设施，随构件同时上吊就位。拆卸时的安全措施，亦应一并考虑和落实。高空吊装预应力钢筋混凝土层架、桁架等大型构件前，也应搭设悬空作业中所需的安全设施。

(2)悬空安装大模板、吊装第一块预制构件、吊装单独的大中型预制构件时，必须站在操作平台上操作。吊装中的大模板和预制构件以及石棉水泥板等屋面板上，严禁站人和行走。

(3)安装管道时必须有已完结构或操作平台为立足点，严禁在安装中的管道上站立和行走。

4. 模板支撑和拆卸时的悬空作业，必须遵守下列规定：

(1)支模应按规定的作业程序进行，模板未固定前不得进行下一道工序。严禁在连接件和支撑件上攀登上下，并严禁在上下同一垂直面上装、拆模板。结构复杂的模板，装、拆应严格按照施工组织设计的措施进行。

(2)支设高度在 3 m 以上的柱模板，四周应设斜撑，并应设立操作平台。低于 3 m 的可使用马凳操作。

(3)支设悬挑形式的模板时，应有稳固的立足点。支设临空构筑物模板时，应搭设支架或脚手架。模板上有预留洞时，应在安装后将洞盖没。混凝土板上拆模后形成的临边或洞口，应按本规范有关章节进行防护。

拆模高处作业，应配置登高用具或搭设支架。

5. 钢筋绑扎时的悬空作业，必须遵守下列规定：

(1)绑扎钢筋和安装钢筋骨架时，必须搭设脚手架和马道。

(2)绑扎圈梁、挑梁、挑檐、外墙和边柱等钢筋时，应搭设操作台架和张挂安全网。

悬空大梁钢筋的绑扎，必须在满铺脚手板的支架或操作平台上操作。

(3)绑扎立柱和墙体钢筋时，不得站在钢筋骨架上或攀登骨架上下。3 m 以内的柱钢筋，可在地面或楼面上绑扎，整体竖立。绑扎 3 m 以上的柱钢筋，必须搭设操作平台。

6. 混凝土浇筑时的悬空作业，必须遵守下列规定：

(1)浇筑离地 2 m 以上框架、过梁、雨篷和小平台时，应设操作平台，不得直接站在模板或支撑件上操作。

(2)浇筑拱形结构，应自两边拱脚对称地相向进行。浇筑储仓，下口应先行封闭，并搭设脚手架以防人员坠落。

(3)特殊情况下如无可靠的安全设施，必须系好安全带并扣好保险钩，或架设安全网。

7. 进行预应力张拉的悬空作业时，必须遵守下列规定：

(1)进行预应力张拉时，应搭设站立操作人员和设置张拉设备的牢固可靠的脚手架或操作平台。

雨天进行悬空张拉作业时，还应架设防雨棚。

(2)预应力张拉区域标示明显的安全标志，禁止非操作人员进入。张拉钢筋的两端必须设置挡板。挡板应距所张拉钢筋的端部1.5～2 m，且应高出最上一组张拉钢筋0.5 m，其宽度应距张拉钢筋两外侧各不小于1 m。

(3)孔道灌浆应按预应力张拉安全设施的有关规定进行。

8.悬空进行门窗作业时，必须遵守下列规定：

(1)安装门、窗，油漆及安装玻璃时，严禁操作人员站在樘子、阳台栏板上操作。门、窗临时固定，封填材料未达到强度，以及电焊时，严禁手拉门、窗进行攀登。

(2)在高处外墙安装门、窗，无外脚手时，应张挂安全网。无安全网时，操作人员应系好安全带，其保险钩应挂在操作人员上方的可靠物件上。

(3)进行各项窗口作业时，操作人员的重心应位于室内，不得在窗台上站立，必要时应系好安全带进行操作。

六、操作平台

施工现场有时为了弥补脚手架的不足而搭设了各种操作平台或操作架，以供人员作业或堆放材料、大型工具。操作平台有移动式平台和悬挑式平台。当平台高度超过2 m时，应在四周装设防护栏杆。

(一)移动式操作平台，必须符合下列规定：

1.操作平台应由专业技术人员按现行的相应规范进行设计，计算书及图纸应编入施工组织设计。

2.操作平台的面积不应超过10 m^2，高度不应超过5 m。还应进行稳定验算，并采用措施减少立柱的长细比。

3.装设轮子的移动式操作平台，轮子与平台的接合处应牢固可靠，立柱底端离地面不得超过80 mm。

4.操作平台可用$\phi(48\sim51)\times3.5$ mm钢管以扣件连接，亦可采用门架式或承插式钢管脚手架部件，按产品使用要求进行组装。平台的次梁，间距不应在于40 cm，台面应满铺3 cm厚的木板或竹笆。

5.操作平台四周必须按临边作业要求设置防护栏杆，并应布置登高扶梯。

(二)悬挑式钢平台，必须符合下列规定：

1.悬挑式钢平台应按现行的相应规范进行设计，其结构构造应能防止左右晃动，计算书及图纸应编入施工组织设计。

2.悬挑式钢平台的搁支点与上部拉结点，必须位于建筑物上，不得设置在脚手架等施工设备上。

3.斜拉杆或钢丝绳，构造上宜两边各设前后两道，两道中的每一道均应作单道受力计算。

4.应设置4个经过验算的吊环。吊运平台时应使用卡环，不得使吊钩直接钩挂吊环。吊环应用甲类3号沸腾钢制作。

5.钢平台安装时，钢丝绳应采用专用的挂钩挂牢，采取其他方式时卡头的卡子不得少于3个。建筑物锐角利口围系钢丝绳处应加衬软垫物，钢平台外口应略高于内口。

6.钢平台左右两侧必须装置固定的防护栏杆。

7.钢平台吊装，需待横梁支撑点电焊固定，接好钢丝绳，调整完毕，经过检查验收，方可松卸起重吊钩，上下操作。

8.钢平台使用时，应有专人进行检查，发现钢丝绳有锈蚀损坏应及时调换，焊缝脱焊应及时修复。

（三）操作平台的容许荷载值

操作平台上应显著地标明容许荷载值。操作平台上人员和物料的总重量，严禁超过设计的容许荷载。应配备专人加以监督。

七、交叉作业

由于施工现场的施工工艺复杂、人员多、操作面大，不可避免地会发生多工种同时作业的现象，形成交叉作业。由于交叉作业会给作业人员带来极大的危险性，在安排生产时尽量避免交叉作业，同时必须满足如下要求：

1.支模、粉刷、砌墙等各工种进行上下立体交叉作业时，不得在同一垂直方向上操作。下层作业的位置，必须处于依上层高度确定的可能坠落范围半径之外。不符合以上条件时，应设置安全防护层。

2.钢模板、脚手架等拆除时，下方不得有其他操作人员。

3.钢模板部件拆除后，临时堆放处离楼层边沿不应小于 1 m，堆放高度不得超过 1 m。楼层边口、通道口、脚手架边缘等处，严禁堆放任何拆下物件。

4.结构施工自二层起，凡人员进出的通道口（包括井架、施工用电梯的进出通道口），均应搭设安全防护棚。高度超过 24 m 的层次上的交叉作业，应设双层防护。

5.由于上方施工可能坠落物件或处于起重机把杆回转范围之内的通道，在其受影响的范围内，必须搭设顶部能防止穿透的双层防护廊。

八、高处作业安全防护设施的验收

（一）安全防护设施验收

建筑施工进行高处作业之前，应进行安全防护设施的逐项检查和验收。验收合格后，方可进行高处作业。验收也可分层进行，或分阶段进行。安全防护设施，应由单位工程负责人验收，并组织有关人员参加。

（二）安全防护设施的验收应具备的资料

1.施工组织设计及有关验算数据；

2.安全防护设施验收记录；

3.安全防护设施变更记录及签证。

（三）安全防护设施的验收主要包括的内容

1.所有临边、洞口等各类技术措施的设置状况；

2.技术措施所用的配件、材料和工具的规格和材质；

3.技术措施的节点构造及其与建筑物的固定情况；

4.扣件和连接件的紧固程度；

5.安全防护设施的用品及设备的性能与质量是否合格的验证。

（四）验收记录

安全防护设施的验收应按类别逐项查验，并作出验收记录。凡不符合规定者，必须修整合格后再行查验。施工工期内还应定期进行抽查。

第四章　安全防护用品相关知识

第一节　安全防护用品的种类、配发对象、标准

劳动防护用品，是指由生产经营单位为从业人员配备的，使其在劳动过程中免遭或者减轻事故伤害及职业危害的个人防护装备。

一、劳动防护用品的种类

根据《安全防护用品分类与代码》的规定，我国实行以人体保护部位划分的分类标准，根据防护的部位，劳动防护用品分为9类：

（一）头部防护用品

头部防护用品是为防御头部不受外来物体打击和其他因素危害而采取的个人防护用品。

根椐防护功能要求，目前主要有普通工作帽、防尘帽、防水帽、防寒帽、安全帽、防静电帽、防高温帽、防电磁辐射帽、防昆虫帽9类产品。

（二）呼吸器官防护用品

呼吸器官防护用品是为防止有害气体、蒸气、粉尘、烟、雾经呼吸道吸入或直接向配用者供氧或清净空气，保证在尘、毒污染或缺氧环境中作业人员正常呼吸的防护用具。

呼吸器官防护用品按功能主要分为防尘口罩和防毒口罩（面具），按形式又可分为过滤式和隔离式两类。

（三）眼面部防护用品

预防烟雾、尘粒、金属火花和飞屑、热、电磁辐射、激光、化学飞溅等伤害眼睛或面部的个人防护用品称为眼面部防护用品。

根据防护功能，大致可分为防尘、防水、防冲击、防高温、防电磁辐射、防射线、防化学飞溅、防风沙、防强光9类。

目前我国生产和使用比较普遍的有3种类型：

1. 焊接护目镜和面罩。预防非电离辐射、金属火花和烟尘等的危害。焊接护目镜分普通眼镜、前挂镜、防侧光镜3种；焊接面罩分手持面罩、头带式面罩、安全帽面罩、安全帽前挂眼镜面罩等。

2. 炉窑护目镜和面罩。预防炉、窑口辐射出的红外线和少量可见光、紫外线对人眼的危害。炉窑护目镜和面罩分为护目镜、眼罩和防护面罩3种。

3. 防冲击眼护具。预防铁屑、灰砂、碎石等外来物对眼睛的冲击伤害。防冲击眼护具分为防护眼镜、眼罩和面罩3种。防护眼镜又分为普通眼镜和带侧面护罩的眼镜。眼罩和面罩又分敞开式和密闭式2种。

（四）听觉器官防护用品

能够防止过量的声能侵入外耳道，使人耳避免噪声的过度刺激，减少听力损伤，预防噪声对人身引起的不良影响的个体防护用品。

听觉器官防护用品主要有耳塞、耳罩和防噪声头盔3大类。

(五)手部防护用品

具有保护手和手臂的功能,供作业者劳动时戴用的手套称为手部防护用品,通常人们称作劳动防护手套。

劳动防护用品分类与代码标准按照防护功能将手部防护用品分为12类:普通防护手套、防水手套、防寒手套、防毒手套、防静电手套、防高温手套、防X射线手套、防酸碱手套、防油手套、防震手套、防切割手套、绝缘手套。

(六)足部防护用品

足部防护用品是防止生产过程中有害物质和能量损伤劳动者足部的护具,通常人们称劳动防护鞋。

国家标准按防护功能分为防尘鞋、防水鞋、防寒鞋、防冲击鞋、防静电鞋、防高温鞋、防酸碱鞋、防油鞋、防烫脚鞋、防滑鞋、防穿刺鞋、电绝缘鞋、防震鞋13类。

(七)躯干防护用品

躯干防护用品就是我们通常讲的防护服。根据防护功能防护服分为普通防护服、防水服、防寒服、防砸背服、防毒服、阻燃服、防静电服、防高温服、防电磁辐射服、耐酸碱服、防油服、水上救生衣、防昆虫、防风沙14类产品。

(八)护肤用品

护肤用品用于防止皮肤(主要是面、手等外露部分)免受化学、物理等因素的危害。按照防护功能,护肤用品分为防毒、防射线、防油漆及其他类。

(九)防坠落用品

防坠落用品是防止人体从高处坠落,通过绳带,将高处作业者的身体系接于固定物体上或在作业场所的边沿下方张网,以防不慎坠落,这类用品主要有安全带和安全网两种。

二、劳动防护用品的配发对象和标准

(一)劳动防护用品配备标准

为了指导用人单位合理配备、正确使用劳动防护用品,保护劳动者在生产过程中的安全和健康,确保安全生产,国家经贸委依据《中华人民共和国劳动法》,组织制定了《劳动防护用品配备标准(试行)》。在此节选此标准中适用于建筑施工企业的部分内容。

劳动防护用品配备标准(试行)

序号	典型工种	劳动防护用品名称												
		工作服	工作帽	工作鞋	劳防手套	防寒服	雨衣	胶鞋	眼护具	防尘口罩	防毒护具	安全帽	安全带	护听器
4	仓库保管工	√	√	fz	√									
13	喷砂工	√	√	fz	√	√	√	jf	cj	√		√		
16	油漆工	√	√	√	√	√					√			
17	电工	√	√	fzjy	jy	√	√					√		
18	电焊工	zr	zr	fz	√	√			hj			√		
28	木工	√	√	fzcc	√	√	√	√	cj	√		√		
29	砌筑工	√	√	fzcc	√	√	√	jf		√		√		
31	安装起重工	√	√	fz	√	√	√	jf				√	√	

续上表

序号	典型工种	劳动防护用品名称												
		工作服	工作帽	工作鞋	劳防手套	防寒服	雨衣	胶鞋	眼护具	防尘口罩	防毒护具	安全帽	安全带	护听器
32	筑路工	√	√	fz	√	√	√	jf	fy	√		√		√
38	配料工	√	√	fz	√	√			√	√		√		
54	试验工	√	√	√										
55	机车司机	√	√	√	√	√	√		√					
56	汽车驾驶员	√	√	√	√	√	√	√	zw					
57	汽车维修工	√	√	fz	√	√	√	√	fy					
61	中小型机械操作工	√	√	fz	√	√		jf		√		√		
63	水泥制成工	√	√	fz	√	√		jf	fy	√				
93	建筑石膏制各工	√	√	fz	√	√				√				

注:"√"表示该种类劳动防护用品必须配备;字母表示该种类必须配备的劳动防护用还应具有附录 A"防护性能字母对照表"中规定的防护性能。

附录A 防护性能字母对照表:

cc——防刺穿　cj——防冲击　fg——防割
ff——防辐射　fh——防寒　fs——防水
fy——防异物　fz——防砸(1~5 级)　hj——焊接护目
hw——防红外　jd——防静电　jf——胶面防砸
jy——绝缘　ny——耐油　sj——耐酸碱
zr——阻燃耐高温　zw——防紫外

(二)用人单位的注意事项

1.中华人民共和国境内所有企事业和个体经济组织等用人单位必须为所有从业人员配备符合标准规定的劳动防护用品,并指导、督促劳动者在作业时正确使用,保证劳动者在劳动过程中的安全和健康。

2.用人单位应建立和健全劳动防护用品的采购、验收、保管、发放、使用、更换、报废等管理制度。采购、发放和使用的特种劳动防护用品必须具有安全生产许可证、产品合格证和安全鉴定证。安技部门应对购进的劳动防护用品进行验收。

3.凡是从事多种作业或在多种劳动环境中作业的人员,应按其主要作业的工种和劳动环境配备劳动防护用品。如配备的劳动防护用品在从事其他工种作业时或在其他劳动环境中确实不能适用的,应另配或借用所需的其他劳动防护用品。

4.为处于粉尘多的环境下的作业人员配备防尘口罩,纱布口罩不得作防尘口罩使用。

5."护听器"是耳塞、耳罩和防噪声头盔的统称,用人单位可根据作业场所噪声的强度和频率,为作业人员配备。

6.绝缘手套和绝缘鞋除按期更换外,还应做到每次使用前作绝缘性能的检查和每半年作一次绝缘性能复测。

7.对眼部可能受铁屑等杂物飞溅伤害的工种,使用普通玻璃镜片受冲击后易碎,会引起佩戴者眼睛间接受伤，必须佩戴防冲击眼镜。

8. 建筑、桥梁、船舶、工业安装等高处作业场所必须按规定架设安全网，作业人员根据不同的作业条件合理选用和佩戴相应种类的安全带。

9. 同一工种在不同气候环境下根据不同的作业环境、不同的实际工作时间和不同的劳动强度等实际情况增发必需的劳动防护用品，并规定使用期限。

10. 生产管理、调度、保卫、安全检查以及实习、外来参观者等有关人员，应根据其经常进入的生产区域，配备相应的劳动防护用品。

第二节　劳动防护用品的使用

劳动防护用品是根据生产工作的实际需要发给个人的，每个职工在生产工作中都应用好它。劳动防护用品是对劳动者本人采取的个人防护性技术措施，只有正确使用，才能达到真正保护劳动者不受伤害。各种防护用品的使用和维护应注意以下事项。

一、安 全 帽

(一)安全帽的构造

安全帽主要是为了保护头部不受到伤害的。安全帽有帽壳(帽外壳、帽舌、帽沿)、帽衬(帽箍、顶衬、后箍等)、下颚带三部分组成。制造安全帽的材料有很多种，帽壳可用玻璃钢、塑料、藤条等制作，帽衬可用塑料或棉织带制作。安全帽的颜色一般以浅色或醒目的颜色为宜。如白色、浅黄色等。

(二)安全帽的规格要求

1. 尺寸要求。

安全帽的尺寸要求为：帽壳内部尺寸、帽舌、帽沿、垂直间距、水平间距、佩戴高度、突出物和透气孔。

帽壳内部：长：195～250 mm；宽：170～220 mm；高：120～150 mm。

帽舌：10～70 mm。

帽沿：≤70 mm。

帽箍：分下列三个号：1 号：610～660 mm；2 号：570～600 mm；3 号：510～560 mm。

水平间距：安全帽在佩戴时，帽箍与帽壳内侧之间在水平面上径向距离。水平间距：5～20 mm。

垂直距离：安全帽在佩戴时，头顶与帽壳内顶之间的垂直距离(不包括顶筋空间)。尺寸要求是≤50 mm。

佩戴高度：安全帽佩戴时，帽箍底边至头顶部的垂直距离。尺寸要求是 80～90 mm。

突出物：帽壳内侧与帽衬之间存在的突出物高度不得超过 6 mm，突出物应有软垫覆盖。

通气孔：当帽壳留有通气孔时，通气孔总面积为 150 mm^2～450 mm^2。

其中垂直间距和佩戴高度是安全帽的两个重要尺寸要求。

垂直间距太小，直接影响安全帽佩戴的稳定性，这两项要求任何一项不合格都会直接影响到安全帽的整体安全性。

2. 重量要求。

在保证安全性能的前提下，安全帽的重量越轻越好，可以减少作业人员长时间佩戴引起的颈部疲劳。

普通安全帽的重量不应超过 430 g;

防寒安全帽的重量不应超过 600 g。

以上重量要求均不包括附加的部件。

3. 安全性能要求。

安全性能是指安全帽的防护性能,包括基本技术性能和特殊技术性能,是判定安全帽产品合格与否的重要指标。

冲击吸收性能:以 GB 2812 中规定的方法,经低温、高温、淋水预处理后,将安全帽正常戴在头模上,用 5 kg 钢锤,自 1 m 高度自由或导向平稳落下进行冲击试验,传递到头模上的冲击力最大值不超过 4 900 N(500 kgf),帽壳不得有碎片脱落。这个值越小,说明安全帽的防冲击的性能就越好。

耐穿刺性能:以 GB 2812 中的规定进行试验。安全帽经低温、高温、淋水预处理后,将安全帽正常戴在头模上,用 3 kg 钢锥自 1 m 高度自由平稳落下进行试验,钢锥不得接触头模表面。帽壳不得有碎片脱落。

下颏带的强度:下颏带发生破坏时的力值应介于 150 N~250 N 之间。

特殊技术性能要求:根据特殊用途和实际需要也可以增加一些其他性能要求。防静电性能、电绝缘性能,侧向刚性、阻燃性能、耐低温性能。

这些性能要求是产品必须达到的指标,无论是生产者、经营者还是使用者都应以此为依据判定安全帽是否可以出厂、销售和使用。

4. 出厂检验、生产企业逐批进行出厂检验,检查批量以一次性报料为一批次,最大批量应小于 8 万顶。

5. 进货检验:进货单位按批量对冲击吸收性能,耐穿刺性能垂直间距,佩戴高度、标识及标识中声明的符合标准规定的特殊技术性能或相关方约定的项目进行检测,无检测能力的单位应到有资质的第三方实验室进行检验,检验项目必须全部合格。

6. 永久标识:刻印、缝制、铆固标牌、模压或注塑在帽壳上的永久性标志,必须包括:

(1)本标准编号;

(2)制造厂名;

(3)生产日期(年,月)

(4)产品名称(由生产厂命名)

(5)产品的特殊技术性能

(二)使用安全帽的注意事项

施工现场上,工人们所佩戴的安全帽主要是为了保护头部不受到伤害。它可以在飞来或坠落下来的物体击向头部时,当作业人员从 2 m 及以上的高处坠落下来时,当头部有可能触电时,在低矮的部位行走或作业,头部有可能碰撞到尖锐、坚硬的物体几种情况下保护人的头部不受伤害或降低头部伤害的程度。在使用过程中如果佩戴和使用不正确,就起不到充分的防护作用。一般应注意下列事项:

1. 戴安全帽前应将帽后调整带按自己头形调整到适合的位置,然后将帽内弹性带系牢。缓冲衬垫的松紧由带子调节,人的头顶和帽体内顶部的空间垂直距离一般小于 50 mm,至少不要小于 32 mm 为好。这样才能保证当遭受到冲击时,帽体有足够的空间可供缓冲,平时也有利于头和帽体间的通风。

2. 不要把安全帽歪戴,也不要把帽沿戴在脑后方,否则,会降低安全帽对于冲击的防护作用。

3. 安全帽的下颌带必须扣在颌下，并系牢，松紧要适度，这样不至于被大风吹掉，或者是被其他障碍物碰掉，或者由于头的前后摆动使安全帽脱落。

4. 安全帽体顶部除了在帽体内部安装了帽衬外，有的还开了小孔通风。但在使用时不要为了透气而随便再行开孔，因为这样做将会使帽体的强度降低。

5. 由于安全帽在使用过程中会逐渐损坏，所以要定期检查有没有龟裂、下凹、裂痕和磨损等情况，发现异常现象要立即更换，不准再继续使用。任何受过重击、有裂痕的安全帽，不论有无损坏现象，均应报废。

6. 严禁使用只有下颌带与帽壳连接的安全帽，也就是帽内无缓冲层的安全帽。

7. 施工人员在现场作业中，不得将安全帽脱下搁置一旁，或当坐垫使用，以防变形，降低防护作用。

8. 由于安全帽大部分是使用高密度低压聚乙烯塑料制成，具有硬化和蜕变的性质，所以不易长时间地在阳光下暴晒。

9. 新领的安全帽，首先检查是否有劳动部门允许生产的证明及产品合格证，再看是否破损、薄厚不均，缓冲层及调整带和弹性带是否齐全有效。不符合规定要求的立即调换。

10. 在现场室内作业也要戴安全帽，特别是在室内带电作业时，更要认真戴好安全帽，因为安全帽不但可以防碰撞，还能起到绝缘作用。

11. 平时使用安全帽时应保持整洁，不能接触火源，不要任意涂刷油漆，不准当凳子坐，防止丢失。如果丢失或损坏，必须立即补发或更换。无安全帽一律不准进入施工现场。

二、安 全 带

（一）安全带的构造

安全带是预防高处作业工人坠落事故的个人防护用品，由带子、绳子和金属配件组成，总称安全带。适用于围杆、悬挂、攀登等高处作业用，不适用于消防和吊物。

安全带按使用方式，分为围杆安全带和悬挂、攀登安全带两类。建筑施工现场登高作业人员常用安全带根据国家标准规定有两种：一种是 J1XY——架子工Ⅰ型悬挂单腰带式（大挂钩），另一种是 J2XY——架子工Ⅱ型悬挂单腰带式（小挂钩）。

（二）安全带的规格要求

1. 安全带和绳必须用锦纶、维纶、蚕丝料。金属配件用普通碳素钢和铝合金。包裹绳子的套采用皮革、轻革、维纶或橡胶。

2. 腰带必须是一整根，其宽度为 40～50 mm，长度为 1 300～1 600 mm。腰带上附加小袋一个。

3. 护腰带宽度不小于 80 mm，长度为 600～700 mm。带子接触腰部分垫有柔软材料，外层用织带或轻革包好，边缘圆滑无棱角。

4. 带子缝合线的颜色和带颜色一致。带子颜色主要采用深绿、草绿、桔红、深黄，其次为白色等。

5. 安全绳直径不小于 13 mm，捻度为 8.5～9/100（花/mm）。吊绳、围杆绳直径不小于 16 mm，捻度为 7.5/100（花/mm）。绳头要编成 3～4 道加捻压股插花，股绳不准有松紧。

6. 金属钩必须有保险装置。金属钩舌弹簧有效复原次数不小于 2 万次，钩体和钩舌的咬口必须平整，不得偏斜。

7. 金属配件表面光洁，不得有麻点、裂纹；边缘呈圆弧形；表面必须防锈。不符合上述要求的配件，不准装用。

8. 金属配件圆环、半圆环、三角环、8字环、品字环、三道联，不许焊接，边缘成圆弧形。调节环只允许对接焊。

（三）技术性能要求

安全带及其附件是在人体坠落时，用于平衡地拉住人体并限制其下落距离的安全装置，故必须具有足够的强度，以便能经受住由此产生的力。安全带及其金属配件、带、绳必须按照《安全带检验方法》国家标准进行测试，并符合安全带、绳和金属配件的破断负荷指标。

1. 破断拉力

安全带按照国家标准的规定，整体作 4 412.7 N(450 kgf)静负荷测试，应无破断。

2. 冲击负荷

悬挂、攀登安全带，以 100 kg 重量拴挂自由坠落，作冲击试验，应无破断。架子工安全带作冲击试验时，应模拟人形并且腰带的悬挂处要抬高 1 m。以 100 kg 重量作冲击试验，缓冲器在 4 m 冲距内，应不超过 8825.4 N(900 kgf)。

（四）出厂要求

验收产品时以 1 000 条为一批（不足时仍按 1 000 条计算），从中抽两条检验，有一条不合格，该批产品不予验收。生产厂检验过的安全带样品不得再出售。

出厂时，每条安全带上应载明的内容：

1. 金属配件上应打上制造厂的代号。

2. 安全带的带体上应缝上永久字样的商标、合格证和检验证。

3. 安全绳上应加色线代表生产厂，以便识别。

4. 合格证应注明：产品名称、生产年月、拉力试验 4 412.7 N(450 kgf)、冲击重量 100 kg、制造厂名、检验员姓名等。

5. 每条安全带装在一个塑料袋内。袋上印有：产品名称、生产年月、静负荷 4 412.7 N(450 kgf)、冲击重量 100 kg、制造厂名称及使用保管注意事项。

6. 装产品的箱体上应注明：产品名称、数量、装箱日期、体积和重量、制造厂名和送交单位名称。

三、使用注意事项

安全带俗称“救命带”。建筑施工现场上，高处作业、重叠交叉作业非常多，为了防止作业者在某个高度和位置上可能出现的坠落，作业者在登高和高处作业时，必须系挂好安全带。安全带的使用和维护有以下几点要求：

1. 思想上必须重视安全带的作用。不能觉得系安全带麻烦，给上下行走带来不方便，特别是一些小活、临时活，认为“有扎安全带的时间活都干完了”。殊不知，事故发生就在一瞬间，所以高处作业必须按规定要求系好安全带。

2. 安全带使用前应检查绳带有无变质、卡环，是否有裂纹，卡簧弹跳性是否良好。

3. 高处作业如安全带无固定挂处，应采用适当强度的钢丝绳或采取其他方法。禁止把安全带挂在移动或带尖锐角或不牢固的物件上。

4. 高挂低用。安全带应高挂低用，注意防止摆动碰撞。将安全带挂在高处，人在下面工作就叫高挂低用。这是一种比较安全合理的科学系挂方法，它可以使有坠落发生时的实际冲击距离减小。与之相反的是低挂高用，就是安全带拴挂在低处，而人在上面作业。这是一种很不安全的系挂方法，因为当坠落发生时，实际冲击的距离会加大，人和绳都要受到较大的冲击负荷。所以安全带必须高挂低用，杜绝低挂高用。

5. 安全带要拴挂在牢固的构件或物体上，防止摆动或碰撞，绳子不能打结使用，钩子要挂在连接环上。

6. 安全带绳保护套要保持完好，以防绳被磨损。若发现保护套损坏或脱落，必须加上新套后再使用。

7. 安全带严禁擅自接长使用。如果使用 3 m 及以上的长绳时必须要加缓冲器，各部件不得任意拆除。

8. 安全带在使用前要检查各部位是否完好无损。安全带在使用后，要注意维护和保管。要经常检查安全带缝制部分和挂钩部分，必须详细检查捻线是否发生裂断和残损等。

9. 安全带不使用时要妥善保管，不可接触高温、明火、强酸、强碱或尖锐物体，不要存放在潮湿的仓库中保管。

10. 安全带在使用 2 年后应抽验一次，频繁使用应经常进行外观检查，发现异常必须立即更换。定期或抽样试验用过的安全带，不准再继续使用。

四、护目镜、面罩

防辐射线面罩主要用于焊接作业，防止在焊接过程中产生产的强光、紫外线和金属飞屑损伤面部。防毒面具要注意滤毒材料的性能。护目镜、面罩的宽窄大小要适合使用者的脸形，镜片磨损、粗糙、镜架损坏会影响操作人的视力，应立即调换新的。

五、防护手套

1. 厚帆布手套多用于高温、重体力作业。

2. 薄帆布、纱线、分指手套主要用于检修工、起重机司机、配电工等工种。

3. 翻毛皮革长手套主要用于焊接工种。

4. 橡胶或涂橡胶手套主要用于电气等工种。

戴各类手套时，注意不要让手腕裸露出来，以防在作业时焊接火星或其他有害物溅入袖内受到伤害。各类机床或有被夹挤危险的地方，严禁使用手套。

六、防 护 鞋

1. 橡胶鞋有绝缘保护作用，主要用于电气、露天作业等岗位。

2. 球鞋有绝缘、防滑保护作用，主要用于检修、电气、起重机等工种。

3. 防滑靴能防止操作人员滑跌。

4. 护趾安全鞋能保护脚趾在物体砸落时不受伤害。

七、绝缘鞋、绝缘手套

1. 绝缘鞋包括：电绝缘皮鞋、布面胶鞋、胶面胶鞋、塑料鞋四大类。

2. 用人单位可根据劳动强度、作业环境不同，合理制定使用期限。但要注意以下几条：一是贮存，自出厂日超过 18 个月，须逐只进行电性能预防性检验；二是凡帮底有腐蚀破损之处，不能再作电绝缘鞋穿用；三是使用中每 6 个月至少进行一次电性能测试，如不合格不可继续使用。

3. 绝缘手套的使用期限，各单位可根据使用频繁度作出规定，但必须要求每次使用之前进行吹气自检，每半年至少作一次电性能测试，如不合格不可继续使用。

第三节 建筑施工人员劳动保护用品的使用管理

为加强对建筑施工人员个人劳动保护用品的使用管理，保障施工作业人员安全与健康，根据《中华人民共和国建筑法》、《建设工程安全生产管理条例》、《安全生产许可证条例》等法律法规，建设部组织制定了《建筑施工人员个人劳动保护用品使用管理暂行规定》建质〔2007〕255号文，该规定从2007年11月5日实施。

建筑施工现场所使用的最基本、最简单、最实用的劳动防护用品就是“三宝”，但往往也最容易被人们忽略，施工操作不戴安全帽、高处作业不戴安全带的现象时有发生，造成的后果也不堪设想。在建筑施工现场，被落物砸伤、高空坠落的事故一旦发生，就会造成巨大的经济损失和人员伤亡。所以，一定要正确对待劳动防护用品的使用管理。

一、一般规定

（一）个人劳动保护用品

个人劳动保护用品是指在建筑施工现场，从事建筑施工活动的人员使用的安全帽、安全带以及安全(绝缘)鞋、防护眼镜、防护手套、防尘(毒)口罩等个人劳动保护用品。

（二）劳动保护用品的发放和管理的原则

劳动保护用品的发放和管理，坚持“谁用工，谁负责”的原则。施工作业人员所在企业(包括总承包企业、专业承包企业、劳务企业等，下同)必须按国家规定免费发放劳动保护用品，更换已损坏或已到使用期限的劳动保护用品，不得收取或变相收取任何费用。劳动保护用品必须以实物形式发放，不得以货币或其他物品替代。

二、对企业的要求

（一）企业应建立健全有关制度

企业应建立完善的劳动保护用品采购、验收、保管、发放、使用、更换、报废等规章制度。同时建立健全相应的管理台账，明确个人劳动保护用品的发放范围、发放的种类、使用年限等。管理台账保存期限不得少于2年，以保证劳动保护用品的质量具有可追溯性。

企业按照劳动保护用品采购管理制度的要求，明确企业内部有关部门、人员的采购管理职责。企业在一个地区组织施工的，可以集中统一采购；对企业工程项目分布在多个地区，集中统一采购有困难的，可由各地区或项目部集中采购。

采购的劳动防护用品进入施工现场时，企业要严格按照标准要求进行验收，验收必须有专职安全管理人员参加，必要时，对进入施工现场的安全帽、安全带、绝缘鞋等进行技术性能的检测，填写检测记录。

（二）劳动防护用品的质量要符合标准

企业采购个人使用的安全帽、安全带及其他劳动防护用品等，必须符合《安全帽》(GB 2811)、《安全带》(GB 6095)及其他劳动保护用品相关国家标准的要求。

企业、施工作业人员，不得采购和使用无安全标记或不符合国家相关标准要求的劳动保护用品。

企业采购劳动保护用品时，应查验劳动保护用品生产厂家或供货商的生产、经营资格，验明商品合格证明和商品标识，以确保采购劳动保护用品的质量符合安全使用要求。特种劳动防护用品还应具备安全标识。

企业应当向劳动保护用品生产厂家或供货商索要法定检验机构出具的检验报告或由供货商签

字盖章的检验报告复印件，不能提供检验报告或检验报告复印件的劳动保护用品不得采购。

从业人员对企业提供的不合格劳动保护用品有权拒绝使用。

(三)对从业人员进行正确使用劳动防护用品的教育

1.安全教育

随着建筑业的发展，进入施工现场的农民工越来越多，他们大多数文化水平不高，安全意识不强，对安全防护知识了解甚少，为了让他们正确使用安全防护用品，企业应加强对施工作业人员的教育培训，保证施工作业人员能正确使用劳动保护用品。工程项目部应有教育培训的记录，有培训人员和被培训人员的签名和时间。也就是说，施工作业人员有接受安全教育培训的权利，有按照工作岗位规定使用合格的劳动保护用品的权利。

2.安全检查

为了督促从业人员正确佩戴和使用劳动防护用品，企业应定期进行劳动防护用品使用的专项检查，加强对施工作业人员劳动保护用品使用情况的检查，并对施工作业人员劳动保护用品的质量和正确使用负责。实行施工总承包的工程项目，施工总承包企业应加强对施工现场内所有施工作业人员劳动保护用品的监督检查，督促相关分包企业和人员正确使用劳动保护用品。

三、对建设工程各方责任主体的规定

(一)监理单位的安全责任

监理单位的工作人员首先做到进入施工现场必须佩戴安全帽。其次监理单位要加强对施工现场劳动保护用品的监督检查，发现施工企业有不使用或使用不符合要求的劳动保护用品，应责令相关企业立即改正。对拒不改正的，应当向建设行政主管部门报告。

(二)建设单位的安全责任

施工企业购买劳动防护用品，就必须进行安全投入。建设单位应当及时、足额向施工企业支付安全措施专项经费，并督促施工企业落实安全防护措施，使用符合相关国家产品质量要求的劳动保护用品。

(三)各级主管部门的安全责任

1.监督检查

各级建设行政主管部门应当加强对施工现场劳动保护用品使用情况的监督管理。发现有不使用或使用不符合要求的劳动保护用品的违法违规行为，应当责令改正；对因不使用或使用不符合要求的劳动保护用品造成事故或伤害的，应当依据《建设工程安全生产管理条例》和《安全生产许可证条例》等法律法规，对有关责任方给予行政处罚。

各级建设行政主管部门应将企业劳动保护用品的发放、管理情况列入建筑施工企业“安全生产许可证”条件的审查内容之一。为从业人员配备必要的劳动防护用品，是《安全生产许可证条例》要求的必备条件之一。施工企业在申办安全生产许可证时，提供为从业人员配备劳动防护用品的合格证、检测报告、购货发票、购物清单和企业建立的劳动防护用品台账。在施工过程中，施工企业也要确保施工现场所采购的劳动保护用品的质量防护要求，主管部门可以以此作为认定企业是否降低安全生产条件的内容之一；施工作业人员是否正确使用劳动保护用品情况作为考核企业安全生产教育培训是否到位的依据之一。

2.信息公告制度

各地建设行政主管部门可建立合格劳动保护用品的信息公告制度，为企业购买合格的劳动保护用品提供信息服务。同时依法加大对采购、使用不合格劳动保护用品的处罚力度。

施工现场内，为保证施工作业人员安全与健康所需的其他劳动保护用品也可参照该规定执行。

第五章　安全标志、安全色

第一节　安全标志

一、安全标志

安全标志是用以表达特定安全信息的标志，由图形符号、安全色、几何形状(边框)或文字构成。通过颜色和几何形状的组合表达通用的安全信息，并且通过附加图形符号表达特定安全信息的标志。

二、标志类型

安全标志分禁止标志、警告标志、指令标志和提示标志四大类型。

1. 禁止标志：禁止标志的含义是禁止人们不安全行为的图形标志。禁止标志的基本形式是带斜杠的圆边框。

2. 警告标志：警告标志的基本含义是提醒人们对周围环境引起注意，以避免可能发生危险的图形标志。警告标志的基本形式是正三角形边框。

3. 指令标志：指令标志的含义是强制人们必须做出某种动作或采用防范措施的图形标志。指令标志的基本形式是圆形边框。

4. 提示标志：提示标志的含义是向人们提供某种信息(如标明安全设施或场所等)的图形标志。提示标志的基本形式是正方形边框。提示标志的方向辅助标志：提示标志提示目标的位置时要加方向辅助标志。按实际需要指示左向或向下时，辅助标志应放在图形标志的左方，如指示右向时，则应放在图形标志的右方。

5. 文字辅助标志：文字辅助标志的基本形式是矩形边框。文字辅助标志有横写和竖写两种形式。横写时，文字辅助标志写在标志的下方，可以和标志连在一起，也可以分开。禁止标志、指令标志为白色字，警告标志为黑色字。禁止标志、指令标志衬底色为标志的颜色，警告标志衬色为白色。竖写时，文字辅助标志写在标志杆的上部。禁止标志、警告标志、指令标志、提示标志均为白色衬底，黑色字。标志杆下部色带的颜色应和标志的颜色相一致。文字字体均为黑体字。

6. 颜色：安全标志所用的颜色应符合 GB 2893 规定的颜色。

7. 安全标志牌的其他要求：①安全标志牌要有衬边。除警告标志边框用黄色勾边外，其余全部用白色将边框勾一窄边，即为安全标志的衬边，衬边宽度为标志边长或直径的 0.025 倍。②标志牌的材质。安全标志牌应采用坚固耐用的材料制作，一般不宜使用遇水变形、变质或易燃的材料。有触电危险的作业场所应使用绝缘材料。③标志牌表面质量。除上述要求外，标志牌应图形清楚，无毛刺、孔洞和影响使用的任何疵病。

三、安全标志的作用

安全色与安全标志的用途是使人们迅速地注意到影响安全和健康的对象和场所，并使特定信息得到迅速理解，尤其安全标志是传递与安全和健康有关的信息。

第二节　安　全　色

《安全色》标准(GB 2893—2001)2002 年 06 月 01 实施，该标准规定了传递安全信息的颜色、安全色的使用方法和测试方法。适用于工业企业、交通运输、建筑、消防、仓库、医院及剧场等公共场所使用的信号和标志的表面色。《安全色使用导则》作为本标准的附录。

一、安 全 色

1. 定义

安全色：传递安全信息含义的颜色，包括红、蓝、黄、绿四种颜色。

对比色：使安全色更加醒目的反衬色，包括黑、白两种颜色。

2. 颜色表征

(1)安全色

红色：表示禁止、停止、危险以及消防设备的意思。凡是禁止、停止、消防和有危险的器件或环境均应涂以红色的标记作为警示的信号。

蓝色：表示指令，要求人们必须遵守的规定。

黄色：表示提醒人们注意。凡是警告人们注意的器件、设备及环境都应以黄色表示。

绿色：表示给人们提供允许、安全的信息。

(2)对比色

安全色与对比色同时使用时，应按下表规定搭配使用。

黑色：黑色用于安全标志的文字、图形符号和警告标志的几何边框。

白色：白色作为安全标志红、蓝、绿的背景色，也可用于安全标志的文字和图形符号。

安全色和对比色

安全色	对比色
红色	白色
蓝色	白色
黄色	黑色
绿色	白色

注：黑色与白色互为对比色。

(3)安全色与对比色的相间条纹

红色与白色相间条纹：表示禁止人们进入危险的环境。

黄色与黑色相间条纹：表示提示人们特别注意的意思。

蓝色与白色相间条纹：表示必须遵守规定的信息。

绿色与白色相间的条纹：与提示标志牌同时使用，更为醒目地提示人们。

(4)技术要求：用各种材料制作的标志面有色度和光度性能要求。

色度性能：标志面的文字、符号、边框及衬底等各种色度均应符合 GB/T 8416 对材料颜色范围的规定。当安全色的各种色度各角点坐标值偏离色品图所规定的范围，则该颜色不宜作为安全色和对比色使用。

二、安全色使用导则的相关规定

1. 安全色的作用

红色：各种禁止标志(参照 GB 2894 中图形标志)；交通禁令标志(参照 GB 5768)；消防设备标志(参照 GB 13495)；机械的停止按钮、刹车及停车装置的操纵手柄；机器转动部件的裸露部分，如飞轮、齿轮、皮带轮等轮辐部分；指示器上各种表头的极限位置的刻度；各种危险信号旗等。

黄色:各种警告标志(参照 GB 2894 中图形标志);道路交通标志和标线(参照 GB 5768);警戒标记,如危险机器和坑池周围的警戒线等;各种飞轮、皮带轮及防护罩的内壁;警告信号旗等。

蓝色:各种指令标志(参照 GB 2894 中图形标志);交通指示车辆和行人行驶方向的各种标线等标志(参照 GB 5768 公路标线图)。

绿色:各种提示标志(参照 GB 2894 中 4.4.4 表 4 图形标志);车间厂房内的安全通道、行人和车辆的通行标志、急救站和救护站等;消防疏散通道和其他安全防护设备标志;机器启动按钮及安全信号旗等。

2. 安全色与对比色相间条纹

红色与白色相间条纹:公路、交通等方面所使用防护栏杆及隔离墩表示禁止跨越;固定禁止标志的标志杆下面的色带(如图 A5)等。

黄色与黑色相间条纹:各种机械在工作或移动时容易碰撞的部位,如移动式起重机的外伸腿、起重机的吊钩滑轮侧板、起重臂的顶端、四轮配重;平顶拖车的排障器及侧面栏杆;门式起重和门架下端;剪板机的压紧装置;冲床的划块等有暂时或永久性危险的地方或设置。

要求两种颜色间的宽度应相等,一般为 100 mm(图 A1),但可根据机器大小和安全标志的位置不同,采用不同的宽度。在较小的面积上其宽度要适当地缩小,每种颜色不能少于 2 条,斜度与基准面成 45°。在设备上其倾斜方向应以设备的中心线为轴线对称方向。有两个相对运动的剪切或挤压棱边上条纹的倾斜方向应相反。

蓝色与白色相间条纹:交通上的指示性导向标志。

绿色与白色相间条纹:固定提示标志杆上的色带(如图 5)。

相间条纹宽度:安全色与对比色相间的条纹宽度应相等,即各占 50%。

3. 使用要求

使用安全色的环境场所,照明光源应接近自然白昼光,如 D56 光源,其照度不应低于 TJ 34要求。

4. 检查与维修

凡涂有安全色的部位,最少半年至一年检查一次,应经常保持整洁、明亮,如有变色、褪色等不符合安全色范围和逆反射系数低于 70% 的要求时,需要及时重涂或更换,以保证安全色的正确、醒目,以达到安全的目的。

第六章　施工现场消防知识

第一节　施工现场易燃易爆物品种类、识别、动火要求

一、易燃易爆品

易燃易爆化学危险物品，顾名思义，是指在受热、摩擦、振动、遇潮、化学反应等情况下发生燃烧、爆炸等恶性事故的化学物品。其虽危险，却涵盖了生产生活中的许多领域，如化肥、农药、药品、试剂等，根据《中华人民共和国消防法》国家标准 GB 12268《危险货物品名表》中的有关规定，“易燃易爆危险物品”系指以燃烧、爆炸为主要特性的压缩气体、液化气体、易燃液体、易燃固体、自燃物品和遇湿易燃物品、氧化剂和有机过氧化物以及毒害品、腐蚀品中部分易燃易爆化学物品。目前常见的、用途较广的有 1000 多种。易燃易爆化学物品具有较大的火灾危险性，一旦发生灾害事故，往往危害大、影响大、损失大、扑救困难等。公安部发布了《易燃易爆化学物品消防安全监督管理办法》，办法中对易燃易爆化学物品的生产、使用、储存、经营、运输的消防监督管理作了具体规定。

二、易燃易爆物品的特性

1. 易燃烧爆炸

易燃气体的主要危险特性就是易燃易爆，处于燃烧浓度范围之内的易燃气体，遇着火源都能着火或爆炸，有的甚至只需极微小能量就可燃爆。易燃气体与易燃液体、固体相比，更容易燃烧，且燃烧速度快，一燃即尽。简单成分组成的气体比复杂成分组成的气体易燃、燃速快、火焰温度高、着火爆炸危险性大。同时，由于充装容器为压力容器，受热或在火场上受热辐射时还易发生物理性爆炸。

2. 扩散性

压缩气体和液化气体由于气体的分子间距大，相互作用力小，所以非常容易扩散，能自发地充满任何容器。气体的扩散性受比重影响：比空气轻的气体在空气中可以无限制地扩散，易与空气形成爆炸性混合物；比空气重的气体扩散后，往往聚集在地表、沟渠、隧道、厂房死角等处，长时间不散，遇着火源发生燃烧或爆炸。掌握气体的比重及其扩散性，对指导消防监督检查、评定火灾危险性大小、确定防火间距、选择通风口的位置都有实际意义。

3. 可缩性和膨胀性

压缩气体和液化气体的热胀冷缩比液体、固体大得多，其体积随温度升降而胀缩。因此容器（钢瓶）在储存、运输和使用过程中，要注意防火、防晒、隔热，在向容器（钢瓶）内充装气体时，要注意极限温度压力，严格控制充装，防止超装、超温、超压造成事故。

4. 静电性

压缩气体和液化气体从管口或破损处高速喷出时，由于强烈的摩擦作用，会产生静电。带电性也是评定压缩气体和液化气体火灾危险性的参数之一，掌握其带电性有助于在实际消防

监督检查中，指导检查设备接地、流速控制等防范措施是否落实。

5.腐蚀毒害性

主要是一些含氢、硫元素的气体具有腐蚀作用。如氢、氨、硫化氢等都能腐蚀设备，严重时可导致设备裂缝、漏气。对这类气体的容器，要采取一定的防腐措施，要定期检验其耐压强度，以防万一。压缩气体和液化气体，除了氧气和压缩空气外，大都具有一定的毒害性。

6.窒息性

压缩气体和液化气体都有一定的窒息性(氧气和压缩空气除外)。易燃易爆性和毒害性易引起注意，而窒息性往往被忽视，尤其是那些不燃无毒气体，如二氧化碳、氮气、氦、氩等惰性气体，一旦发生泄漏，均能使人窒息死亡。

7.氧化性

压缩气体和液化气体的氧化性主要有两种情况：一种是明确列为助燃气体的，如氧气、压缩空气、一氧化二氮；一种是列为有毒气体，本身不燃，但氧化性很强，与可燃气体混合后能发生燃烧或爆炸的气体，如氯气与乙炔混合即可爆炸，氯气与氢气混合见光可爆炸，氟气遇氢气即爆炸，油脂接触氧气能自燃，铁在氧气、氯气中也能燃烧。因此，在消防监督中不能忽视气体的氧化性，尤其是列为有毒气体的氯气、氟气，除了注意其毒害性外，还应注意其氧化性，在储存、运输和使用中要与其他可燃气体分开。

三、施工现场易燃易爆物品的管理

施工现场经常使用氧气、乙炔、油漆、稀料，同时民工食堂大部分临时采用液化石油气作燃料，忽视易燃易爆化学物品的管理，一旦使用管理方法不当，造成易燃易爆化学物品泄漏，遇到明火，极易造成群死群伤火灾事故，给国家和人民群众的生命财产安全带来极大威胁，施工单位一定要采取有效措施，预防施工现场火灾事故的发生。

(一)合理规划施工现场的消防安全布局，最大限度地减少火灾隐患

1.要针对施工现场平面布置的实际，合理划分各作业区，特别是明火作业区，易燃、可燃材料堆场，危险物品库房等区域，严格管理，保持通风良好，设立明显的标志，将火灾危险性大的区域布置在施工现场常年主导风向的下风侧或侧风向。

2.尽量采用难燃性建筑材料，降低施工现场的火灾荷载。木刨花、试验剩余物应及时清出，放在指定地点。

3.民工宿舍附近要配置一定数量的消防器材，大型建筑工地应设置消防水池以及必要的消防通讯、报警装置。

4.易燃易爆化学物品必须专人保管，保管员要详细核对产品名称、规格、牌号、质量、数量，查清危险性质。遇有包装不良、质量异变、标号不符合等情况，应及时进行安全处理。

(二)施工单位要认真贯彻落实《机关、团体、企业、事业单位消防安全管理规定》(公安部令第61号)，实行严格的消防安全管理

1.确定法定代表人或者非法人单位的安全负责人，对施工现场的消防安全工作全面负责，成立义务消防安全组织，负责日常防火巡查工作和对突发事件的处理，同时指定专人负责停工前后的安全巡视检查，重点巡查有无遗留烟头、电气点火源、明火等火种。

2.对雇佣的临时民工必须经过消防安全教育，使其熟知基本的消防常识，会报火警、会使用灭火器材、会扑救初期火灾，特别是要加强对电焊、气焊作业人员的消防安全培训，做到持证上岗。

3. 加强施工现场的用火管理。要严格落实危险场地动用明火审批制度，易燃易爆化学危险品库房周围严禁吸烟和明火作业。库房内物品应保持一定的间距。氧气、乙炔瓶两者不能混放。焊接作业时要派专人监护，配齐必要的消防器材，并在焊接点附近采用非燃材料板遮挡的同时清理干净其周围可燃物，防止焊珠四处喷溅。

4. 在民工宿舍、员工休息室、危险物品库房等火灾危险处设立醒目的严禁吸烟等消防安全标志，必要时设置吸烟室或指定安全的吸烟地点。

5. 加强施工现场的用电管理。施工单位确定一名经过消防安全培训合格的电工正确合理地安装及维修电气设备，经常检查电气线路、电气设备的运行情况，重点检查线路接头是否良好，有无保险装置，是否存在短路发热、绝缘损坏等现象。

6. 进行定期和不定期的安全检查，查出隐患，要及时整改和上报。如发现不安全的紧急情况，应先停止工作，再报有关部门研究处理。

四、动火注意事项

(一)所有需要动火作业的地点，要制定安全防火措施，配备有消防器材，设专人监督，严格按审批动火手续获得正式批准后，取得动火证，方可作业。

(二)根据施工现场情况，划分重点防火区域，专人负责重点部位。

1. 木工棚

棚内配置不少于 2 台泡沫灭火器、0.5 m^3 沙池、1 m^3 水池、消防桶和铁锹；消防器材不准挪作他用；木工棚每天产生的锯末、刨花安排专人清运，保持清洁；木材烘干炉池建在指定位置，远离火源，并安排专人值班、监督；悬挂禁止烟火标志和防火责任制标牌。

2. 配电室

合理配置、整定，更换各种保护电器，对电路和设备的过载、失压、漏电、短路故障进行可靠保护；电气装置和线路周围不准堆放易燃易爆和强腐蚀介质，不得随便使用火源；在电器装置相对集中的地点，如变电所，配电室、发电机室等配置相应的灭火器材并禁止烟火；加强电气设备相间和极地间绝缘，防止闪烁；设置合理的防雷、避雷措施；严禁带负荷停、送电；在易燃易爆场所选用防爆电气设备。

3. 电气焊作业区

清理施焊现场 10 m 内的易燃易爆物品，并采取规定的防护措施；作业人员必须按规定穿戴劳动防护用品；电焊机开关箱及电源线路接线和线路故障排除必须由专业电工进行；电焊机导线应有良好的绝缘，接地线不得接在管道、机床设备和建筑物金属构架或轨道上；电焊机导线长度不宜大于 30 m；当导线通过道路时，必须架高或穿入防护管内埋设在地下；电焊钳应有良好的绝缘和隔热能力，电焊钳握柄必须绝缘良好，握柄与导线连接应牢靠，接触良好，连接处应采用绝缘布包好并不得外露；氧气、乙炔存放处严禁火花，不能长时间在阳光下暴晒，两者间距不得少于 10 m，且距离明火区 10 m 以上；使用乙炔气时要配备阻火器，乙炔瓶表面温度不得超过 40℃；氧气瓶、氧气表、导管、割枪严禁油污；点火须使用规定的点火器；严禁在运行中的压力管道、装有易燃易爆物品的容器和承载受力构件上进行焊接。

4. 宿舍

宿舍内严禁任何人在床铺上吸烟，宿舍内设专人负责监管防火；宿舍内不得安装大于 60 W的照明灯具，不准使用电炉生火做饭，不得使用碘钨灯照明，不得使用电褥子；使用电风扇应有专业电工安装插座。

（三）现场设吸烟室，不准在现场防火区域吸烟动火；现场动火，必须距易燃易爆品 10 m 以上；高空动火应注意周围及下部有无易燃易爆物，若有则应搬走或用阻火物盖住，人行通道上部动火，应铺设防火毯；每天完工后，应彻底切断火源。

（四）保存易燃易爆物品处应挂警示牌“严禁烟火”。

第二节　灭火的基本措施

可燃物、助燃物、点火源是燃烧三要素，只有这三个条件同时具备，才可能发生燃烧现象，无论缺少哪一个条件，燃烧都不能发生。三者结合是燃烧的基本条件，预防火灾就是要避免三者结合，而灭火就是破坏三者的结合，不让燃烧“三要素”结合在一起。如果破坏其中任何一个条件，就可以达到灭火的目的。如：隔离热源（火源），使燃烧的可燃物与未燃烧可燃物隔离，破坏火的传导作用，达到灭火目的；断绝或减少燃烧所需要的氧气，使其窒息熄灭；散热降温，使燃烧可燃物的温度降到燃点以下而熄灭。

日常管理中，一旦发生火灾，灭火使用的物品有水、砂子和灭火器等。这些方法都有一定的适用范围和禁止使用的情况，实际工作中要根据具体情况来确定采用哪种方法，一般包括以下几种：

一、冷却灭火法

这种灭火法的原理是将灭火剂直接喷射到燃烧的物体上，以降低燃烧的温度于燃点之下，使燃烧停止。或者将灭火剂喷洒在火源附近的物质上，使其不因火焰热辐射作用而形成新的火点。冷却灭火法是灭火的一种主要方法，常用水和二氧化碳作灭火剂冷却降温灭火。灭火剂在灭火过程中不参与燃烧过程中的化学反应，这种方法属于物理灭火方法。

二、隔离灭火法

隔离灭火法是将正在燃烧的物质和周围未燃烧的可燃物质隔离或移开，中断可燃物质的供给，使燃烧因缺少可燃物而停止。具体方法有：

1. 把火源附近的可燃、易燃、易爆和助燃物品搬走；
2. 关闭可燃气体、液体管道的阀门，以减少和阻止可燃物质进入燃烧区；
3. 设法阻拦流散的易燃、可燃液体；
4. 拆除与火源相毗连的易燃建筑物，形成防止火势蔓延的空间地带。

三、窒息灭火法

窒息灭火法是阻止空气流入燃烧区或用不燃烧区或用不燃物质冲淡空气，使燃烧物得不到足够的氧气而熄灭的灭火方法。具体方法是：

1. 用砂土、水泥、湿麻袋、湿棉被等不燃或难燃物质覆盖燃烧物；
2. 喷洒雾状水、干粉、泡沫等灭火剂覆盖燃烧物；
3. 用水蒸气或氮气、二氧化碳等惰性气体灌注发生火灾的容器、设备；
4. 密闭起火建筑、设备和孔洞；
5. 把不燃的气体或不燃液体（如二氧化碳、氮气、四氯化碳等）喷洒到燃烧物区域内或燃烧物上。

第三节　灭火器材的使用

灭火器的种类很多，按其移动方式可分为手提式和推车式；按驱动灭火剂的动力来源可分为储气瓶式、储压式、化学反应式；按所充装的灭火剂则又可分为泡沫、干粉、卤代烷、二氧化碳、酸碱、清水等。各种灭火器适应范围和使用方法如下。

一、手提式泡沫灭火器适应火灾及使用方法

（一）适用范围

适用于扑救一般B类火灾，如油制品、油脂等火灾，也可适用于A类火灾，但不能扑救B类火灾中的水溶性可燃、易燃液体的火灾，如醇、酯、醚、酮等物质火灾，也不能扑救带电设备及C类和D类火灾。

（二）使用方法

可手提筒体上部的提环，迅速奔赴火场。这时应注意不得使灭火器过分倾斜，更不可横拿或颠倒，以免两种药剂混合而提前喷出。当距离着火点10 m左右，即可将筒体颠倒过来，一只手紧握提环，另一只手扶住筒体的底圈，将射流对准燃烧物。在扑救可燃液体火灾时，如已呈流淌状燃烧，则将泡沫由远而近喷射，使泡沫完全覆盖在燃烧液面上；如在容器内燃烧，应将泡沫射向容器的内壁，使泡沫沿着内壁流淌，逐步覆盖着火液面。切忌直接对准液面喷射，以免由于射流的冲击，反而将燃烧的液体冲散或冲出容器，扩大燃烧范围。在扑救固体物质火灾时，应将射流对准燃烧最猛烈处。灭火时随着有效喷射距离的缩短，使用者应逐渐向燃烧区靠近，并始终将泡沫喷在燃烧物上，直到扑灭。使用时，灭火器应始终保持倒置状态，否则会中断喷射。

泡沫（手提式）灭火器存放应选择干燥、阴凉、通风并取用方便之处，不可靠近高温或可能受到暴晒的地方，以防止碳酸分解而失效，冬季要采取防冻措施，以防止冻结，并应经常擦除灰尘、疏通喷嘴，使之保持通畅。

二、推车式泡沫灭火器适应火灾和使用方法

其适应范围与手提式泡沫灭火器相同。

使用方法：使用时，一般由两人操作，先将灭火器迅速推拉到火场，在距离着火点10 m左右处停下，由一人施放喷射软管后，双手紧握喷枪并对准燃烧处，另一个则先逆时针方向转动手轮，将螺杆升到最高位置，使瓶盖开足，然后将筒体向后倾倒，使拉杆触地，并将阀门手柄旋转90°，即可喷射泡沫进行灭火。如阀门装在喷枪处，则由负责操作喷枪者打开阀门。

灭火方法及注意事项与手提式化学泡沫灭火器基本相同，可以参照。由于该种灭火器的喷射距离远，连续喷射时间长，因而可充分发挥其优势，用来扑救较大面积的储槽或油罐车等处的初起火灾。

三、空气泡沫灭火器适应火灾和使用方法

（一）适用范围

适用范围基本上与化学泡沫灭火器相同。但空气泡沫灭火器还能扑救水溶性易燃、可燃液体的火灾，如醇、醚、酮等溶剂燃烧的初起火灾。

（二）使用方法

使用时可手提或肩扛迅速奔到火场，在距燃烧物 6 m 左右，拔出保险销，一手握住开启压把，另一手紧握喷枪，用力捏紧开启压把，打开密封或刺穿储气瓶密封片，空气泡沫即可从喷枪口喷出。灭火方法与手提式化学泡沫灭火器相同。但空气泡沫灭火器使用时，应使灭火器始终保持直立状态、切勿颠倒或横卧使用，否则会中断喷射。同时应一直紧握开启压把，不能松手，否则也会中断喷射。

四、酸碱灭火器适应火灾及使用方法

（一）适应范围

适用于扑救 A 类物质燃烧的初起火灾，如木、织物、纸张等燃烧的火灾。它不能用于扑救 B 类物质燃烧的火灾，也不能用于扑救 C 类可燃性气体或 D 类轻金属火灾，同时也不能用于带电物体火灾的扑救。

（二）使用方法

使用时应手提筒体上部提环，迅速奔到着火地点。决不能将灭火器扛在背上，也不能过分倾斜，以防两种药液混合而提前喷射。在距离燃烧物 6 m 左右，即可将灭火器颠倒过来，并摇晃几次，使两种药液加快混合，一只手握住提环，另一只手抓住筒体下的底圈将喷出的射流对准燃烧最猛烈处喷射。同时随着喷射距离的缩减，使用人应向燃烧处推进。

五、二氧化碳灭火器的使用方法

灭火时只要将灭火器提到或扛到火场，在距燃烧物 5 m 左右，放下灭火器拔出保险销，一手握住喇叭筒根部的手柄，另一只手紧握启闭阀的压把。对没有喷射软管的二氧化碳灭火器，应把喇叭筒往上扳 70°～90°。使用时，不能直接用手抓住喇叭筒外壁或金属连线管，防止手被冻伤。灭火时，当可燃液体呈流淌状燃烧时，使用者将二氧化碳灭火剂的喷流由近而远向火焰喷射。如果可燃液体在容器内燃烧时，使用者应将喇叭筒提起。从容器的一侧上部向燃烧的容器中喷射，但不能将二氧化碳射流直接冲击可燃液面，以防止将可燃液体冲出容器而扩大火势，造成灭火困难。

推车式二氧化碳灭火器一般由两人操作，使用时两人一起将灭火器推或拉到燃烧处，在离燃烧物 10 m 左右停下，一人快速取下喇叭筒并展开喷射软管后，握住喇叭筒根部的手柄，另一人快速按逆时针方向旋动手轮，并开到最大位置。灭火方法与手提式的方法一样。

原理：让可燃物的温度迅速降低，并与空气隔离。

优点：灭火时不会因留下任何痕迹使物品损坏，因此可以用来扑灭书籍、档案、贵重设备和精密仪器等。

注意事项：使用二氧化碳灭火器时，在室外使用的，应选择在上风方向喷射，并且手要放在钢瓶的木柄上，防止冻伤。在室外内窄小空间使用的，灭火后操作者应迅速离开，以防窒息。

六、1211 手提式灭火器使用方法

使用时，应将手提灭火器的提把或肩扛灭火器带到火场。在距燃烧处 5 m 左右，放下灭火器，先拔出保险销，一手握住开启把，另一手握在喷射软管前端的喷嘴处。如灭火器无喷射软管，可一手握住开启压把，另一手扶住灭火器底部的底圈部分。先将喷嘴对准燃烧处，用力握紧开启压把，使灭火器喷射。当被扑救可燃烧液体呈现流淌状燃烧时，使用者应对准火焰根

部由近而远并左右扫射，向前快速推进，直至火焰全部扑灭。如果可燃液体在容器中燃烧，应对准火焰左右晃动扫射，当火焰被赶出容器时，喷射流跟着火焰扫射，直至把火焰全部扑灭。但应注意不能将喷流直接喷射在燃烧液面上，防止灭火剂的冲力将可燃液体冲出容器而扩大火势，造成灭火困难。如果扑救可燃性固体物质的初起火灾时，则将喷流对准燃烧最猛烈处喷射，当火焰被扑灭后，应及时采取措施，不让其复燃。1211灭火器使用时不能颠倒，也不能横卧，否则灭火剂不会喷出。另外在室外使用时，应选择在上风方向喷射；在窄小的室内灭火时，灭火后操作者应迅速撤离，因1211灭火剂也有一定的毒性，以防对人体的伤害。

七、推车式1211灭火器使用方法

灭火时一般由2个人操作，先将灭火器推或拉到火场，在距燃烧处10 m左右停下，一人快速放开喷射软管，紧握喷枪，对准燃烧处，另一个人则快速打开灭火器阀门。灭火方法与手提式1211灭火器相同。

推车式灭火电器的维护要求与手提式1211灭火器相同。

八、1301灭火器的使用

1301灭火器的使用方法和适用范围与1211灭火器相同。但由于1301灭火剂喷出成雾状，在室外有风状态下使用时，其灭火能力没有1211灭火器高，因此更应在上风方向喷射。

九、干粉灭火器适应火灾和使用方法

碳酸氢钠干粉灭火器适用于易燃、可燃液体、气体及带电设备的初起火灾；磷酸铵盐干粉灭火器除可用于上述几类火灾外，还可扑救固体类物质的初起火灾。但都不能扑救金属燃烧火灾。

灭火时，可手提或肩扛灭火器快速奔赴火场，在距燃烧处5 m左右，放下灭火器。如在室外，应选择在上风方向喷射。使用的干粉灭火器若是外挂式储压式的，操作者应一手紧握喷枪，另一手提起储气瓶上的开启提环。如果储气瓶的开启是手轮式的，则向逆时针方向旋开，并旋到最高位置，随即提起灭火器。当干粉喷出后，迅速对准火焰的根部扫射。使用的干粉灭火器若是内置式储气瓶或者是储压式的，操作者应先将开启把上的保险销拔下，然后握住喷射软管前端喷嘴部，另一只手将开启压把压下，打开灭火器进行灭火。有喷射软管的灭火器或储压式灭火器在使用时，一手应始终压下压把，不能放开，否则会中断喷射。

干粉灭火器扑救可燃、易燃液体火灾时，应对准火焰要部扫射，如果被扑救的液体火灾呈流淌燃烧时，应对准火焰根部由近而远，并左右扫射，直至把火焰全部扑灭。如果可燃液体在容器内燃烧，使用者应对准火焰根部左右晃动扫射，使喷射出的干粉流覆盖整个容器开口表面；当火焰被赶出容器时，使用者仍应继续喷射，直至将火焰全部扑灭。在扑救容器内可燃液体火灾时，应注意不能将喷嘴直接对准液面喷射，防止喷流的冲击力使可燃液体溅出而扩大火势，造成灭火困难。如果当可燃液体在金属容器中燃烧时间过长，容器的壁温已高于扑救可燃液体的自燃点，此时极易造成灭火后再复燃的现象，若与泡沫类灭火器联用，则灭火效果更佳。

使用磷酸铵盐干粉灭火器扑救固体可燃物火灾时，应对准燃烧最猛烈处喷射，并上下、左右扫射。如条件许可，使用者可提着灭火器沿着燃烧物的四周边走边喷，使干粉灭火剂均匀地喷在燃烧物的表面，直至将火焰全部扑灭。

• 推车式干粉灭火器的使用方法与手提式干粉灭火器的使用相同。

第七章 施工现场急救知识

建筑施工具有危险性大、不安全因素多等特点，在建筑施工过程中发生意外事故很难避免，发生意外事故后，要及时对受到伤害者进行有效的救援，掌握最基本的应急救援常识，可能就会挽救受伤害者一条生命，降低事故的危害程度，减少事故损失，最大限度地保障从业人员的生命安全，减少国家的财产损失。

第一节 事故报告、报警

施工现场发生伤亡事故后，发现人员应立即报告项目负责人，项目负责人根据具体情况及时上报有关部门或人员，紧急情况下，任何人都可以拨打 110、120 急救电话。拨打报警电话应注意以下事项：

1. 拨打 120 电话时，切勿惊慌失措，保持镇静，讲话要清晰明确，简练易懂。

2. 呼救者讲清楚受伤害者的主要症状和伤情，受伤的时间，已采取的初步急救措施，受伤者的年龄、性别、姓名、联系电话等。

3. 讲清楚事故发生的具体地点、等车的地点。等车的具体地点最好选在路口或有明显标志的地方，尽量提前等待救护车，见到救护车要主动挥手示意接应。

4. 在救护车到来之前不要把受伤者提前搀扶或抬起来，以免影响救治。

5. 讲清楚报告者的姓名、电话号码等联系方式，以便进一步联系。

第二节 外伤急救

现场发生高处坠落、物体打击等事故时通常会发生外伤。这些事故发生时，往往受到高速的冲击力，使人体组织和器官遭到一定程度破坏而引起损伤，通常有多个系统或多个器官的损伤，严重者当场死亡。高空坠落伤除有直接或间接受伤器官表现外，尚可有昏迷、呼吸窘迫、面色苍白和表情淡漠等症状，可导致胸、腹腔内脏组织器官发生广泛的损伤。现场应根据具体情况进行抢救，一般抢救步骤如下：

一、止 血

成年人大约有 5 000 mL 血液，当伤员出血量达 2 000 mL 左右，就会有生命危险，必须紧急对伤员止血。止血的方法有直接压迫止血法、加压包扎法、填塞止血法、指压动脉止血法(用手掌或手指压迫伤口近心端动脉)。止血用物品要干净，防止污染伤口；止血带使用不能超过 1 h，不能用金属丝、线带等作止血带。

二、包 扎

目的是固定盖在伤口上的纱布，固定骨折或挫伤，防止骨折部位移位，减轻伤员痛苦，并有压迫止血的作用，还可以保护患处。包括固定时动作要轻、牢，松紧要适度，皮肤与夹板间要垫一些衣服或毛巾之类的东西，防止因局部受压而引起坏死。包扎材料可用绷带、三角巾或干净的衣服、床单、毛巾等。

具体包扎的方法：

环形法：多用于腕部、肢体粗细相等的部位。首先将绷带作环形缠绕，第一圈环绕稍做斜状，第二、三圈做环形，并将第一圈斜出的一角压于环形圈内，最后用橡皮膏将带尾固定，也可以将带尾剪成两个头，然后打结。

蛇形法：多用于夹板固定，先将绷带按环形法缠绕数圈，按绷带宽度作间隔斜着上缠或下缠。

螺旋形法：多用于肢体粗细相同处，先按环形法缠绕数圈，上缠每圈盖住前圈 1/3 或 2/3，呈螺旋形。

螺旋反折法：多用于肢体粗细不等处，先按环形法缠绕，待缠到渐粗处，将每圈绷带反折，盖住前圈 1/3 或 2/3，依此由下而上地缠绕。

三、搬　　运

搬运是急救的重要步骤，搬运方法要根据伤情和各种具体情况而定。但要特别小心保护受伤处，不能使伤口创伤加重。要先固定好再搬运，对昏迷、休克、内出血、内脏损伤和头部创伤的必须用担架或木板搬运，尤其是颈、胸、腰段骨折的伤员，一定要保证受伤部位平直，不能随意摆动。

在止血、包扎、固定和搬运过程中就注意以下事项：

1. 不可将外露的内脏送回腹腔内，应该用干净、消毒的纱布围成一圈保护，或者用干净饭碗扣住已脱出的内脏，再进行包扎。

2. 异物刺入体内，切忌拨出，应该先用棉垫等物将异物固定住再包扎。

3. 绷带打得不能过紧，也不能过松，可以观察身体远心端有没有变凉或浮肿现象来进行调节。打结时，不要在伤口上方，也不要在身体背后。

4. 遇有呼吸、心跳停止者先行复苏措施，出血休克者先止血，如有开放性伤口和出血，应先止血和包扎伤口，再进行骨折固定，不要把刺出的断骨送回伤口，以免感染和刺破血管和神经。

5. 固定动作要轻快，最好不要随意移动伤肢或翻动伤员，以免加重损伤，增加疼痛。

6. 固定的夹板或简便材料要长于骨折两端的关节并一起固定，夹板不能与皮肤直接接触，要用棉花或代替品垫好，以防局部受压，并尽可能露出手指或脚趾。

7. 对于脊柱骨折的伤员，急救时可用木板或其他硬板担架搬运，让伤者仰躺。搬运时要轻、稳、快，避免振荡，并随时注意伤者的病情变化。没有担架时，可利用门板、椅子、梯子等制作简单担架运送。无担架、木板，需众人用手搬运时，抢救者由 3～4 人用双手托住伤者的头、胸、骨腰部，切不可单独一人用拉、拽的方法抢救伤者。

8. 如有断肢要应立即拾起，把断手用干净的手绢、毛巾、布片包好，放在没有裂缝的塑料袋或胶皮带内，袋口扎紧，然后在口袋周围放冰块、雪糕等降温。作完上述处理后，施救人员立即随伤员把断肢迅速送医院，让医生进行断肢再植手术。切记千万不要在断肢上涂碘酒、酒精或其他消毒液，这样会使组织细胞变质，造成不能再植的严重后果。

第三节　触电急救

触电是施工现场的五大伤害之一，对于触电者的急救应分秒必争，具体措施如下：

1. 要使触电者迅速脱离电源，越快越好，关掉电闸，切断电源。无法关断电源时，救援者最好戴上橡皮手套，穿橡胶运动鞋等，用木棒、竹杆等将电线挑离触电者身体。如挑不开电线或其他致触电的带电电器，应用干的绳子套住触电者拖离，使其脱离电流。切忌直接用手去拉触电者，不能因救人心切而忘了自身安全。

2. 若伤者神志清醒，呼吸心跳均自主，应让伤者就地平卧，严密观察，暂时不要站立或走动，防止继发休克或心衰。处理电击伤时，应注意有无其他损伤，如触电后弹离电源或自高空跌下，常并发颅脑外伤、血气胸、内脏破裂、四肢和骨盆骨折等。对电灼伤的伤口或创面不要用油膏或不干净的敷料包敷，而用干净的敷料包扎，或送医院后待医生处理。

3. 伤者丧失意识时尝试唤醒伤者。触电者呼吸停止时，应就地平卧解松衣扣，通畅气道，立即口对口人工呼吸。具体做法：首先清除口内异物，然后用一只手放在触电者前额，另一只手的手指将其下颌骨向上抬起，两手协同将头部推向后仰，保持伤员气道通畅，救护人员用放在伤员额上的手指捏住伤员鼻翼，救护人员深吸气后，与伤员口对口紧合，在不漏气的情况下，先连续大口吹气两次，每次1～1.5秒，如两次吹气后，试颈动脉已有脉搏但无呼吸，再进行2次大口吹气，接着进行每5秒钟吹气一次(即每分钟12次)的人工呼吸。两次吹气后试颈动脉仍无搏动，可判定心跳已经停止，要立即同时进行胸外挤压。胸外挤压的具体做法：让触电伤员仰面躺在平硬的地方，救护人员立或跪在伤员一侧肩旁，救护人员的两肩位于伤员胸骨正上方，两臂伸直，肘关节固定不屈，两手掌根相叠置于胸骨上，手指翘起，不接触伤员胸壁，以髋关节为支点，利用上身的重力，垂直将正常成人胸骨压陷3～5公分(儿童或瘦弱者酌减)后，立即全部放松，放松时救护人员的掌根不得离开胸壁。胸外按压要以均速进行，每分钟80次左右，每次按压和放松的时间相等。

4. 若发现其心跳和呼吸均已经停止，应立即采取口对口人工呼吸和胸外心脏挤压相结合的心肺复苏法进行抢救，现场抢救最好能两人分别施行口对口人工呼吸及胸外心脏按压，以1∶5的比例进行，即人工呼吸1次，心脏按压5次。如现场抢救仅有1人，用15∶2的比例进行胸外心脏按压和人工呼吸，即先作胸外心脏按压15次，再口对口人工呼吸2次，如此交替进行，抢救一定要坚持到底。一般抢救时间不得少于60～90分钟，直到使触电者恢复呼吸、心跳，或确诊已无生还希望时为止。

注意：

1. 除开始时大口吹气两次外，正常口对口的吹气量不要过大，以免引起胃膨胀。

2. 现场抢救中，要每隔数分钟进行一次判断，判断时间不得超过5～7秒钟。不要随意移动伤员，若确需移动时，抢救中断时间不应超过30秒。移动伤员或将其送医院，除应使伤员平躺在担架上并在背部垫以平硬阔木板外，应继续抢救，心跳呼吸停止者要继续人工呼吸和胸外心脏按压，在医院医务人员未接替前救治不能终止。

第四节　煤气中毒急救

煤气中毒又称一氧化碳中毒，一氧化碳中毒分轻、中、重度3种：①轻度中毒仅表现为头晕、心悸、恶心、四肢乏力，神志一般清楚。②中度中毒处于推而不醒的昏迷状态，伴有脸色及口唇呈樱桃红色。③重度中毒出现反射消失、抽搐、大小便失禁、脑水肿、肺水肿。

对轻度中毒患者，应迅速将其撤离现场，移至空气新鲜通风处，但要注意给患者保暖，可以给患者喝些糖水、萝卜汤等热性饮料，中毒症状很快就会消失。

对已中度昏迷的患者，如经上述处理仍然不能恢复清醒，应及时护送到医院进行抢救。同时，若呼吸微弱甚至停止，必须立即进行人工呼吸；如果心跳停止，应进行心脏复苏。

若已有严重中毒症状的，应立即给予纯氧；如昏迷程度较深，可将地塞米松 10 mg 放在 20 ml 20％的葡萄糖液中缓慢静脉注射，并用冰袋放在其头颅周围降温，以防止或减轻脑水肿的发生。

在现场抢救及送医院过程中，都要给中毒者充分吸氧，并注意其呼吸道的畅通。

第五节　火灾伤害急救

发生火警时，可采取下列三项措施：①灭火；②报警；③逃生。

1. 灭火

灭火最重时效，能于火源初萌时，立即予以扑灭，即能迅速遏止火灾发生或蔓延。但如火有扩大蔓延之倾向，则应迅速撤退至安全之处。

2. 报警

发现火灾时，应立即拨打“119”报警，同时亦可大声呼喊、敲门，唤醒他人知道火灾发生。在打“119”报警，切勿心慌，一定要详细说明火警发生的地址、处所、建筑物状况等，以便消防车辆能及时前往救灾。

3. 逃生

①要镇静，保持清醒的头脑，不能盲目追随。火灾无情，当大火燃起时，要做的第一件事就是抓紧脱离险境。逃生之前，要探明着火方位，确定风向，在火势蔓延之前，朝逆风方向快速离开火灾区域。

②留得青山在，不怕没柴烧，不要因为贪财而延误逃生时机。已经逃离险境的人员，切忌重回险地。

③作好简易防护，匍匐前进，不要直立迎风而逃。逃生时为了防止浓烟呛入，可采用毛巾、口罩用水打湿蒙鼻、匍匐撤离的办法。烟气较空气轻而飘于上部，贴近地面撤离是避免烟气吸入，滤去毒气的最佳方法。

第六节　其他自救、急救

一、眼睛受伤急救

发生眼伤后，可作如下急救处理：

①轻度眼伤如眼进异物，可叫现场同伴翻开眼皮用干净手绢、纱布将异物拨出。如眼中溅进化学物质，要及时用清水冲洗。

②严重眼伤时，可让伤者仰躺，施救者设法支撑其头部，并尽可能使其保持静止不动，千万不要试图拔出插入眼中的异物。

③见到眼球鼓出或从眼球脱出的东西，不可把它推回眼内，这样做十分危险，可能会把能

恢复的伤眼弄坏。

④立即用消毒纱布轻轻盖上，如没有纱布可用刚洗过的新毛巾覆盖伤眼，再缠上布条，缠时不可用力，以不压及伤眼为原则。

作出上述处理后，立即送医院再作进一步的治疗。

二、食物中毒的现场抢救

症状轻者让其卧床休息。如果仅有胃部不适，多饮温开水或稀释的盐水，然后手伸进咽部催吐。如果发觉中毒者有休克症状（如手足发凉、面色发青、血压下降等），就应立即平卧，双下肢尽量抬高并速请医生进行治疗。及时采取如下三点应急措施：

1. 催吐。如果进食的时间在1～2小时前，可使用催吐的方法。立即取食盐20 g，加开水200 ml，冷却后一次喝下。如果无效，可多喝几次，迅速促使呕吐。亦可用鲜生姜100 g，捣碎取汁用200 ml温水冲服。如果吃下去的是变质的食物，则可服用十滴水来促使迅速呕吐。

2. 导泻。如果病人进食受污染的食物时间已超过2～3小时，但精神仍较好，则可服用泻药，促使受污染的食物尽快排出体外。一般用大黄30 g一次煎服，老年患者可选用元明粉20 g，用开水冲服，即可缓泻。体质较好的老年人，也可采用番泻叶15 g，一次煎服或用开水冲服，也能达到导泻的目的。应用此方法须慎重。

3. 解毒。如果是吃了变质的鱼、虾、蟹等引起的食物中毒，可取食醋100 ml，加水200 ml，稀释后一次服下。此外，还可采用紫苏30 g、生甘草10 g一次煎服。若是误食了变质的防腐剂或饮料，最好的急救方法是用鲜牛奶或其他含蛋白质的饮料灌服。

控制食物中毒关键在预防，搞好饮食卫生，严把“病从口入”关。

三、中暑时现场救护措施

轻度中暑可进行自我调理。如果感到头疼、乏力、口渴等时，应自行离开高温环境到阴凉通风处休息，并可饮冷盐开水、用冷水洗脸、进行通风降温等。对中暑症状较重者，救护人员应将其移到阴凉通风处，平卧，揭开衣服，立即采取冷湿毛巾敷头部、冷水擦身体及通风降温等方法给患者降温。对严重中暑者（体温较高者），还可用冷水冲淋或在头、颈、腋下、大腿放置冰袋等方法迅速降温。如中暑者能饮水，则应让其喝冷盐开水或其他清凉饮料，以补充水分和盐分。对病情较重者，应迅速转送医院作进一步急救治疗。

四、亚硝酸盐中毒急救措施

亚硝酸盐，又叫工业用盐，由于亚硝酸盐的物理性状与食盐相似，常导致误食中毒。

亚硝酸盐为强氧化剂，0.2～0.5 g亚硝酸盐即可引起中毒，摄入1～2 g可致人死亡。

中毒原因主要有：①误将亚硝酸盐当作食盐。②在肉食加工时使用本品作为鱼、肉加工品的发色剂和催熟剂，若剂量掌握不当，可导致中毒。③未腌透的酸菜、咸菜（5～8日含量最高）、肉制品和变质的剩菜均含有大量的亚硝酸盐。④饮用含亚硝酸盐的井水、蒸锅水，也可引起中毒。

主要治疗措施：①尽快催吐、洗胃。即用1∶5 000高锰酸钾溶液彻底洗胃，之后用硫酸镁或硫酸钠导泻。②应用解毒剂亚甲蓝1～2 mg/kg，加入50%葡萄糖40 ml进行静脉注射，必要时可于2小时后重复使用，直至症状消失。同时，用高渗葡萄糖和大剂量维生素C、辅酶A等，可加强亚甲蓝的疗效。对危重患者可输入一定量的鲜血，及时处理休克，纠正酸中毒，给予吸氧及其他对症处理抽搐、呼吸衰竭等。

五、溺水急救措施

1. 现场抢救:不会游泳的救护人员,可用竹竿、绳索或木板等物抛给溺水者抓住,再拖其靠岸,并呼唤他人前来抢救。会游泳的救护人员,应当迅速从溺水者的后面抓住其头部或腋窝,采取仰泳姿势,将溺水者救出水面。

2. 控水方法:将溺水者救上岸后,迅速清除其口、鼻内的污泥、杂草及分泌物。解开衣扣、腰带后,利用头低、脚高的体位,将溺水者呼吸道和胃里的水压出。身材瘦小的溺水者,可倒提其双足,或将溺水者腹部扛在救护人员的肩上,头部向后自然垂下,救护者抱住溺水者的双腿,快步走动,使腹部积水倒出。溺水时间短、溺水量少的溺水者经过控水后,情况会迅速好转。但有的溺水者控水后效果不明显,就不必再多花时间,应立即采取其他急救措施。

3. 人工呼吸和心脏挤压:人工呼吸多采用口对口吹气法。口对口吹气的同时要作胸外心脏按压,作一次口对口吹气挤压心脏 4～5 次(人工呼吸及心脏挤压法见第七章触电现场急救)。

4. 注射强心剂:如心跳停止,可用 1‰肾上腺素 0.5～1.0 ml 作心脏内注射,并酌情重复使用。还可肌注中枢兴奋剂(尼可刹米、咖啡因等),针刺合谷、人中、内关、太冲、丰隆等穴,对于兴奋呼吸中枢、恢复呼吸有一定作用。

第八章　施工现场安全用电知识

施工现场用电与一般工业或居民生活用电相比具有临时性、露天性、流动性和不可选择性的特点，在具体实际操作使用过程中，存在马虎、凑合、不按标准规范操作的现象，因此更具危险性。现代化建筑施工手段日趋自动化和电气化，新型电器设备不断涌现，施工工艺复杂，一旦停电或发生触电事故就会造成很大的损失，直接影响人身安全及建筑施工质量、进度、投资等。随着建筑业的发展，企业内外部环境都对建筑施工安全性相当重视，对施工供电的可靠性和安全程度要求越来越高。

触电造成的伤亡事故是建筑施工现场的多发事故之一，原因是有相当多的施工人员对电的特性不了解，对电的危险性认识不足，没有安全用电的基本知识，不懂临时施工用电的规范。因此，凡进入施工现场的每一个人员不仅要高度重视安全用电工作，还必须掌握必备的电气安全技术知识。施工现场的临时用电应遵照执行《施工现场临时用电安全技术规范》。

第一节　电气安全基本常识

建筑施工现场的电工属于特种作业工种，必须按国家有关规定经专门安全作业培训，取得特种作业操作资格证书，方可上岗作业。其他人员不得从事电气设备及电气线路的安装、维修和拆除。

一、基本常识

（一）施工现场必须采用 TN－S 接零保护系统

建筑施工现场必须采用 TN－S 接零保护系统，即具有专用保护零线（PE 线）、电源中性点直接接地的 220/380 V 三相五线制系统。

1. 保护接零

将电气设备外壳与电网的零线连接叫保护接零。保护接零是将设备的碰壳故障改变为单相短路故障，保护接零与保护切断相配合，由于单相短路电流很大，所以能迅速切断保险或自动开关跳闸，使设备与电源脱离，达到避免发生触电事故的目的，是保护人身安全的一种用电安全措施。在电压低于 1 000 V 的接零电网中，若电工设备因绝缘损坏或意外情况而使金属外壳带电时，形成相线对中性线的单相短路，则线路上的保护装置（自动开关或熔断器）迅速动作，切断电源，从而使设备的金属部分不至于长时间存在危险的电压，这就保证了人身安全。

在实际工作中一定要与保护接地区分开来，在同一个电网内，不允许一部分用电设备采用保护接地，而另一部分设备采用保护接零，这样是相当危险的，如果采用保护接地的设备发生漏电碰壳时，将会导致采用保护接零的设备外壳同时带电。

2. 工作零线与保护零线分设

工作零线与保护零线必须严格分开。在采用了 TN－S 系统后，如果发生工作零线与保护零线错接，将导致设备外壳带电的危险。

(1)保护零线应由工作接地线处引出，或由配电室(或总配电箱)电源侧的零线处引出。

(2)保护零线严禁穿过漏电保护器，工作零线必须穿过漏电保护器。

(3)电箱中应设两块端子板(工作零线N与保护零线PE)，保护零线端子板与金属电箱相连，工作零线端子板与金属电箱绝缘。

(4)保护零线必须做重复接地，工作零线禁止作重复接地。

(5)保护零线的统一标志为绿/黄双色线，在任何情况下不准使用绿/黄双色线作负荷线。

(二)施工现场必须满足“三级配电二级保护”设置要求

施工现场的配电箱是电源与用电设备之间的中枢环节，而开关箱是配电系统的末端，是用电设备的直接控制装置，它们的设置和运用直接影响着施工现场的用电安全。

1.《规范》要求，配电箱应作分级设置，即在总配电箱下，设分配电箱，分配电箱以下设开关箱，开关箱以下就是用电设备，形成三级配电。这样配电层次清楚，既便于管理又便于查找故障。同时要求，照明配电与动力配电最好分别设置，自成独立系统，不致因动力停电影响照明。

2.“两级保护”主要指采用漏电保护措施，除在末级开关箱内加装漏电保护器外，还要在上一级分配电箱或总配电箱中再加装一级漏电保护器，总体上形成两级保护。电网的干线与分支线路作为第一级，线路末端作为第二级。第一级漏电保护区域较大，停电后影响也大，漏电保护器灵敏度不要求太高，其漏电动作电流和动作时间应大于后面的第二级保护，这一级保护主要提供间接保护和防止漏电火灾。分级保护时，各级保护范围之间应相互配合，应在末端发生事故时，保护器不会越级动作，当下级漏电保护器发生故障时，上级漏电保护器动作，以补救下级失灵的意外情况。

3.漏电保护器

施工现场的用电设备必须实行“一机、一闸、一漏、一箱”制，即每台用电设备必须有自己专用的开关箱，专用开关箱内必须设置独立的隔离开关和漏电保护器。《规范》规定：施工现场所有用电设备，除作保护接零外，必须在设备负荷线的首端处设置漏电保护装置。

漏电保护器的主要参数：

(1)额定漏电动作电流。当漏电电流达到此值时，保护器动作。

(2)额定漏电动作时间。指从达到漏电动作电流时起，到电路切断为止的时间。

(3)额定漏电不动作电流。漏电电流在此值和此值以下时，保护器不应动作，其值为漏电动作电流的1/2。

(4)额定电压及额定电流。与被保护线路和负载相适应。

(三)外电防护

外电线路主要指不为施工现场专用的原来已经存在的高压或低压配电线路，外电线路一般为架空线路。由于外电线路位置已经固定，所以施工过程中必须与外电线路保持一定安全距离，一是由于周围存在的强电场的电感应所应保持的安全距离，二是施工现场属动态作业过程，特别象搭设脚手架，一般立杆、大横杆钢管长6.5 m，如果距离太小，施工现场操作中的安全无法保障，所以必须保持一定的安全操作距离。当因受现场作业条件限制达不到安全距离时，必须采取屏护措施，防止发生因碰触造成的触电事故。

1.相关规范规定：在架空线路的下方不得施工，不得建造临时建筑设施，不得堆放构件、材料等。

2.当在架空线路一侧作业时，必须保持安全操作距离。相关规范规定了最小安全操作距离：外电线路电压 1 kV 以下时，最小安全操作距离 4 m；外电线路电压 1～10 kV 时，最小安全操作距离 6 m；外电线路电压 35～110 kV 时，最小安全操作距离 8 m。

3. 当由于条件所限不能满足最小安全操作距离时，应设置绝缘性材料或采取良好接地措施的钢管搭设的防护性遮拦、栅栏并悬挂警告牌等防护措施。当架空线路在塔吊等起重机的作业半径范围内时，其线路的上方也应有防护措施，搭设成门形，其顶部可用 5 cm 厚木板或相当于 5 cm 木板强度的材料盖严。

二、安全电压

（一）安全电压是分级

安全电压是指 50 V 以下特定电源供电的电压系列。安全电压是为防止触电事故而采用的 50 V 以下特定电源供电的电压系列，分为 42 V、36 V、24 V、12 V 和 6 V 五个等级，根据不同的作业条件，选用不同的安全电压等级。建筑施工现场常用的安全电压有 12 V、24 V、36 V。

（二）特殊场所必须采用电压照明供电

以下特殊场所必须采用安全电压照明供电：

1. 室内灯具离地面低于 2.4 m、手持照明灯具、一般潮湿作业场所（地下室、潮湿室内、潮湿楼梯、隧道、人防工程以及有高温、导电灰尘等）的照明，电源电压应不大于 36 V。

2. 在潮湿和易触及带电体场所的照明电源电压，应不大于 24 V。

3. 在特别潮湿的场所、锅炉或金属容器内、导电良好的地面使用手持照明灯具等，照明电源电压不得大于 12 V。

三、电线的相色

（一）正确识别电线的相色

电源线路可分工作相线（火线）、专用工作零线和专用保护零线。一般情况下，工作相线（火线）带电危险，专用工作零线和专用保护零线不带电（但在不正常情况下，工作零线也可以带电）。

（二）相色规定

一般相线（火线）分为 A、B、C 三相，分别为黄色、绿色、红色。工作零线为淡蓝色，专用保护零线为黄绿双色线。

严禁用黄绿双色、淡蓝色线当相线，也严禁用黄色、绿色、红色线作为工作零线和保护零线。

四、插座的使用

正确使用与安装插座。

（一）插座分类

常用的插座分为单相双孔、单相三孔和三相三孔、三相四孔等。

（二）选用与安装接线

1. 三孔插座应选用品字形结构，不应选用等边三角形排列的结构，因为后者容易发生三孔互换造成触电事故。

2. 插座在电箱中安装时，必须首先固定安装在安装板上，接地极与箱体一起作可靠的 PE 保护。

3. 三孔或四孔插座的接地孔(较粗的一个孔),必须置在顶部位置,不可倒置,两孔插座应水平并列安装,不准垂直并列安装。

4. 插座接线要求:对于两孔插座,左孔接零线,右孔接相线;对于三孔插座,左孔接零线,右孔接相线,上孔接保护零线;对于四孔插座,上孔接保护零线,其他三孔分别A、B、C三根相线。

五、"用电示警"标志

正确识别"用电示警"标志或标牌见表8.1,不得随意靠近、随意损坏和挪动标牌。

表8.1 用电示警标志

使用分类	颜 色	使用场所
常用电力标志	红色	配电房、发电机房、变压器等重要场所
高压示警标志	字体为黑色,箭头和边框为红色	需高压示警场所
配电房示警标志	字体为红色,边框为黑色(或字与边框交换颜色)	配电房或发电机房
维护检修示警标志	底为红色、字为白色(或字为红色、底为白色、边框为黑色)	维护检修时相关场所
其他用电示警标志	箭头为红色、边框为黑色、字为红色或黑色	其他一般用电场所

进入施工现场的每个人都必须认真遵守用电管理规定,见到以上用电示警标志或标牌时,不得随意靠近,更不准随意损坏、挪动标牌。

第二节 施工用电安全技术措施

一、电气线路的安全技术措施

1. 施工现场电气线路全部采用"三相五线制"(TN－S系统)专用保护接零(PE线)系统供电。

2. 施工现场架空线采用绝缘铜线。

3. 架空线设在专用电杆上,严禁架设在树木、脚手架上。在地面或楼面上运送材料时,不要踏在电线上;停放手推车,堆放钢模板、跳板、钢筋时不要压在电线上。

4. 移动金属梯子和操作平台时,要观察高处输电线路与移动物体的距离,确认有足够的安全距离,再进行作业。搬运较长的金属物体,如钢筋、钢管等材料时,应注意不要碰触到电线。移动有电源线的机械设备,如电焊机、水泵、小型木工机械等,必须先切断电源,不能带电搬动。

5. 如果由于在建工程位置限制而无法保证规定的电气安全距离,必须采取设置防护性遮拦、栅栏、悬挂警告标志牌等防护措施。发生高压线断线落地时,非检修人员要远离落地10 m以外,以防跨步电压危害。

6. 为了防止设备外壳带电发生触电事故,设备应采用保护接零,并安装漏电保护器等措施。作业人员要经常检查保护零线连接是否牢固可靠,漏电保护器是否有效。

7. 在宿舍工棚、仓库、办公室内严禁使用电饭煲、电水壶、电炉、电热杯等较大功率电器。如需使用,应由项目部安排专业电工在指定地点,安装可使用较高功率电器的电气线路和控制器。严禁在宿舍内乱拉乱接电源,非专职电工不准乱接或更换熔丝,不准以其他金属丝代替熔丝(保险)丝。严禁使用不符合安全的电炉、电热棒等。严禁在电线上晾衣服和挂其他东西等。

8. 在配电箱等用电危险地方，挂设安全警示牌，如"有电危险"、"禁止合闸，有人工作"等。当发现电线坠地或设备漏电时，切不可随意跑动和触摸金属物体，并保持10 m以上距离。

二、照明用电的安全技术措施

施工现场临时照明用电的安全要求如下：

(一)临时照明线路必须使用绝缘导线

临时照明线路必须使用绝缘导线，户内(工棚)临时线路的导线必须安装在离地2 m以上支架上，户外临时线路必须安装在离地2.5 m以上支架上。零星照明线不允许使用花线，一般应使用软电缆线。

(二)建设工程的照明灯具宜采用拉线开关

拉线开关距地面高度为2～3 m，与出、入口的水平距离为0.15～0.2 m。

(三)电器、灯具的相线必须经过开关控制

不得将相线直接引入灯具，也不允许以电气插头代替开关来分合电路。室外灯具距地面不得低于3 m，室内灯具不得低于2.4 m。

(四)使用手持照明灯具(行灯)应符合一定的要求

1. 电源电压不超过36 V。

2. 灯体与手柄应坚固，绝缘良好，并耐热防潮湿。

3. 灯头与灯体结合牢固。

4. 灯泡外部要有金属保护网。

5. 金属网、反光罩、悬吊挂钩应固定在灯具的绝缘部位上。

6. 照明系统中每一单相回路上，灯具和插座数量不宜超过25个，并应装设熔断电流为15 A以下的熔断保护器。

三、配电箱与开关箱的安全技术措施

施工现场临时用电一般采用三级配电方式，即总配电箱(或配电室)下设分配电箱，再以下设开关箱，开关箱以下就是用电设备。

配电箱和开关箱的使用安全要求如下：

1. 配电箱、开关箱的箱体材料，一般应选用钢板，亦可选用绝缘板，但不宜选用木质材料。

2. 电箱、开关箱应安装端正、牢固，不得倒置、歪斜。

固定式配电箱、开关箱的下底与地面垂直距离应大于或等于1.3 m，小于或等于1.5 m；移动式分配电箱、开关箱的下底与地面的垂直距离应大于或等于0.6 m，小于或等于1.5 m。

3. 进入开关箱的电源线，严禁用插销连接。

4. 电箱之间的距离不宜太远。

分配电箱与开关箱的距离不得超过30 m。开关箱与固定式用电设备的水平距离不宜超过3 m。

5. 每台用电设备应有各自专用的开关箱。

施工现场每台用电设备应有各自专用的开关箱，且必须满足"一机、一闸、一漏、一箱"的要求，严禁用同一个开关电器直接控制两台及两台以上用电设备(含插座)。

开关箱中必须设漏电保护器，其额定漏电动作电流应不大于 30 mA，漏电动作时间应不大于 0.1 s。

6. 所有配电箱门应配锁，不得在配电箱和开关箱内挂接或插接其他临时用电设备，开关箱内严禁放置杂物。

7. 配电箱、开关箱的接线应由电工操作，非电工人员不得乱接。

四、配电箱和开关箱的使用要求

1. 在停、送电时，配电箱、开关箱之间应遵守合理的操作顺序：

送电操作顺序：总配电箱→分配电箱→开关箱；

断电操作顺序：开关箱→分配电箱→总配电箱。

正常情况下，停电时首先分断自动开关，然后分断隔离开关；送电时先合隔离开关，后合自动开关。

2. 使用配电箱、开关箱时，操作者应接受岗前培训，熟悉所使用设备的电气性能和掌握有关开关的正确操作方法。

3. 及时检查、维修，更换熔断器的熔丝，必须用原规格的熔丝，严禁用铜线、铁线代替。

4. 配电箱的工作环境应经常保持设置时的要求，不得在其周围堆放任何杂物，保持必要的操作空间和通道。

5. 维修机器停电作业时，要与电源负责人联系停电，要悬挂警示标志，卸下保险丝，锁上开关箱。

第三节　手持电动机具安全使用常识

手持电动机具在使用中需要经常移动，其振动较大，比较容易发生触电事故。而这类设备往往是在工作人员紧握之下运行的，因此，手持电动机具比固定设备更具有较大的危险性。

一、手持电动机具的分类

手持电动机具按触电保护分为Ⅰ类工具、Ⅱ类工具和Ⅲ类工具。

(一)Ⅰ类工具(即普通型电动机具)

其额定电压超过 50 V。工具在防止触电的保护方面不仅依靠其本身的绝缘，而且必须将不带电的金属外壳与电源线路中的保护零线作可靠连接，这样才能保证工具基本绝缘损坏时不成为导电体。这类工具外壳一般都是全金属。

(二)Ⅱ类工具(即绝缘结构皆为双重绝缘结构的电动机具)

其额定电压超过 50 V。工具在防止触电的保护方面不仅依靠基本绝缘，而且还提供双重绝缘或加强绝缘的附加安全预防措施。这类工具外壳有金属和非金属两种，但手持部分是非金属，非金属处有“回”符号标志。

(三)Ⅲ类工具(即特低电压的电动机具)

其额定电压不超过 50 V。工具在防止触电的保护方面依靠由安全特低电压供电和在工具内部不含产生比安全特低电压高的电压。这类工具外壳均为全塑料。

Ⅱ、Ⅲ类工具都能保证使用时电气安全的可靠性，不必接地或接零。

二、手持电动机具的安全使用要求

1. 一般场所应选用Ⅰ类手持式电动工具，并应装设额定漏电动作电流不大于 15 mA、额定漏电动作时间小于 0.1 s 的漏电保护器。

2. 在露天、潮湿场所或金属构架上操作时，必须选用Ⅱ类手持式电动工具，并装设漏电保护器，严禁使用Ⅰ类手持式电动工具。

3. 负荷线必须采用耐用的橡皮护套铜芯软电缆。

单相用三芯(其中一芯为保护零线)电缆，三相用四芯(其中一芯为保护零线)电缆。电缆不得有破损或老化现象，中间不得有接头。

4. 手持电动工具应配备装有专用的电源开关和漏电保护器的开关箱，严禁一台开关接两台以上设备，其电源开关应采用双刀控制。

5. 手持电动工具开关箱内应采用插座连接，其插头、插座应无损坏、无裂纹，且绝缘良好。

6. 使用手持电动工具前，必须检查外壳、手炳、负荷线、插头等是否完好无损，接线是否正确(防止相线与零线错接)。发现工具外壳、手柄破裂，应立即停止使用并进行更换。

7. 非专职人员不得擅自拆卸和修理工具。

8. 作业人员使用手持电动工具时，应穿绝缘鞋，戴绝缘手套，操作时握其手柄，不得利用电缆提拉。

9. 长期搁置不用或受潮的工具在使用前应由电工测量绝缘阻值是否符合要求。

第四节　触电事故分析

一、触电的类型

(一)二相触电

人体同时接触 2 根带电的导体(相线)，电线上的电流就会通过人体，从一根导线流到另一根导线，形成回路，使人触电。

(二)单相触电

如果人站在大地上，接触到一根带电导线(相线)时，由于大地也能导电，而且与电力系统(发电机、变压器)的中性点相连接，人就等于接触了另一根导线(中性线)，或者接触一根相线、一根零线，造成触电。

(三)"跨步电压"触电

当输电线路发生故障而使导线接地时，由于导线与大地构成回路，电流经导线流入大地，会在导线周围地面形成电场。如果双脚分开站立，会产生电位差，此电位差就是跨步电压，当人体触及跨步电压时，电流就会流过人体，造成触电事故。

二、触电事故的种类

施工现场的触电事故主要分为电击和电伤两大类，也可分为低压触电和高压触电事故，前者按伤害类型划分，后者按触电发生部位电压的高低划分。

(一)电击和电伤

电击：电击是最危险的触电事故，大多数触电死亡事故都是电击造成的。当人直接接触了带电体，电流通过人体，使肌肉发生麻木、抽动，如不能立刻脱离电源，将使人体神经中枢受到伤害，引起呼吸困难、心脏麻痹，以致死亡。

电伤：电伤是电流的热效应、化学效应或机械效应对人体造成的伤害。电伤多见于人体外部表面，且在人体表面留下伤痕。其中电弧烧伤最为常见，也最为严重，可使人致残或致命。此外还有灼伤、烙印和皮肤金属化等伤害。

1. 灼伤

灼伤是指由于电流的热效应引起的伤害。一般是由于违反操作规程，例如错误地拉开带负荷隔离开关，开关断开瞬间产生电弧，电弧就会烧伤皮肤；又如电焊工焊工件时，如果人与焊接部位离太近又不戴手套，则会被电弧烧伤。由于烧伤时电弧的温度很高（电弧中心温度高达3 000℃以上），而且往往在电弧中夹杂着金属熔粒，侵入人体后使皮肤发红、起泡、烧焦或组织败坏，严重时要进行切断肌体治疗，成为终身残废甚至死亡。

2. 烙印

烙印通常发生在人体产生电流热效应的物件有良好接触的情况下，使受伤皮肤硬化，在皮肤表面留下圆形或椭圆形的肿块痕迹，颜色呈灰色或淡黄色。在工地上常见的有：手触摸或脚踏上刚焊过的焊件，造成烙伤。

3. 皮肤金属化

皮肤金属化是在电流作用下，使熔化和蒸发的金属微粒渗入皮肤表层，皮肤的伤害部分形成粗糙的坚硬表面，日久逐渐剥落。

此外，还有因电弧的辐射线而引起眼睛伤害（通常是在没有戴防护面罩而进行电焊工作时发生）。

（二）低压和高压触电事故

用电都是从电力网取得高压电，经降低电压后供给各种电气设备用电。高压配电线路最常见的形式是架空线和电缆。电压越高，危险性就越大。发生在各种电气设备上的触电事故为低压触电事故，发生在高压配电线路上的触电事故为高压触电事故。

三、触电事故的规律

建筑施工行业的触电事故有一定的规律，分析起来，可归纳为以下几点。

1. 就季节而言，每年的第二、三季度事故多，6～9月最集中。主要原因是这段时间天气潮湿、多雨，地面导电性增强，降低了电气设备的绝缘性能；天气炎热，人体衣单而多汗，触电危险性较大。

2. 低压设备触电事故较多。因施工现场低压设备较多，又被多数人直接使用，操作设备的人缺乏电气安全知识，冒险蛮干。

3. 就设备而言，发生在携带式设备和移动式设备上的触电事故多。

4. 就条件而言，在高温、潮湿、现场混乱或金属设备多的现场中触电事故多。

5. 就行为而言，违章操作和无知操作的触电事故多。

6. 建制不齐全、规模较小的建筑施工队触电事故多。因其技术力量薄弱，人员素质差，设备简陋。

四、触电事故的原因分析

（一）缺乏电气安全知识，自我保护意识淡薄

电气设施安装或接线不是由专业电工操作，而是由自己安装。安装人又无基本的电气安全知识，装设不符合电气基本要求，造成意外的触电事故。发生这种触电事故的原因都是缺乏

电气安全知识，无自我保护意识。

(二)违反安全操作规程

施工现场中，有人图方便，不用插头，在电箱乱拉括接电线。还有人在宿舍私自拉接电线照明，在床上接音响设备、电风扇，有的甚至烧水、做饭等，极易造成触电事故。也有人凭经验用手去试探电器是否带电或不采取安全措施带电作业，或带着侥幸心理在带电体(如高压线)周围，不采取任何安全措施，违章作业，造成触电事故等。

(三)不使用“TN—S”接零保护系统

有的工地未使用“TN—S”接零保护系统，或者未按要求连接专用保护零，无有效的安全保护系统。不按“三级配电二级保护”,“一机、一闸、一漏、一箱”设置，造成工地用电使用混乱，易造成误操作，并且在触电时，使得安全保护系统未起可靠的安全保护效果。

(四)电气设备安装不合格

电气设备安装必须遵守安全技术规定，否则由于安装错误，当人身接触带电部分时，就会造成触电事故。如电线高度不符合安全要求，太低，架空线乱拉、乱扯，有的还将电线拴在脚手架上，导线的接头只用老化的绝缘布包上，以及电气设备没有作保护接地、保护接零等，一旦漏电就会发生严重触电事故。

(五)电气设备缺乏正常检修和维护

由于电气设备长期使用，易出现电气绝缘老化、导线裸露、胶盖刀闸胶木破损、插座盖子损坏等。如不及时检修，一旦漏电，将造成严重后果。

(六)偶然因素

电力线被风刮断，导线接触地面引起跨步电压，当人走近该地区时就会发生触电事故。

第九章　法律法规

中华人民共和国国务院令

第393号

《建设工程安全生产管理条例》已经2003年11月12日国务院第28次常务会议通过，现予公布，自2004年2月1日起施行。

总理　温家宝

二〇〇三年十一月二十四日

一、建设工程安全生产管理条例

第一章　总　　则

第一条　为了加强建设工程安全生产监督管理，保障人民群众生命和财产安全，根据《中华人民共和国建筑法》、《中华人民共和国安全生产法》，制定本条例。

第二条　在中华人民共和国境内从事建设工程的新建、扩建、改建和拆除等有关活动及实施对建设工程安全生产的监督管理，必须遵守本条例。

本条例所称建设工程，是指土木工程、建筑工程、线路管道和设备安装工程及装修工程。

第三条　建设工程安全生产管理，坚持安全第一、预防为主的方针。

第四条　建设单位、勘察单位、设计单位、施工单位、工程监理单位及其他与建设工程安全生产有关的单位，必须遵守安全生产法律、法规的规定，保证建设工程安全生产，依法承担建设工程安全生产责任。

第五条　国家鼓励建设工程安全生产的科学技术研究和先进技术的推广应用，推进建设工程安全生产的科学管理。

第二章　建设单位的安全责任

第六条　建设单位应当向施工单位提供施工现场及毗邻区域内供水、排水、供电、供气、供热、通信、广播电视等地下管线资料，气象和水文观测资料，相邻建筑物、构筑物和地下工程的有关资料，并保证资料的真实、准确、完整。

建设单位因建设工程需要，向有关部门或者单位查询前款规定的资料时，有关部门或者单位应当及时提供。

第七条　建设单位不得对勘察、设计、施工、工程监理等单位提出不符合建设工程安全生产法律、法规和强制性标准规定的要求，不得压缩合同约定的工期。

第八条 建设单位在编制工程概算时，应当确定建设工程安全作业环境及安全施工措施所需费用。

第九条 建设单位不得明示或者暗示施工单位购买、租赁、使用不符合安全施工要求的安全防护用具、机械设备、施工机具及配件、消防设施和器材。

第十条 建设单位在申请领取施工许可证时，应当提供建设工程有关安全施工措施的资料。

依法批准开工报告的建设工程，建设单位应当自开工报告批准之日起 15 日内，将保证安全施工的措施报送建设工程所在地的县级以上地方人民政府建设行政主管部门或者其他有关部门备案。

第十一条 建设单位应当将拆除工程发包给具有相应资质等级的施工单位。

建设单位应当在拆除工程施工 15 日前，将下列资料报送建设工程所在地的县级以上地方人民政府建设行政主管部门或者其他有关部门备案：

(一)施工单位资质等级证明；

(二)拟拆除建筑物、构筑物及可能危及毗邻建筑的说明；

(三)拆除施工组织方案；

(四)堆放、清除废弃物的措施。

实施爆破作业的，应当遵守国家有关民用爆炸物品管理的规定。

第三章 勘察、设计、工程监理及其他有关单位的安全责任

第十二条 勘察单位应当按照法律、法规和工程建设强制性标准进行勘察，提供的勘察文件应当真实、准确，满足建设工程安全生产的需要。

勘察单位在勘察作业时，应当严格执行操作规程，采取措施保证各类管线、设施和周边建筑物、构筑物的安全。

第十三条 设计单位应当按照法律、法规和工程建设强制性标准进行设计，防止因设计不合理导致生产安全事故的发生。

设计单位应当考虑施工安全操作和防护的需要，对涉及施工安全的重点部位和环节在设计文件中注明，并对防范生产安全事故提出指导意见。

采用新结构、新材料、新工艺的建设工程和特殊结构的建设工程，设计单位应当在设计中提出保障施工作业人员安全和预防生产安全事故的措施建议。

设计单位和注册建筑师等注册执业人员应当对其设计负责。

第十四条 工程监理单位应当审查施工组织设计中的安全技术措施或者专项施工方案是否符合工程建设强制性标准。

工程监理单位在实施监理过程中，发现存在安全事故隐患的，应当要求施工单位整改；情况严重的，应当要求施工单位暂时停止施工，并及时报告建设单位。施工单位拒不整改或者不停止施工的，工程监理单位应当及时向有关主管部门报告。

工程监理单位和监理工程师应当按照法律、法规和工程建设强制性标准实施监理，并对建设工程安全生产承担监理责任。

第十五条 为建设工程提供机械设备和配件的单位，应当按照安全施工的要求配备齐全有效的保险、限位等安全设施和装置。

第十六条 出租的机械设备和施工机具及配件，应当具有生产(制造)许可证、产品合

格证。

出租单位应当对出租的机械设备和施工机具及配件的安全性能进行检测，在签订租赁协议时，应当出具检测合格证明。

禁止出租检测不合格的机械设备和施工机具及配件。

第十七条 在施工现场安装、拆卸施工起重机械和整体提升脚手架、模板等自升式架设设施，必须由具有相应资质的单位承担。

安装、拆卸施工起重机械和整体提升脚手架、模板等自升式架设设施，应当编制拆装方案、制定安全施工措施，并由专业技术人员现场监督。

施工起重机械和整体提升脚手架、模板等自升式架设设施安装完毕后，安装单位应当自检，出具自检合格证明，并向施工单位进行安全使用说明，办理验收手续并签字。

第十八条 施工起重机械和整体提升脚手架、模板等自升式架设设施的使用达到国家规定的检验检测期限的，必须经具有专业资质的检验检测机构检测。经检测不合格的，不得继续使用。

第十九条 检验检测机构对检测合格的施工起重机械和整体提升脚手架、模板等自升式架设设施，应当出具安全合格证明文件，并对检测结果负责。

第四章 施工单位的安全责任

第二十条 施工单位从事建设工程的新建、扩建、改建和拆除等活动，应当具备国家规定的注册资本、专业技术人员、技术装备和安全生产等条件，依法取得相应等级的资质证书，并在其资质等级许可的范围内承揽工程。

第二十一条 施工单位主要负责人依法对本单位的安全生产工作全面负责。施工单位应当建立健全安全生产责任制度和安全生产教育培训制度，制定安全生产规章制度和操作规程，保证本单位安全生产条件所需资金的投入，对所承担的建设工程进行定期和专项安全检查，并做好安全检查记录。

施工单位的项目负责人应当由取得相应执业资格的人员担任，对建设工程项目的安全施工负责，落实安全生产责任制度、安全生产规章制度和操作规程，确保安全生产费用的有效使用，并根据工程的特点组织制定安全施工措施，消除安全事故隐患，及时、如实报告生产安全事故。

第二十二条 施工单位对列入建设工程概算的安全作业环境及安全施工措施所需费用，应当用于施工安全防护用具及设施的采购和更新、安全施工措施的落实、安全生产条件的改善，不得挪作他用。

第二十三条 施工单位应当设立安全生产管理机构，配备专职安全生产管理人员。

专职安全生产管理人员负责对安全生产进行现场监督检查。发现安全事故隐患，应当及时向项目负责人和安全生产管理机构报告；对违章指挥、违章操作的，应当立即制止。

专职安全生产管理人员的配备办法由国务院建设行政主管部门会同国务院其他有关部门制定。

第二十四条 建设工程实行施工总承包的，由总承包单位对施工现场的安全生产负总责。

总承包单位应当自行完成建设工程主体结构的施工。

总承包单位依法将建设工程分包给其他单位的，分包合同中应当明确各自的安全生产方面的权利、义务。总承包单位和分包单位对分包工程的安全生产承担连带责任。

分包单位应当服从总承包单位的安全生产管理，分包单位不服从管理导致生产安全事故的，由分包单位承担主要责任。

第二十五条 垂直运输机械作业人员、安装拆卸工、爆破作业人员、起重信号工、登高架设作业人员等特种作业人员，必须按照国家有关规定经过专门的安全作业培训，并取得特种作业操作资格证书后，方可上岗作业。

第二十六条 施工单位应当在施工组织设计中编制安全技术措施和施工现场临时用电方案，对下列达到一定规模的危险性较大的分部分项工程编制专项施工方案，并附具安全验算结果，经施工单位技术负责人、总监理工程师签字后实施，由专职安全生产管理人员进行现场监督：

1. 基坑支护与降水工程；

2. 土方开挖工程；

3. 模板工程；

4. 起重吊装工程；

5. 脚手架工程；

6. 拆除、爆破工程；

7. 国务院建设行政主管部门或者其他有关部门规定的其他危险性较大的工程。

对前款所列工程中涉及深基坑、地下暗挖工程、高大模板工程的专项施工方案，施工单位还应当组织专家进行论证、审查。

本条第一款规定的达到一定规模的危险性较大工程的标准，由国务院建设行政主管部门会同国务院其他有关部门制定。

第二十七条 建设工程施工前，施工单位负责项目管理的技术人员应当对有关安全施工的技术要求向施工作业班组、作业人员作出详细说明，并由双方签字确认。

第二十八条 施工单位应当在施工现场入口处、施工起重机械、临时用电设施、脚手架、出入通道口、楼梯口、电梯井口、孔洞口、桥梁口、隧道口、基坑边沿、爆破物及有害危险气体和液体存放处等危险部位，设置明显的安全警示标志。安全警示标志必须符合国家标准。

施工单位应当根据不同施工阶段和周围环境及季节、气候的变化，在施工现场采取相应的安全施工措施。施工现场暂时停止施工的，施工单位应当作好现场防护，所需费用由责任方承担，或者按照合同约定执行。

第二十九条 施工单位应当将施工现场的办公、生活区与作业区分开设置，并保持安全距离；办公、生活区的选址应当符合安全性要求。职工的膳食、饮水、休息场所等应当符合卫生标准。施工单位不得在尚未竣工的建筑物内设置员工集体宿舍。

施工现场临时搭建的建筑物应当符合安全使用要求。施工现场使用的装配式活动房屋应当具有产品合格证。

第三十条 施工单位对因建设工程施工可能造成损害的毗邻建筑物、构筑物和地下管线等，应当采取专项防护措施。

施工单位应当遵守有关环境保护法律、法规的规定，在施工现场采取措施，防止或者减少粉尘、废气、废水、固体废物、噪声、振动和施工照明对人和环境的危害和污染。

在城市市区内的建设工程，施工单位应当对施工现场实行封闭围挡。

第三十一条 施工单位应当在施工现场建立消防安全责任制度，确定消防安全责任人，制定用火、用电、使用易燃易爆材料等各项消防安全管理制度和操作规程，设置消防通道、消防水源，配备消防设施和灭火器材，并在施工现场入口处设置明显标志。

第三十二条 施工单位应当向作业人员提供安全防护用具和安全防护服装，并书面告知危险岗位的操作规程和违章操作的危害。

作业人员有权对施工现场的作业条件、作业程序和作业方式中存在的安全问题提出批评、检举和控告，有权拒绝违章指挥和强令冒险作业。

在施工中发生危及人身安全的紧急情况时，作业人员有权立即停止作业或者在采取必要的应急措施后撤离危险区域。

第三十三条 作业人员应当遵守安全施工的强制性标准、规章制度和操作规程，正确使用安全防护用具、机械设备等。

第三十四条 施工单位采购、租赁的安全防护用具、机械设备、施工机具及配件，应当具有生产（制造）许可证、产品合格证，并在进入施工现场前进行查验。

施工现场的安全防护用具、机械设备、施工机具及配件必须由专人管理，定期进行检查、维修和保养，建立相应的资料档案，并按照国家有关规定及时报废。

第三十五条 施工单位在使用施工起重机械和整体提升脚手架、模板等自升式架设设施前，应当组织有关单位进行验收，也可以委托具有相应资质的检验检测机构进行验收；使用承租的机械设备和施工机具及配件的，由施工总承包单位、分包单位、出租单位和安装单位共同进行验收。验收合格的方可使用。

《特种设备安全监察条例》规定的施工起重机械，在验收前应当经有相应资质的检验检测机构监督检验合格。

施工单位应当自施工起重机械和整体提升脚手架、模板等自升式架设设施验收合格之日起30日内，向建设行政主管部门或者其他有关部门登记。登记标志应当置于或者附着于该设备的显著位置。

第三十六条 施工单位的主要负责人、项目负责人、专职安全生产管理人员应当经建设行政主管部门或者其他有关部门考核合格后方可任职。

施工单位应当对管理人员和作业人员每年至少进行一次安全生产教育培训，其教育培训情况记入个人工作档案。安全生产教育培训考核不合格的人员，不得上岗。

第三十七条 作业人员进入新的岗位或者新的施工现场前，应当接受安全生产教育培训。未经教育培训或者教育培训考核不合格的人员，不得上岗作业。

施工单位在采用新技术、新工艺、新设备、新材料时，应当对作业人员进行相应的安全生产教育培训。

第三十八条 施工单位应当为施工现场从事危险作业的人员办理意外伤害保险。

意外伤害保险费由施工单位支付。实行施工总承包的，由总承包单位支付意外伤害保险费。意外伤害保险期限自建设工程开工之日起至竣工验收合格止。

第五章 监督管理

第三十九条 国务院负责安全生产监督管理的部门依照《中华人民共和国安全生产法》的规定，对全国建设工程安全生产工作实施综合监督管理。

县级以上地方人民政府负责安全生产监督管理的部门依照《中华人民共和国安全生产法》的规定，对本行政区域内建设工程安全生产工作实施综合监督管理。

第四十条 国务院建设行政主管部门对全国的建设工程安全生产实施监督管理。国务院铁路、交通、水利等有关部门按照国务院规定的职责分工，负责有关专业建设工程安全生产的监督管理。

县级以上地方人民政府建设行政主管部门对本行政区域内的建设工程安全生产实施监督管理。县级以上地方人民政府交通、水利等有关部门在各自的职责范围内，负责本行政区域内的专业建设工程安全生产的监督管理。

第四十一条 建设行政主管部门和其他有关部门应当将本条例第十条、第十一条规定的有关资料的主要内容抄送同级负责安全生产监督管理的部门。

第四十二条 建设行政主管部门在审核发放施工许可证时，应当对建设工程是否有安全施工措施进行审查，对没有安全施工措施的，不得颁发施工许可证。

建设行政主管部门或者其他有关部门对建设工程是否有安全施工措施进行审查时，不得收取费用。

第四十三条 县级以上人民政府负有建设工程安全生产监督管理职责的部门在各自的职责范围内履行安全监督检查职责时，有权采取下列措施：

1. 要求被检查单位提供有关建设工程安全生产的文件和资料。

2. 进入被检查单位施工现场进行检查。

3. 纠正施工中违反安全生产要求的行为。

4. 对检查中发现的安全事故隐患，责令立即排除；重大安全事故隐患排除前或者排除过程中无法保证安全的，责令从危险区域内撤出作业人员或者暂时停止施工。

第四十四条 建设行政主管部门或者其他有关部门可以将施工现场的监督检查委托给建设工程安全监督机构具体实施。

第四十五条 国家对严重危及施工安全的工艺、设备、材料实行淘汰制度。具体目录由国务院建设行政主管部门会同国务院其他有关部门制定并公布。

第四十六条 县级以上人民政府建设行政主管部门和其他有关部门应当及时受理对建设工程生产安全事故及安全事故隐患的检举、控告和投诉。

第六章　生产安全事故的应急救援和调查处理

第四十七条 县级以上地方人民政府建设行政主管部门应当根据本级人民政府的要求，制定本行政区域内建设工程特大生产安全事故应急救援预案。

第四十八条 施工单位应当制定本单位生产安全事故应急救援预案，建立应急救援组织或者配备应急救援人员，配备必要的应急救援器材、设备，并定期组织演练。

第四十九条 施工单位应当根据建设工程施工的特点、范围，对施工现场易发生重大事故的部位、环节进行监控，制定施工现场生产安全事故应急救援预案。实行施工总承包的，由总承包单位统一组织编制建设工程生产安全事故应急救援预案，工程总承包单位和分包单位按照应急救援预案，各自建立应急救援组织或者配备应急救援人员，配备救援器材、设备，并定期组织演练。

第五十条 施工单位发生生产安全事故，应当按照国家有关伤亡事故报告和调查处理的规定，及时、如实地向负责安全生产监督管理的部门、建设行政主管部门或者其他有关部门报告；特种设备发生事故的，还应当同时向特种设备安全监督管理部门报告。接到报告的部门应当按照国家有关规定，如实上报。

实行施工总承包的建设工程，由总承包单位负责上报事故。

第五十一条 发生生产安全事故后，施工单位应当采取措施防止事故扩大，保护事故现场。需要移动现场物品时，应当作出标记和书面记录，妥善保管有关证物。

第五十二条　建设工程生产安全事故的调查、对事故责任单位和责任人的处罚与处理，按照有关法律、法规的规定执行。

第七章　法律责任

第五十三条　违反本条例的规定，县级以上人民政府建设行政主管部门或者其他有关行政管理部门的工作人员，有下列行为之一的，给予降级或者撤职的行政处分；构成犯罪的，依照刑法有关规定追究刑事责任：

1. 对不具备安全生产条件的施工单位颁发资质证书的；
2. 对没有安全施工措施的建设工程颁发施工许可证的；
3. 发现违法行为不予查处的；
4. 不依法履行监督管理职责的其他行为。

第五十四条　违反本条例的规定，建设单位未提供建设工程安全生产作业环境及安全施工措施所需费用的，责令限期改正；逾期未改正的，责令该建设工程停止施工。

建设单位未将保证安全施工的措施或者拆除工程的有关资料报送有关部门备案的，责令限期改正，给予警告。

第五十五条　违反本条例的规定，建设单位有下列行为之一的，责令限期改正，处20万元以上50万元以下的罚款；造成重大安全事故，构成犯罪的，对直接责任人员，依照刑法有关规定追究刑事责任；造成损失的，依法承担赔偿责任：

1. 对勘察、设计、施工、工程监理等单位提出不符合安全生产法律、法规和强制性标准规定的要求的；
2. 要求施工单位压缩合同约定的工期的；
3. 将拆除工程发包给不具有相应资质等级的施工单位的。

第五十六条　违反本条例的规定，勘察单位、设计单位有下列行为之一的，责令限期改正，处10万元以上30万元以下的罚款；情节严重的，责令停业整顿，降低资质等级，直至吊销资质证书；造成重大安全事故，构成犯罪的，对直接责任人员，依照刑法有关规定追究刑事责任；造成损失的，依法承担赔偿责任：

1. 未按照法律、法规和工程建设强制性标准进行勘察、设计的；
2. 采用新结构、新材料、新工艺的建设工程和特殊结构的建设工程，设计单位未在设计中提出保障施工作业人员安全和预防生产安全事故的措施建议的。

第五十七条　违反本条例的规定，工程监理单位有下列行为之一的，责令限期改正；逾期未改正的，责令停业整顿，并处10万元以上30万元以下的罚款；情节严重的，降低资质等级，直至吊销资质证书；造成重大安全事故，构成犯罪的，对直接责任人员，依照刑法有关规定追究刑事责任；造成损失的，依法承担赔偿责任：

1. 未对施工组织设计中的安全技术措施或者专项施工方案进行审查的；
2. 发现安全事故隐患未及时要求施工单位整改或者暂时停止施工的；
3. 施工单位拒不整改或者不停止施工，未及时向有关主管部门报告的；
4. 未依照法律、法规和工程建设强制性标准实施监理的。

第五十八条　注册执业人员未执行法律、法规和工程建设强制性标准的，责令停止执业3个月以上1年以下；情节严重的，吊销执业资格证书，5年内不予注册；造成重大安全事故的，终身不予注册；构成犯罪的，依照刑法有关规定追究刑事责任。

第五十九条 违反本条例的规定，为建设工程提供机械设备和配件的单位，未按照安全施工的要求配备齐全有效的保险、限位等安全设施和装置的，责令限期改正，处合同价款1倍以上3倍以下的罚款；造成损失的，依法承担赔偿责任。

第六十条 违反本条例的规定，出租单位出租未经安全性能检测或者经检测不合格的机械设备和施工机具及配件的，责令停业整顿，并处5万元以上10万元以下的罚款；造成损失的，依法承担赔偿责任。

第六十一条 违反本条例的规定，施工起重机械和整体提升脚手架、模板等自升式架设设施安装、拆卸单位有下列行为之一的，责令限期改正，处5万元以上10万元以下的罚款；情节严重的，责令停业整顿，降低资质等级，直至吊销资质证书；造成损失的，依法承担赔偿责任：

1.未编制拆装方案、制定安全施工措施的；

2.未由专业技术人员现场监督的；

3.未出具自检合格证明或者出具虚假证明的；

4.未向施工单位进行安全使用说明，办理移交手续的。

施工起重机械和整体提升脚手架、模板等自升式架设设施安装、拆卸单位有前款规定的第1项、第3项行为，经有关部门或者单位职工提出后，对事故隐患仍不采取措施，因而发生重大伤亡事故或者造成其他严重后果，构成犯罪的，对直接责任人员，依照刑法有关规定追究刑事责任。

第六十二条 违反本条例的规定，施工单位有下列行为之一的，责令限期改正；逾期未改正的，责令停业整顿，依照《中华人民共和国安全生产法》的有关规定处以罚款；造成重大安全事故，构成犯罪的，对直接责任人员，依照刑法有关规定追究刑事责任：

1.未设立安全生产管理机构、配备专职安全生产管理人员或者分部分项工程施工时无专职安全生产管理人员现场监督的；

2.施工单位的主要负责人、项目负责人、专职安全生产管理人员、作业人员或者特种作业人员，未经安全教育培训或者经考核不合格即从事相关工作的；

3.未在施工现场的危险部位设置明显的安全警示标志，或者未按照国家有关规定在施工现场设置消防通道、消防水源、配备消防设施和灭火器材的；

4.未向作业人员提供安全防护用具和安全防护服装的；

5.未按照规定在施工起重机械和整体提升脚手架、模板等自升式架设设施验收合格后登记的；

6.使用国家明令淘汰、禁止使用的危及施工安全的工艺、设备、材料的。

第六十三条 违反本条例的规定，施工单位挪用列入建设工程概算的安全生产作业环境及安全施工措施所需费用的，责令限期改正，处挪用费用20%以上50%以下的罚款；造成损失的，依法承担赔偿责任。

第六十四条 违反本条例的规定，施工单位有下列行为之一的，责令限期改正；逾期未改正的，责令停业整顿，并处5万元以上10万元以下的罚款；造成重大安全事故，构成犯罪的，对直接责任人员，依照刑法有关规定追究刑事责任：

1.施工前未对有关安全施工的技术要求作出详细说明的；

2.未根据不同施工阶段和周围环境及季节、气候的变化，在施工现场采取相应的安全施工措施，或者在城市市区内的建设工程的施工现场未实行封闭围挡的；

3.在尚未竣工的建筑物内设置员工集体宿舍的；

4. 施工现场临时搭建的建筑物不符合安全使用要求的；

5. 未对因建设工程施工可能造成损害的毗邻建筑物、构筑物和地下管线等采取专项防护措施的。

施工单位有前款规定第 4 项、第 5 项行为，造成损失的，依法承担赔偿责任。

第六十五条 违反本条例的规定，施工单位有下列行为之一的，责令限期改正；逾期未改正的，责令停业整顿，并处 10 万元以上 30 万元以下的罚款；情节严重的，降低资质等级，直至吊销资质证书；造成重大安全事故，构成犯罪的，对直接责任人员，依照刑法有关规定追究刑事责任；造成损失的，依法承担赔偿责任：

1. 安全防护用具、机械设备、施工机具及配件在进入施工现场前未经查验或者查验不合格即投入使用的；

2. 使用未经验收或者验收不合格的施工起重机械和整体提升脚手架、模板等自升式架设设施的；

3. 委托不具有相应资质的单位承担施工现场安装、拆卸施工起重机械和整体提升脚手架、模板等自升式架设设施的；

4. 在施工组织设计中未编制安全技术措施、施工现场临时用电方案或者专项施工方案的。

第六十六条 违反本条例的规定，施工单位的主要负责人、项目负责人未履行安全生产管理职责的，责令限期改正；逾期未改正的，责令施工单位停业整顿；造成重大安全事故、重大伤亡事故或者其他严重后果，构成犯罪的，依照刑法有关规定追究刑事责任。

作业人员不服管理、违反规章制度和操作规程冒险作业造成重大伤亡事故或者其他严重后果，构成犯罪的，依照刑法有关规定追究刑事责任。

施工单位的主要负责人、项目负责人有前款违法行为，尚不够刑事处罚的，处 2 万元以上 20 万元以下的罚款或者按照管理权限给予撤职处分；自刑罚执行完毕或者受处分之日起，5 年内不得担任任何施工单位的主要负责人、项目负责人。

第六十七条 施工单位取得资质证书后，降低安全生产条件的，责令限期改正；经整改仍未达到与其资质等级相适应的安全生产条件的，责令停业整顿，降低其资质等级直至吊销资质证书。

第六十八条 本条例规定的行政处罚，由建设行政主管部门或者其他有关部门依照法定职权决定。

违反消防安全管理规定的行为，由公安消防机构依法处罚。

有关法律、行政法规对建设工程安全生产违法行为的行政处罚决定机关另有规定的，从其规定。

第八章 附 则

第六十九条 抢险救灾和农民自建低层住宅的安全生产管理，不适用本条例。

第七十条 军事建设工程的安全生产管理，按照中央军事委员会的有关规定执行。

第七十一条 本条例自 2004 年 2 月 1 日起施行。

中华人民共和国国务院令第 549 号

《国务院关于修改〈特种设备安全监察条例〉的决定》已经 2009 年 1 月 14 日国务院第 46 次常务会议通过，现予公布，自 2009 年 5 月 1 日起施行。

总理　温家宝

二〇〇九年一月二十四日

二、国务院关于修改《特种设备安全监察条例》的决定

国务院决定对《特种设备安全监察条例》作如下修改：

一、第二条第一款修改为："本条例所称特种设备是指涉及生命安全、危险性较大的锅炉、压力容器(含气瓶，下同)、压力管道、电梯、起重机械、客运索道、大型游乐设施和场(厂)内专用机动车辆。"

二、第三条第二款修改为："军事装备、核设施、航空航天器、铁路机车、海上设施和船舶以及矿山井下使用的特种设备、民用机场专用设备的安全监察不适用本条例。"

第三款修改为："房屋建筑工地和市政工程工地用起重机械、场(厂)内专用机动车辆的安装、使用的监督管理，由建设行政主管部门依照有关法律、法规的规定执行。"

三、第五条第一款修改为："特种设备生产、使用单位应当建立健全特种设备安全、节能管理制度和岗位安全、节能责任制度。"

第二款修改为："特种设备生产、使用单位的主要负责人应当对本单位特种设备的安全和节能全面负责。"

四、第八条增加一款作为第二款："国家鼓励特种设备节能技术的研究、开发、示范和推广，促进特种设备节能技术创新和应用。"

增加一款，作为第三款："特种设备生产、使用单位和特种设备检验检测机构，应当保证必要的安全和节能投入。"

增加一款，作为第四款："国家鼓励实行特种设备责任保险制度，提高事故赔付能力。"

五、第十条第二款修改为："特种设备生产单位对其生产的特种设备的安全性能和能效指标负责，不得生产不符合安全性能要求和能效指标的特种设备，不得生产国家产业政策明令淘汰的特种设备。"

六、第二十二条第三款修改为："气瓶充装单位应当向气体使用者提供符合安全技术规范要求的气瓶，对使用者进行气瓶安全使用指导，并按照安全技术规范的要求办理气瓶使用登记，提出气瓶的定期检验要求。"

七、第二十六条增加一项作为第六项："高耗能特种设备的能效测试报告、能耗状况记录以及节能改造技术资料。"

八、第二十七条增加一款作为第四款："锅炉使用单位应当按照安全技术规范的要求进行锅炉水(介)质处理，并接受特种设备检验检测机构实施的水(介)质处理定期检验。"

增加一款，作为第五款："从事锅炉清洗的单位，应当按照安全技术规范的要求进行锅炉清

洗，并接受特种设备检验检测机构实施的锅炉清洗过程监督检验。”

九、第二十九条增加一款作为第二款：“特种设备不符合能效指标的，特种设备使用单位应当采取相应措施进行整改。”

十、删除第三十一条。

十一、第四十条改为第三十九条，第一款修改为：“特种设备使用单位应当对特种设备作业人员进行特种设备安全、节能教育和培训，保证特种设备作业人员具备必要的特种设备安全、节能知识。”

十二、第四十九条改为第四十八条，修改为：“特种设备检验检测机构进行特种设备检验检测，发现严重事故隐患或者能耗严重超标的，应当及时告知特种设备使用单位，并立即向特种设备安全监督管理部门报告。”

十三、第五十三条改为第五十二条，第一款修改为：“依照本条例规定实施许可、核准、登记的特种设备安全监督管理部门，应当严格依照本条例规定条件和安全技术规范要求对有关事项进行审查；不符合本条例规定条件和安全技术规范要求的，不得许可、核准、登记；在申请办理许可、核准期间，特种设备安全监督管理部门发现申请人未经许可从事特种设备相应活动或者伪造许可、核准证书的，不予受理或者不予许可、核准，并在1年内不再受理其新的许可、核准申请。”

第三款修改为：“违反本条例规定，被依法撤销许可的，自撤销许可之日起3年内，特种设备安全监督管理部门不予受理其新的许可申请。”

十四、第五十九条改为第五十八条，修改为：“特种设备安全监督管理部门对特种设备生产、使用单位和检验检测机构进行安全监察时，发现有违反本条例规定和安全技术规范要求的行为或者在用的特种设备存在事故隐患、不符合能效指标的，应当以书面形式发出特种设备安全监察指令，责令有关单位及时采取措施，予以改正或者消除事故隐患。紧急情况下需要采取紧急处置措施的，应当随后补发书面通知。”

十五、删除第六十二条。

十六、删除第六十三条。

十七、增加一条，作为第六十一条：“有下列情形之一的，为特别重大事故：

(一)特种设备事故造成30人以上死亡，或者100人以上重伤(包括急性工业中毒，下同)，或者1亿元以上直接经济损失的；

(二)600兆瓦以上锅炉爆炸的；

(三)压力容器、压力管道有毒介质泄漏，造成15万人以上转移的；

(四)客运索道、大型游乐设施高空滞留100人以上并且时间在48小时以上的。”

十八、增加一条，作为第六十二条：“有下列情形之一的，为重大事故：

(一)特种设备事故造成10人以上30人以下死亡，或者50人以上100人以下重伤，或者5 000万元以上1亿元以下直接经济损失的；

(二)600兆瓦以上锅炉因安全故障中断运行240小时以上的；

(三)压力容器、压力管道有毒介质泄漏，造成5万人以上15万人以下转移的；

(四)客运索道、大型游乐设施高空滞留100人以上并且时间在24小时以上48小时以下的。”

十九、增加一条，作为第六十三条：“有下列情形之一的，为较大事故：

(一)特种设备事故造成3人以上10人以下死亡，或者10人以上50人以下重伤，或者

1 000万元以上5 000万元以下直接经济损失的；

(二)锅炉、压力容器、压力管道爆炸的；

(三)压力容器、压力管道有毒介质泄漏，造成1万人以上5万人以下转移的；

(四)起重机械整体倾覆的；

(五)客运索道、大型游乐设施高空滞留人员12小时以上的。”

二十、增加一条，作为第六十四条：“有下列情形之一的，为一般事故：

(一)特种设备事故造成3人以下死亡，或者10人以下重伤，或者1万元以上1 000万元以下直接经济损失的；

(二)压力容器、压力管道有毒介质泄漏，造成500人以上1万人以下转移的；

(三)电梯轿厢滞留人员2小时以上的；

(四)起重机械主要受力结构件折断或者起升机构坠落的；

(五)客运索道高空滞留人员3.5小时以上12小时以下的；

(六)大型游乐设施高空滞留人员1小时以上12小时以下的。

“除前款规定外，国务院特种设备安全监督管理部门可以对一般事故的其他情形做出补充规定。”

二十一、增加一条，作为第六十五条：“特种设备安全监督管理部门应当制定特种设备应急预案。特种设备使用单位应当制定事故应急专项预案，并定期进行事故应急演练。”

“压力容器、压力管道发生爆炸或者泄漏，在抢险救援时应当区分介质特性，严格按照相关预案规定程序处理，防止二次爆炸。”

二十二、增加一条，作为第六十六条：“特种设备事故发生后，事故发生单位应当立即启动事故应急预案，组织抢救，防止事故扩大，减少人员伤亡和财产损失，并及时向事故发生地县以上特种设备安全监督管理部门和有关部门报告。”

“县以上特种设备安全监督管理部门接到事故报告，应当尽快核实有关情况，立即向所在地人民政府报告，并逐级上报事故情况。必要时，特种设备安全监督管理部门可以越级上报事故情况。对特别重大事故、重大事故，国务院特种设备安全监督管理部门应当立即报告国务院并通报国务院安全生产监督管理部门等有关部门。”

二十三、增加一条，作为第六十七条：“特别重大事故由国务院或者国务院授权有关部门组织事故调查组进行调查。”

“重大事故由国务院特种设备安全监督管理部门会同有关部门组织事故调查组进行调查。

“较大事故由省、自治区、直辖市特种设备安全监督管理部门会同有关部门组织事故调查组进行调查。”

“一般事故由设区的市的特种设备安全监督管理部门会同有关部门组织事故调查组进行调查。”

二十四、增加一条，作为第六十八条：“事故调查报告应当由负责组织事故调查的特种设备安全监督管理部门的所在地人民政府批复，并报上一级特种设备安全监督管理部门备案。”

“有关机关应当按照批复，依照法律、行政法规规定的权限和程序，对事故责任单位和有关人员进行行政处罚，对负有事故责任的国家工作人员进行处分。”

二十五、增加一条，作为第六十九条：“特种设备安全监督管理部门应当在有关地方人民政府的领导下，组织开展特种设备事故调查处理工作。”

“有关地方人民政府应当支持、配合上级人民政府或者特种设备安全监督管理部门的事故调查处理工作，并提供必要的便利条件。”

二十六、增加一条，作为第七十条：“特种设备安全监督管理部门应当对发生事故的原因进行分析，并根据特种设备的管理和技术特点、事故情况对相关安全技术规范进行评估；需要制定或者修订相关安全技术规范的，应当及时制定或者修订。”

二十七、第七十二条改为第八十条，第一款修改为：“未经许可，擅自从事移动式压力容器或者气瓶充装活动的，由特种设备安全监督管理部门予以取缔，没收违法充装的气瓶，处10万元以上50万元以下罚款；有违法所得的，没收违法所得；触犯刑律的，对负有责任的主管人员和其他直接责任人员依照刑法关于非法经营罪或者其他罪的规定，依法追究刑事责任。”

增加一款，作为第二款：“移动式压力容器、气瓶充装单位未按照安全技术规范的要求进行充装活动的，由特种设备安全监督管理部门责令改正，处2万元以上10万元以下罚款；情节严重的，撤销其充装资格。”

二十八、增加一条，作为第八十二条：“已经取得许可、核准的特种设备生产单位、检验检测机构有下列行为之一的，由特种设备安全监督管理部门责令改正，处2万元以上10万元以下罚款；情节严重的，撤销其相应资格：

(一)未按照安全技术规范的要求办理许可证变更手续的；

(二)不再符合本条例规定或者安全技术规范要求的条件，继续从事特种设备生产、检验检测的；

(三)未依照本条例规定或者安全技术规范要求进行特种设备生产、检验检测的；

(四)伪造、变造、出租、出借、转让许可证书或者监督检验报告的。”

二十九、第七十四条改为第八十三条，增加一项作为第九项：“未按照安全技术规范要求进行锅炉水(介)质处理的；”

增加一项作为第十项：“特种设备不符合能效指标，未及时采取相应措施进行整改的。”

增加一款，作为第二款：“特种设备使用单位使用未取得生产许可的单位生产的特种设备或者将非承压锅炉、非压力容器作为承压锅炉、压力容器使用的，由特种设备安全监督管理部门责令停止使用，予以没收，处2万元以上10万元以下罚款。”

三十、第七十八条改为第八十七条，修改为：“发生特种设备事故，有下列情形之一的，对单位，由特种设备安全监督管理部门处5万元以上20万元以下罚款；对主要负责人，由特种设备安全监督管理部门处4 000元以上2万元以下罚款；属于国家工作人员的，依法给予处分；触犯刑律的，依照刑法关于重大责任事故罪或者其他罪的规定，依法追究刑事责任：

(一)特种设备使用单位的主要负责人在本单位发生特种设备事故时，不立即组织抢救或者在事故调查处理期间擅离职守或者逃匿的；

(二)特种设备使用单位的主要负责人对特种设备事故隐瞒不报、谎报或者拖延不报的。”

三十一、增加一条，作为第八十八条：“对事故发生负有责任的单位，由特种设备安全监督管理部门依照下列规定处以罚款：

(一)发生一般事故的，处10万元以上20万元以下罚款；

(二)发生较大事故的，处20万元以上50万元以下罚款；

(三)发生重大事故的，处50万元以上200万元以下罚款。”

三十二、增加一条，作为第八十九条：“对事故发生负有责任的单位的主要负责人未依法履行职责，导致事故发生的，由特种设备安全监督管理部门依照下列规定处以罚款；属于国家工作人员的，并依法给予处分；触犯刑律的，依照刑法关于重大责任事故罪或者其他罪的规定，依法追究刑事责任：

(一)发生一般事故的，处上一年年收入30%的罚款；

(二)发生较大事故的，处上一年年收入40%的罚款；

(三)发生重大事故的，处上一年年收入60%的罚款。"

三十三、第八十六条改为第九十七条，增加一项作为第八项："迟报、漏报、瞒报或者谎报事故的；"

增加一项作为第九项："妨碍事故救援或者事故调查处理的。"

三十四、第八十七条改为第九十八条，增加一款作为第二款："特种设备生产、使用单位擅自动用、调换、转移、损毁被查封、扣押的特种设备或者其主要部件的，由特种设备安全监督管理部门责令改正，处5万元以上20万元以下罚款；情节严重的，撤销其相应资格。"

三十五、第九十九条第一款增加一项作为第八项："场(厂)内专用机动车辆，是指除道路交通、农用车辆以外仅在工厂厂区、旅游景区、游乐场所等特定区域使用的专用机动车辆。"

三十六、增加一条，作为第一百零一条："国务院特种设备安全监督管理部门可以授权省、自治区、直辖市特种设备安全监督管理部门负责本条例规定的特种设备行政许可工作，具体办法由国务院特种设备安全监督管理部门制定。"

三十七、第九十条改为第一百零二条，修改为："特种设备行政许可、检验检测，应当按照国家有关规定收取费用。"

此外，对条文的顺序和部分文字作相应的调整和修改。

本决定自2009年5月1日起施行。

《特种设备安全监察条例》根据本决定做相应的修订，重新公布。

三、特种设备安全监察条例

(2003年3月11日中华人民共和国国务院令第373号公布　根据2009年1月24日《国务院关于修改〈特种设备安全监察条例〉的决定》修订)

第一章　总　　则

第一条　为了加强特种设备的安全监察，防止和减少事故，保障人民群众生命和财产安全，促进经济发展，制定本条例。

第二条　本条例所称特种设备是指涉及生命安全、危险性较大的锅炉、压力容器(含气瓶，下同)、压力管道、电梯、起重机械、客运索道、大型游乐设施和场(厂)内专用机动车辆。

前款特种设备的目录由国务院负责特种设备安全监督管理的部门(以下简称国务院特种设备安全监督管理部门)制订，报国务院批准后执行。

第三条　特种设备的生产(含设计、制造、安装、改造、维修，下同)、使用、检验检测及其监督检查，应当遵守本条例，但本条例另有规定的除外。

军事装备、核设施、航空航天器、铁路机车、海上设施和船舶以及矿山井下使用的特种设备、民用机场专用设备的安全监察不适用本条例。

房屋建筑工地和市政工程工地用起重机械、场(厂)内专用机动车辆的安装、使用的监督管理，由建设行政主管部门依照有关法律、法规的规定执行。

第四条　国务院特种设备安全监督管理部门负责全国特种设备的安全监察工作,县以上地方负责特种设备安全监督管理的部门对本行政区域内特种设备实施安全监察(以下统称特种设备安全监督管理部门)。

第五条　特种设备生产、使用单位应当建立健全特种设备安全、节能管理制度和岗位安全、节能责任制度。

特种设备生产、使用单位的主要负责人应当对本单位特种设备的安全和节能全面负责。

特种设备生产、使用单位和特种设备检验检测机构,应当接受特种设备安全监督管理部门依法进行的特种设备安全监察。

第六条　特种设备检验检测机构,应当依照本条例规定,进行检验检测工作,对其检验检测结果、鉴定结论承担法律责任。

第七条　县级以上地方人民政府应当督促、支持特种设备安全监督管理部门依法履行安全监察职责,对特种设备安全监察中存在的重大问题及时予以协调、解决。

第八条　国家鼓励推行科学的管理方法,采用先进技术,提高特种设备安全性能和管理水平,增强特种设备生产、使用单位防范事故的能力,对取得显著成绩的单位和个人,给予奖励。

国家鼓励特种设备节能技术的研究、开发、示范和推广,促进特种设备节能技术创新和应用。

特种设备生产、使用单位和特种设备检验检测机构,应当保证必要的安全和节能投入。

国家鼓励实行特种设备责任保险制度,提高事故赔付能力。

第九条　任何单位和个人对违反本条例规定的行为,有权向特种设备安全监督管理部门和行政监察等有关部门举报。

特种设备安全监督管理部门应当建立特种设备安全监察举报制度,公布举报电话、信箱或者电子邮件地址,受理对特种设备生产、使用和检验检测违法行为的举报,并及时予以处理。

特种设备安全监督管理部门和行政监察等有关部门应当为举报人保密,并按照国家有关规定给予奖励。

第二章　特种设备的生产

第十条　特种设备生产单位,应当依照本条例规定以及国务院特种设备安全监督管理部门制订并公布的安全技术规范(以下简称安全技术规范)的要求,进行生产活动。

特种设备生产单位对其生产的特种设备的安全性能和能效指标负责,不得生产不符合安全性能要求和能效指标的特种设备,不得生产国家产业政策明令淘汰的特种设备。

第十一条　压力容器的设计单位应当经国务院特种设备安全监督管理部门许可,方可从事压力容器的设计活动。

压力容器的设计单位应当具备下列条件:

(一)有与压力容器设计相适应的设计人员、设计审核人员;

(二)有与压力容器设计相适应的场所和设备;

(三)有与压力容器设计相适应的健全的管理制度和责任制度。

第十二条　锅炉、压力容器中的气瓶(以下简称气瓶)、氧舱和客运索道、大型游乐设施以及高耗能特种设备的设计文件,应当经国务院特种设备安全监督管理部门核准的检验检测机构鉴定,方可用于制造。

第十三条　按照安全技术规范的要求,应当进行型式试验的特种设备产品、部件或者试制特种设备新产品、新部件、新材料，必须进行型式试验和能效测试。

第十四条 锅炉、压力容器、电梯、起重机械、客运索道、大型游乐设施及其安全附件、安全保护装置的制造、安装、改造单位，以及压力管道用管子、管件、阀门、法兰、补偿器、安全保护装置等(以下简称压力管道元件)的制造单位和场(厂)内专用机动车辆的制造、改造单位，应当经国务院特种设备安全监督管理部门许可，方可从事相应的活动。

前款特种设备的制造、安装、改造单位应当具备下列条件：

(一)有与特种设备制造、安装、改造相适应的专业技术人员和技术工人；

(二)有与特种设备制造、安装、改造相适应的生产条件和检测手段；

(三)有健全的质量管理制度和责任制度。

第十五条 特种设备出厂时，应当附有安全技术规范要求的设计文件、产品质量合格证明、安装及使用维修说明、监督检验证明等文件。

第十六条 锅炉、压力容器、电梯、起重机械、客运索道、大型游乐设施、场(厂)内专用机动车辆的维修单位，应当有与特种设备维修相适应的专业技术人员和技术工人以及必要的检测手段，并经省、自治区、直辖市特种设备安全监督管理部门许可，方可从事相应的维修活动。

第十七条 锅炉、压力容器、起重机械、客运索道、大型游乐设施的安装、改造、维修以及场(厂)内专用机动车辆的改造、维修，必须由依照本条例取得许可的单位进行。

电梯的安装、改造、维修，必须由电梯制造单位或者其通过合同委托、同意的依照本条例取得许可的单位进行。电梯制造单位对电梯质量以及安全运行涉及的质量问题负责。

特种设备安装、改造、维修的施工单位应当在施工前将拟进行的特种设备安装、改造、维修情况书面告知直辖市或者设区的市的特种设备安全监督管理部门，告知后即可施工。

第十八条 电梯井道的土建工程必须符合建筑工程质量要求。电梯安装施工过程中，电梯安装单位应当遵守施工现场的安全生产要求，落实现场安全防护措施。电梯安装施工过程中，施工现场的安全生产监督，由有关部门依照有关法律、行政法规的规定执行。

电梯安装施工过程中，电梯安装单位应当服从建筑施工总承包单位对施工现场的安全生产管理，并订立合同，明确各自的安全责任。

第十九条 电梯的制造、安装、改造和维修活动，必须严格遵守安全技术规范的要求。电梯制造单位委托或者同意其他单位进行电梯安装、改造、维修活动的，应当对其安装、改造、维修活动进行安全指导和监控。电梯的安装、改造、维修活动结束后，电梯制造单位应当按照安全技术规范的要求对电梯进行校验和调试，并对校验和调试的结果负责。

第二十条 锅炉、压力容器、电梯、起重机械、客运索道、大型游乐设施的安装、改造、维修以及场(厂)内专用机动车辆的改造、维修竣工后，安装、改造、维修的施工单位应当在验收后30日内将有关技术资料移交使用单位，高耗能特种设备还应当按照安全技术规范的要求提交能效测试报告。使用单位应当将其存入该特种设备的安全技术档案。

第二十一条 锅炉、压力容器、压力管道元件、起重机械、大型游乐设施的制造过程和锅炉、压力容器、电梯、起重机械、客运索道、大型游乐设施的安装、改造、重大维修过程，必须经国务院特种设备安全监督管理部门核准的检验检测机构按照安全技术规范的要求进行监督检验；未经监督检验合格的不得出厂或者交付使用。

第二十二条 移动式压力容器、气瓶充装单位应当经省、自治区、直辖市的特种设备安全监督管理部门许可，方可从事充装活动。

充装单位应当具备下列条件：

(一)有与充装和管理相适应的管理人员和技术人员;

(二)有与充装和管理相适应的充装设备、检测手段、场地厂房、器具、安全设施;

(三)有健全的充装管理制度、责任制度、紧急处理措施。

气瓶充装单位应当向气体使用者提供符合安全技术规范要求的气瓶,对使用者进行气瓶安全使用指导,并按照安全技术规范的要求办理气瓶使用登记,提出气瓶的定期检验要求。

第三章　特种设备的使用

第二十三条　特种设备使用单位,应当严格执行本条例和有关安全生产的法律、行政法规的规定,保证特种设备的安全使用。

第二十四条　特种设备使用单位应当使用符合安全技术规范要求的特种设备。特种设备投入使用前,使用单位应当核对其是否附有本条例第十五条规定的相关文件。

第二十五条　特种设备在投入使用前或者投入使用后30日内,特种设备使用单位应当向直辖市或者设区的市的特种设备安全监督管理部门登记。登记标志应当置于或者附着于该特种设备的显著位置。

第二十六条　特种设备使用单位应当建立特种设备安全技术档案。安全技术档案应当包括以下内容:

(一)特种设备的设计文件、制造单位、产品质量合格证明、使用维护说明等文件以及安装技术文件和资料;

(二)特种设备的定期检验和定期自行检查的记录;

(三)特种设备的日常使用状况记录;

(四)特种设备及其安全附件、安全保护装置、测量调控装置及有关附属仪器仪表的日常维护保养记录;

(五)特种设备运行故障和事故记录;

(六)高耗能特种设备的能效测试报告、能耗状况记录以及节能改造技术资料。

第二十七条　特种设备使用单位应当对在用特种设备进行经常性日常维护保养,并定期自行检查。

特种设备使用单位对在用特种设备应当至少每月进行一次自行检查,并作出记录。特种设备使用单位在对在用特种设备进行自行检查和日常维护保养时发现异常情况的,应当及时处理。

特种设备使用单位应当对在用特种设备的安全附件、安全保护装置、测量调控装置及有关附属仪器仪表进行定期校验、检修,并作出记录。

锅炉使用单位应当按照安全技术规范的要求进行锅炉水(介)质处理,并接受特种设备检验检测机构实施的水(介)质处理定期检验。

从事锅炉清洗的单位,应当按照安全技术规范的要求进行锅炉清洗,并接受特种设备检验检测机构实施的锅炉清洗过程监督检验。

第二十八条　特种设备使用单位应当按照安全技术规范的定期检验要求,在安全检验合格有效期届满前1个月向特种设备检验检测机构提出定期检验要求。

检验检测机构接到定期检验要求后,应当按照安全技术规范的要求及时进行安全性能检验和能效测试。

未经定期检验或者检验不合格的特种设备,不得继续使用。

第二十九条 特种设备出现故障或者发生异常情况，使用单位应当对其进行全面检查，消除事故隐患后，方可重新投入使用。

特种设备不符合能效指标的，特种设备使用单位应当采取相应措施进行整改。

第三十条 特种设备存在严重事故隐患，无改造、维修价值，或者超过安全技术规范规定使用年限，特种设备使用单位应当及时予以报废，并应当向原登记的特种设备安全监督管理部门办理注销。

第三十一条 电梯的日常维护保养必须由依照本条例取得许可的安装、改造、维修单位或者电梯制造单位进行。

电梯应当至少每15日进行一次清洁、润滑、调整和检查。

第三十二条 电梯的日常维护保养单位应当在维护保养中严格执行国家安全技术规范的要求，保证其维护保养的电梯的安全技术性能，并负责落实现场安全防护措施，保证施工安全。

电梯的日常维护保养单位，应当对其维护保养的电梯的安全性能负责。接到故障通知后，应当立即赶赴现场，并采取必要的应急救援措施。

第三十三条 电梯、客运索道、大型游乐设施等为公众提供服务的特种设备运营使用单位，应当设置特种设备安全管理机构或者配备专职的安全管理人员；其他特种设备使用单位，应当根据情况设置特种设备安全管理机构或者配备专职、兼职的安全管理人员。

特种设备的安全管理人员应当对特种设备使用状况进行经常性检查，发现问题的应当立即处理；情况紧急时，可以决定停止使用特种设备并及时报告本单位有关负责人。

第三十四条 客运索道、大型游乐设施的运营使用单位在客运索道、大型游乐设施每日投入使用前，应当进行试运行和例行安全检查，并对安全装置进行检查确认。

电梯、客运索道、大型游乐设施的运营使用单位应当将电梯、客运索道、大型游乐设施的安全注意事项和警示标志置于易于为乘客注意的显著位置。

第三十五条 客运索道、大型游乐设施的运营使用单位的主要负责人应当熟悉客运索道、大型游乐设施的相关安全知识，并全面负责客运索道、大型游乐设施的安全使用。

客运索道、大型游乐设施的运营使用单位的主要负责人至少应当每月召开一次会议，督促、检查客运索道、大型游乐设施的安全使用工作。

客运索道、大型游乐设施的运营使用单位，应当结合本单位的实际情况，配备相应数量的营救装备和急救物品。

第三十六条 电梯、客运索道、大型游乐设施的乘客应当遵守使用安全注意事项的要求，服从有关工作人员的指挥。

第三十七条 电梯投入使用后，电梯制造单位应当对其制造的电梯的安全运行情况进行跟踪调查和了解，对电梯的日常维护保养单位或者电梯的使用单位在安全运行方面存在的问题，提出改进建议，并提供必要的技术帮助。发现电梯存在严重事故隐患的，应当及时向特种设备安全监督管理部门报告。电梯制造单位对调查和了解的情况，应当作出记录。

第三十八条 锅炉、压力容器、电梯、起重机械、客运索道、大型游乐设施、场(厂)内专用机动车辆的作业人员及其相关管理人员(以下统称特种设备作业人员)，应当按照国家有关规定经特种设备安全监督管理部门考核合格，取得国家统一格式的特种作业人员证书，方可从事相应的作业或者管理工作。

第三十九条 特种设备使用单位应当对特种设备作业人员进行特种设备安全、节能教育和培训，保证特种设备作业人员具备必要的特种设备安全、节能知识。

特种设备作业人员在作业中应当严格执行特种设备的操作规程和有关的安全规章制度。

第四十条 特种设备作业人员在作业过程中发现事故隐患或者其他不安全因素，应当立即向现场安全管理人员和单位有关负责人报告。

第四章 检验检测

第四十一条 从事本条例规定的监督检验、定期检验、型式试验以及专门为特种设备生产、使用、检验检测提供无损检测服务的特种设备检验检测机构，应当经国务院特种设备安全监督管理部门核准。

特种设备使用单位设立的特种设备检验检测机构，经国务院特种设备安全监督管理部门核准，负责本单位核准范围内的特种设备定期检验工作。

第四十二条 特种设备检验检测机构，应当具备下列条件：

（一）有与所从事的检验检测工作相适应的检验检测人员；

（二）有与所从事的检验检测工作相适应的检验检测仪器和设备；

（三）有健全的检验检测管理制度、检验检测责任制度。

第四十三条 特种设备的监督检验、定期检验、型式试验和无损检测应当由依照本条例经核准的特种设备检验检测机构进行。

特种设备检验检测工作应当符合安全技术规范的要求。

第四十四条 从事本条例规定的监督检验、定期检验、型式试验和无损检测的特种设备检验检测人员应当经国务院特种设备安全监督管理部门组织考核合格，取得检验检测人员证书，方可从事检验检测工作。

检验检测人员从事检验检测工作，必须在特种设备检验检测机构执业，但不得同时在两个以上检验检测机构中执业。

第四十五条 特种设备检验检测机构和检验检测人员进行特种设备检验检测，应当遵循诚信原则和方便企业的原则，为特种设备生产、使用单位提供可靠、便捷的检验检测服务。

特种设备检验检测机构和检验检测人员对涉及的被检验检测单位的商业秘密，负有保密义务。

第四十六条 特种设备检验检测机构和检验检测人员应当客观、公正、及时地出具检验检测结果、鉴定结论。检验检测结果、鉴定结论经检验检测人员签字后，由检验检测机构负责人签署。

特种设备检验检测机构和检验检测人员对检验检测结果、鉴定结论负责。

国务院特种设备安全监督管理部门应当组织对特种设备检验检测机构的检验检测结果、鉴定结论进行监督抽查。县以上地方负责特种设备安全监督管理的部门在本行政区域内也可以组织监督抽查，但是要防止重复抽查。监督抽查结果应当向社会公布。

第四十七条 特种设备检验检测机构和检验检测人员不得从事特种设备的生产、销售，不得以其名义推荐或者监制、监销特种设备。

第四十八条 特种设备检验检测机构进行特种设备检验检测，发现严重事故隐患或者能耗严重超标的，应当及时告知特种设备使用单位，并立即向特种设备安全监督管理部门报告。

第四十九条 特种设备检验检测机构和检验检测人员利用检验检测工作故意刁难特种设备生产、使用单位，特种设备生产、使用单位有权向特种设备安全监督管理部门投诉，接到投诉的特种设备安全监督管理部门应当及时进行调查处理。

第五章　监督检查

第五十条　特种设备安全监督管理部门依照本条例规定，对特种设备生产、使用单位和检验检测机构实施安全监察。

对学校、幼儿园以及车站、客运码头、商场、体育场馆、展览馆、公园等公众聚集场所的特种设备，特种设备安全监督管理部门应当实施重点安全监察。

第五十一条　特种设备安全监督管理部门根据举报或者取得的涉嫌违法证据，对涉嫌违反本条例规定的行为进行查处时，可以行使下列职权：

(一)向特种设备生产、使用单位和检验检测机构的法定代表人、主要负责人和其他有关人员调查、了解与涉嫌从事违反本条例的生产、使用、检验检测有关的情况；

(二)查阅、复制特种设备生产、使用单位和检验检测机构的有关合同、发票、账簿以及其他有关资料；

(三)对有证据表明不符合安全技术规范要求的或者有其他严重事故隐患、能耗严重超标的特种设备，予以查封或者扣押。

第五十二条　依照本条例规定实施许可、核准、登记的特种设备安全监督管理部门，应当严格依照本条例规定条件和安全技术规范要求对有关事项进行审查；不符合本条例规定条件和安全技术规范要求的，不得许可、核准、登记；在申请办理许可、核准期间，特种设备安全监督管理部门发现申请人未经许可从事特种设备相应活动或者伪造许可、核准证书的，不予受理或者不予许可、核准，并在1年内不再受理其新的许可、核准申请。

未依法取得许可、核准、登记的单位擅自从事特种设备的生产、使用或者检验检测活动的，特种设备安全监督管理部门应当依法予以处理。

违反本条例规定，被依法撤销许可的，自撤销许可之日起3年内，特种设备安全监督管理部门不予受理其新的许可申请。

第五十三条　特种设备安全监督管理部门在办理本条例规定的有关行政审批事项时，其受理、审查、许可、核准的程序必须公开，并应当自受理申请之日起30日内，作出许可、核准或者不予许可、核准的决定；不予许可、核准的，应当书面向申请人说明理由。

第五十四条　地方各级特种设备安全监督管理部门不得以任何形式进行地方保护和地区封锁，不得对已经依照本条例规定在其他地方取得许可的特种设备生产单位重复进行许可，也不得要求对依照本条例规定在其他地方检验检测合格的特种设备，重复进行检验检测。

第五十五条　特种设备安全监督管理部门的安全监察人员(以下简称特种设备安全监察人员)应当熟悉相关法律、法规、规章和安全技术规范，具有相应的专业知识和工作经验，并经国务院特种设备安全监督管理部门考核，取得特种设备安全监察人员证书。

特种设备安全监察人员应当忠于职守、坚持原则、秉公执法。

第五十六条　特种设备安全监督管理部门对特种设备生产、使用单位和检验检测机构实施安全监察时，应当有两名以上特种设备安全监察人员参加，并出示有效的特种设备安全监察人员证件。

第五十七条　特种设备安全监督管理部门对特种设备生产、使用单位和检验检测机构实施安全监察，应当对每次安全监察的内容、发现的问题及处理情况，作出记录，并由参加安全监察的特种设备安全监察人员和被检查单位的有关负责人签字后归档。被检查单位的有关负责人拒绝签字的，特种设备安全监察人员应当将情况记录在案。

第五十八条　特种设备安全监督管理部门对特种设备生产、使用单位和检验检测机构进行安全监察时，发现有违反本条例规定和安全技术规范要求的行为或者在用的特种设备存在事故隐患、不符合能效指标的，应当以书面形式发出特种设备安全监察指令，责令有关单位及时采取措施，予以改正或者消除事故隐患。紧急情况下需要采取紧急处置措施的，应当随后补发书面通知。

第五十九条　特种设备安全监督管理部门对特种设备生产、使用单位和检验检测机构进行安全监察，发现重大违法行为或者严重事故隐患时，应当在采取必要措施的同时，及时向上级特种设备安全监督管理部门报告。接到报告的特种设备安全监督管理部门应当采取必要措施，及时予以处理。

对违法行为、严重事故隐患或者不符合能效指标的处理需要当地人民政府和有关部门的支持、配合时，特种设备安全监督管理部门应当报告当地人民政府，并通知其他有关部门。当地人民政府和其他有关部门应当采取必要措施，及时予以处理。

第六十条　国务院特种设备安全监督管理部门和省、自治区、直辖市特种设备安全监督管理部门应当定期向社会公布特种设备安全以及能效状况。

公布特种设备安全以及能效状况，应当包括下列内容：

（一）特种设备质量安全状况；

（二）特种设备事故的情况、特点、原因分析、防范对策；

（三）特种设备能效状况；

（四）其他需要公布的情况。

第六章　事故预防和调查处理

第六十一条　有下列情形之一的，为特别重大事故：

（一）特种设备事故造成30人以上死亡，或者100人以上重伤（包括急性工业中毒，下同），或者1亿元以上直接经济损失的；

（二）600兆瓦以上锅炉爆炸的；

（三）压力容器、压力管道有毒介质泄漏，造成15万人以上转移的；

（四）客运索道、大型游乐设施高空滞留100人以上并且时间在48小时以上的。

第六十二条　有下列情形之一的，为重大事故：

（一）特种设备事故造成10人以上30人以下死亡，或者50人以上100人以下重伤，或者5 000万元以上1亿元以下直接经济损失的；

（二）600兆瓦以上锅炉因安全故障中断运行240小时以上的；

（三）压力容器、压力管道有毒介质泄漏，造成5万人以上15万人以下转移的；

（四）客运索道、大型游乐设施高空滞留100人以上并且时间在24小时以上48小时以下的。

第六十三条　有下列情形之一的，为较大事故：

（一）特种设备事故造成3人以上10人以下死亡，或者10人以上50人以下重伤，或者1 000万元以上5 000万元以下直接经济损失的；

（二）锅炉、压力容器、压力管道爆炸的；

（三）压力容器、压力管道有毒介质泄漏，造成1万人以上5万人以下转移的；

（四）起重机械整体倾覆的；

(五)客运索道、大型游乐设施高空滞留人员12小时以上的。

第六十四条 有下列情形之一的,为一般事故:

(一)特种设备事故造成3人以下死亡,或者10人以下重伤,或者1万元以上1 000万元以下直接经济损失的;

(二)压力容器、压力管道有毒介质泄漏,造成500人以上1万人以下转移的;

(三)电梯轿厢滞留人员2小时以上的;

(四)起重机械主要受力结构件折断或者起升机构坠落的;

(五)客运索道高空滞留人员3.5小时以上12小时以下的;

(六)大型游乐设施高空滞留人员1小时以上12小时以下的。

除前款规定外,国务院特种设备安全监督管理部门可以对一般事故的其他情形做出补充规定。

第六十五条 特种设备安全监督管理部门应当制定特种设备应急预案。特种设备使用单位应当制定事故应急专项预案,并定期进行事故应急演练。

压力容器、压力管道发生爆炸或者泄漏,在抢险救援时应当区分介质特性,严格按照相关预案规定程序处理,防止二次爆炸。

第六十六条 特种设备事故发生后,事故发生单位应当立即启动事故应急预案,组织抢救,防止事故扩大,减少人员伤亡和财产损失,并及时向事故发生地县以上特种设备安全监督管理部门和有关部门报告。

县以上特种设备安全监督管理部门接到事故报告,应当尽快核实有关情况,立即向所在地人民政府报告,并逐级上报事故情况。必要时,特种设备安全监督管理部门可以越级上报事故情况。对特别重大事故、重大事故,国务院特种设备安全监督管理部门应当立即报告国务院并通报国务院安全生产监督管理部门等有关部门。

第六十七条 特别重大事故由国务院或者国务院授权有关部门组织事故调查组进行调查。

重大事故由国务院特种设备安全监督管理部门会同有关部门组织事故调查组进行调查。

较大事故由省、自治区、直辖市特种设备安全监督管理部门会同有关部门组织事故调查组进行调查。

一般事故由设区的市的特种设备安全监督管理部门会同有关部门组织事故调查组进行调查。

第六十八条 事故调查报告应当由负责组织事故调查的特种设备安全监督管理部门的所在地人民政府批复,并报上一级特种设备安全监督管理部门备案。

有关机关应当按照批复,依照法律、行政法规规定的权限和程序,对事故责任单位和有关人员进行行政处罚,对负有事故责任的国家工作人员进行处分。

第六十九条 特种设备安全监督管理部门应当在有关地方人民政府的领导下,组织开展特种设备事故调查处理工作。

有关地方人民政府应当支持、配合上级人民政府或者特种设备安全监督管理部门的事故调查处理工作,并提供必要的便利条件。

第七十条 特种设备安全监督管理部门应当对发生事故的原因进行分析,并根据特种设备的管理和技术特点、事故情况对相关安全技术规范进行评估;需要制定或者修订相关安全技术规范的,应当及时制定或者修订。

第七十一条 本章所称的"以上"包括本数，所称的"以下"不包括本数。

第七章 法律责任

第七十二条 未经许可，擅自从事压力容器设计活动的，由特种设备安全监督管理部门予以取缔，处5万元以上20万元以下罚款；有违法所得的，没收违法所得；触犯刑律的，对负有责任的主管人员和其他直接责任人员依照刑法关于非法经营罪或者其他罪的规定，依法追究刑事责任。

第七十三条 锅炉、气瓶、氧舱和客运索道、大型游乐设施以及高耗能特种设备的设计文件，未经国务院特种设备安全监督管理部门核准的检验检测机构鉴定，擅自用于制造的，由特种设备安全监督管理部门责令改正，没收非法制造的产品，处5万元以上20万元以下罚款；触犯刑律的，对负有责任的主管人员和其他直接责任人员依照刑法关于生产、销售伪劣产品罪、非法经营罪或者其他罪的规定，依法追究刑事责任。

第七十四条 按照安全技术规范的要求应当进行型式试验的特种设备产品、部件或者试制特种设备新产品、新部件，未进行整机或者部件型式试验的，由特种设备安全监督管理部门责令限期改正；逾期未改正的，处2万元以上10万元以下罚款。

第七十五条 未经许可，擅自从事锅炉、压力容器、电梯、起重机械、客运索道、大型游乐设施、场(厂)内专用机动车辆及其安全附件、安全保护装置的制造、安装、改造以及压力管道元件的制造活动的，由特种设备安全监督管理部门予以取缔，没收非法制造的产品，已经实施安装、改造的，责令恢复原状或者责令限期由取得许可的单位重新安装、改造，处10万元以上50万元以下罚款；触犯刑律的，对负有责任的主管人员和其他直接责任人员依照刑法关于生产、销售伪劣产品罪、非法经营罪、重大责任事故罪或者其他罪的规定，依法追究刑事责任。

第七十六条 特种设备出厂时，未按照安全技术规范的要求附有设计文件、产品质量合格证明、安装及使用维修说明、监督检验证明等文件的，由特种设备安全监督管理部门责令改正；情节严重的，责令停止生产、销售，处违法生产、销售货值金额30%以下罚款；有违法所得的，没收违法所得。

第七十七条 未经许可，擅自从事锅炉、压力容器、电梯、起重机械、客运索道、大型游乐设施、场(厂)内专用机动车辆的维修或者日常维护保养的，由特种设备安全监督管理部门予以取缔，处1万元以上5万元以下罚款；有违法所得的，没收违法所得；触犯刑律的，对负有责任的主管人员和其他直接责任人员依照刑法关于非法经营罪、重大责任事故罪或者其他罪的规定，依法追究刑事责任。

第七十八条 锅炉、压力容器、电梯、起重机械、客运索道、大型游乐设施的安装、改造、维修的施工单位以及场(厂)内专用机动车辆的改造、维修单位，在施工前未将拟进行的特种设备安装、改造、维修情况书面告知直辖市或者设区的市的特种设备安全监督管理部门即行施工的，或者在验收后30日内未将有关技术资料移交锅炉、压力容器、电梯、起重机械、客运索道、大型游乐设施的使用单位的，由特种设备安全监督管理部门责令限期改正；逾期未改正的，处2 000元以上1万元以下罚款。

第七十九条 锅炉、压力容器、压力管道元件、起重机械、大型游乐设施的制造过程和锅炉、压力容器、电梯、起重机械、客运索道、大型游乐设施的安装、改造、重大维修过程，以及锅炉清洗过程，未经国务院特种设备安全监督管理部门核准的检验检测机构按照安全技术规范的要求进行监督检验的，由特种设备安全监督管理部门责令改正，已经出厂的，没收违法生产、销售的产品，已经实施安装、改造、重大维修或者清洗的，责令限期进行监督检验，处5万元以上20万元以下罚款；有违法所得的，没收违法所得；情节严重的，撤销制造、安装、改造或者维修单位已经取得的许可，并由工商行政管理部门吊销其营业执照；触犯刑律的，对负有责任的主管人员和其他直接责任人员依照刑法关于生产、销售伪劣产品罪或者其他罪的规定，依法追究刑事责任。

第八十条 未经许可，擅自从事移动式压力容器或者气瓶充装活动的，由特种设备安全监督管理部门予以取缔，没收违法充装的气瓶，处10万元以上50万元以下罚款；有违法所得的，没收违法所得；触犯刑律的，对负有责任的主管人员和其他直接责任人员依照刑法关于非法经营罪或者其他罪的规定，依法追究刑事责任。

移动式压力容器、气瓶充装单位未按照安全技术规范的要求进行充装活动的，由特种设备安全监督管理部门责令改正，处2万元以上10万元以下罚款；情节严重的，撤销其充装资格。

第八十一条 电梯制造单位有下列情形之一的，由特种设备安全监督管理部门责令限期改正；逾期未改正的，予以通报批评：

(一)未依照本条例第十九条的规定对电梯进行校验、调试的；

(二)对电梯的安全运行情况进行跟踪调查和了解时，发现存在严重事故隐患，未及时向特种设备安全监督管理部门报告的。

第八十二条 已经取得许可、核准的特种设备生产单位、检验检测机构有下列行为之一的，由特种设备安全监督管理部门责令改正，处2万元以上10万元以下罚款；情节严重的，撤销其相应资格：

(一)未按照安全技术规范的要求办理许可证变更手续的；

(二)不再符合本条例规定或者安全技术规范要求的条件，继续从事特种设备生产、检验检测的；

(三)未依照本条例规定或者安全技术规范要求进行特种设备生产、检验检测的；

(四)伪造、变造、出租、出借、转让许可证书或者监督检验报告的。

第八十三条 特种设备使用单位有下列情形之一的，由特种设备安全监督管理部门责令限期改正；逾期未改正的，处2 000元以上2万元以下罚款；情节严重的，责令停止使用或者停产停业整顿：

(一)特种设备投入使用前或者投入使用后30日内，未向特种设备安全监督管理部门登记，擅自将其投入使用的；

(二)未依照本条例第二十六条的规定，建立特种设备安全技术档案的；

(三)未依照本条例第二十七条的规定，对在用特种设备进行经常性日常维护保养和定期自行检查的，或者对在用特种设备的安全附件、安全保护装置、测量调控装置及有关附属仪器仪表进行定期校验、检修，并作出记录的；

(四)未按照安全技术规范的定期检验要求，在安全检验合格有效期届满前1个月向特种设备检验检测机构提出定期检验要求的；

(五)使用未经定期检验或者检验不合格的特种设备的；

(六)特种设备出现故障或者发生异常情况，未对其进行全面检查、消除事故隐患，继续投入使用的；

(七)未制定特种设备事故应急专项预案的；

(八)未依照本条例第三十一条第二款的规定，对电梯进行清洁、润滑、调整和检查的；

（九）未按照安全技术规范要求进行锅炉水（介）质处理的；

（十）特种设备不符合能效指标，未及时采取相应措施进行整改的。

特种设备使用单位使用未取得生产许可的单位生产的特种设备或者将非承压锅炉、非压力容器作为承压锅炉、压力容器使用的，由特种设备安全监督管理部门责令停止使用，予以没收，处2万元以上10万元以下罚款。

第八十四条 特种设备存在严重事故隐患，无改造、维修价值，或者超过安全技术规范规定的使用年限，特种设备使用单位未予以报废，并向原登记的特种设备安全监督管理部门办理注销的，由特种设备安全监督管理部门责令限期改正；逾期未改正的，处5万元以上20万元以下罚款。

第八十五条 电梯、客运索道、大型游乐设施的运营使用单位有下列情形之一的，由特种设备安全监督管理部门责令限期改正；逾期未改正的，责令停止使用或者停产停业整顿，处1万元以上5万元以下罚款：

（一）客运索道、大型游乐设施每日投入使用前，未进行试运行和例行安全检查，并对安全装置进行检查确认的；

（二）未将电梯、客运索道、大型游乐设施的安全注意事项和警示标志置于易于为乘客注意的显著位置的。

第八十六条 特种设备使用单位有下列情形之一的，由特种设备安全监督管理部门责令限期改正；逾期未改正的，责令停止使用或者停产停业整顿，处2 000元以上2万元以下罚款：

（一）未依照本条例规定设置特种设备安全管理机构或者配备专职、兼职的安全管理人员的；

（二）从事特种设备作业的人员，未取得相应特种作业人员证书，上岗作业的；

（三）未对特种设备作业人员进行特种设备安全教育和培训的。

第八十七条 发生特种设备事故，有下列情形之一的，对单位，由特种设备安全监督管理部门处5万元以上20万元以下罚款；对主要负责人，由特种设备安全监督管理部门处4 000元以上2万元以下罚款；属于国家工作人员的，依法给予处分；触犯刑律的，依照刑法关于重大责任事故罪或者其他罪的规定，依法追究刑事责任：

（一）特种设备使用单位的主要负责人在本单位发生特种设备事故时，不立即组织抢救或者在事故调查处理期间擅离职守或者逃匿的；

（二）特种设备使用单位的主要负责人对特种设备事故隐瞒不报、谎报或者拖延不报的。

第八十八条 对事故发生负有责任的单位，由特种设备安全监督管理部门依照下列规定处以罚款：

（一）发生一般事故的，处10万元以上20万元以下罚款；

（二）发生较大事故的，处20万元以上50万元以下罚款；

（三）发生重大事故的，处50万元以上200万元以下罚款。

第八十九条 对事故发生负有责任的单位的主要负责人未依法履行职责，导致事故发生的，由特种设备安全监督管理部门依照下列规定处以罚款；属于国家工作人员的，并依法给予处分；触犯刑律的，依照刑法关于重大责任事故罪或者其他罪的规定，依法追究刑事责任：

（一）发生一般事故的，处上一年年收入30%的罚款；

（二）发生较大事故的，处上一年年收入40%的罚款；

（三）发生重大事故的，处上一年年收入60%的罚款。

第九十条 特种设备作业人员违反特种设备的操作规程和有关的安全规章制度操作，或者在作业过程中发现事故隐患或者其他不安全因素，未立即向现场安全管理人员和单位有关负责人报告的，由特种设备使用单位给予批评教育、处分；情节严重的，撤销特种设备作业人员资格；触犯刑律的，依照刑法关于重大责任事故罪或者其他罪的规定，依法追究刑事责任。

第九十一条 未经核准，擅自从事本条例所规定的监督检验、定期检验、型式试验以及无损检测等检验检测活动的，由特种设备安全监督管理部门予以取缔，处5万元以上20万元以下罚款；有违法所得的，没收违法所得；触犯刑律的，对负有责任的主管人员和其他直接责任人员依照刑法关于非法经营罪或者其他罪的规定，依法追究刑事责任。

第九十二条 特种设备检验检测机构，有下列情形之一的，由特种设备安全监督管理部门处2万元以上10万元以下罚款；情节严重的，撤销其检验检测资格：

（一）聘用未经特种设备安全监督管理部门组织考核合格并取得检验检测人员证书的人员，从事相关检验检测工作的；

（二）在进行特种设备检验检测中，发现严重事故隐患或者能耗严重超标，未及时告知特种设备使用单位，并立即向特种设备安全监督管理部门报告的。

第九十三条 特种设备检验检测机构和检验检测人员，出具虚假的检验检测结果、鉴定结论或者检验检测结果、鉴定结论严重失实的，由特种设备安全监督管理部门对检验检测机构没收违法所得，处5万元以上20万元以下罚款，情节严重的，撤销其检验检测资格；对检验检测人员处5 000元以上5万元以下罚款，情节严重的，撤销其检验检测资格，触犯刑律的，依照刑法关于中介组织人员提供虚假证明文件罪、中介组织人员出具证明文件重大失实罪或者其他罪的规定，依法追究刑事责任。

特种设备检验检测机构和检验检测人员，出具虚假的检验检测结果、鉴定结论或者检验检测结果、鉴定结论严重失实，造成损害的，应当承担赔偿责任。

第九十四条 特种设备检验检测机构或者检验检测人员从事特种设备的生产、销售，或者以其名义推荐或者监制、监销特种设备的，由特种设备安全监督管理部门撤销特种设备检验检测机构和检验检测人员的资格，处5万元以上20万元以下罚款；有违法所得的，没收违法所得。

第九十五条 特种设备检验检测机构和检验检测人员利用检验检测工作故意刁难特种设备生产、使用单位，由特种设备安全监督管理部门责令改正；拒不改正的，撤销其检验检测资格。

第九十六条 检验检测人员，从事检验检测工作，不在特种设备检验检测机构执业或者同时在两个以上检验检测机构中执业的，由特种设备安全监督管理部门责令改正，情节严重的，给予停止执业6个月以上2年以下的处罚；有违法所得的，没收违法所得。

第九十七条 特种设备安全监督管理部门及其特种设备安全监察人员，有下列违法行为之一的，对直接负责的主管人员和其他直接责任人员，依法给予降级或者撤职的处分；触犯刑律的，依照刑法关于受贿罪、滥用职权罪、玩忽职守罪或者其他罪的规定，依法追究刑事责任：

（一）不按照本条例规定的条件和安全技术规范要求，实施许可、核准、登记的；

（二）发现未经许可、核准、登记擅自从事特种设备的生产、使用或者检验检测活动不予取缔或者不依法予以处理的；

（三）发现特种设备生产、使用单位不再具备本条例规定的条件而不撤销其原许可，或者发现特种设备生产、使用违法行为不予查处的；

（四）发现特种设备检验检测机构不再具备本条例规定的条件而不撤销其原核准，或者对其出具虚假的检验检测结果、鉴定结论或者检验检测结果、鉴定结论严重失实的行为不予查处的；

（五）对依照本条例规定在其他地方取得许可的特种设备生产单位重复进行许可，或者对依照本条例规定在其他地方检验检测合格的特种设备，重复进行检验检测的；

（六）发现有违反本条例和安全技术规范的行为或者在用的特种设备存在严重事故隐患，不立即处理的；

（七）发现重大的违法行为或者严重事故隐患，未及时向上级特种设备安全监督管理部门报告，或者接到报告的特种设备安全监督管理部门不立即处理的；

（八）迟报、漏报、瞒报或者谎报事故的；

（九）妨碍事故救援或者事故调查处理的。

第九十八条　特种设备的生产、使用单位或者检验检测机构，拒不接受特种设备安全监督管理部门依法实施的安全监察的，由特种设备安全监督管理部门责令限期改正；逾期未改正的，责令停产停业整顿，处 2 万元以上 10 万元以下罚款；触犯刑律的，依照刑法关于妨害公务罪或者其他罪的规定，依法追究刑事责任。

特种设备生产、使用单位擅自动用、调换、转移、损毁被查封、扣押的特种设备或者其主要部件的，由特种设备安全监督管理部门责令改正，处 5 万元以上 20 万元以下罚款；情节严重的，撤销其相应资格。

第八章　附　　则

第九十九条　本条例下列用语的含义是：

（一）锅炉，是指利用各种燃料、电或者其他能源，将所盛装的液体加热到一定的参数，并对外输出热能的设备，其范围规定为容积大于或者等于 30 L 的承压蒸汽锅炉；出口水压大于或者等于 0.1 MPa（表压），且额定功率大于或者等于 0.1 MW 的承压热水锅炉；有机热载体锅炉。

（二）压力容器，是指盛装气体或者液体，承载一定压力的密闭设备，其范围规定为最高工作压力大于或者等于 0.1 MPa（表压），且压力与容积的乘积大于或者等于 2.5 MPa·L 的气体、液化气体和最高工作温度高于或者等于标准沸点的液体的固定式容器和移动式容器；盛装公称工作压力大于或者等于 0.2 MPa（表压），且压力与容积的乘积大于或者等于 1.0 MPa·L 的气体、液化气体和标准沸点等于或者低于 60℃液体的气瓶；氧舱等。

（三）压力管道，是指利用一定的压力，用于输送气体或者液体的管状设备，其范围规定为最高工作压力大于或者等于 0.1 MPa（表压）的气体、液化气体、蒸汽介质或者可燃、易爆、有毒、有腐蚀性、最高工作温度高于或者等于标准沸点的液体介质，且公称直径大于 25 mm 的管道。

（四）电梯，是指动力驱动，利用沿刚性导轨运行的箱体或者沿固定线路运行的梯级（踏步），进行升降或者平行运送人、货物的机电设备，包括载人（货）电梯、自动扶梯、自动人行道等。

（五）起重机械，是指用于垂直升降或者垂直升降并水平移动重物的机电设备，其范围规定为额定起重量大于或者等于 0.5t 的升降机；额定起重量大于或者等于 1 t，且提升高度大于或者等于 2 m 的起重机和承重形式固定的电动葫芦等。

（六）客运索道，是指动力驱动，利用柔性绳索牵引箱体等运载工具运送人员的机电设备，包括客运架空索道、客运缆车、客运拖牵索道等。

（七）大型游乐设施，是指用于经营目的，承载乘客游乐的设施，其范围规定为设计最大运行线速度大于或者等于 2 m/s，或者运行高度距地面高于或者等于 2 m 的载人大型游乐设施。

（八）场（厂）内专用机动车辆，是指除道路交通、农用车辆以外仅在工厂厂区、旅游景区、游乐场所等特定区域使用的专用机动车辆。

特种设备包括其所用的材料、附属的安全附件、安全保护装置和与安全保护装置相关的设施。

第一百条 压力管道设计、安装、使用的安全监督管理办法由国务院另行制定。

第一百零一条 国务院特种设备安全监督管理部门可以授权省、自治区、直辖市特种设备安全监督管理部门负责本条例规定的特种设备行政许可工作，具体办法由国务院特种设备安全监督管理部门制定。

第一百零二条 特种设备行政许可、检验检测，应当按照国家有关规定收取费用。

第一百零三条 本条例自 2003 年 6 月 1 日起施行。1982 年 2 月 6 日国务院发布的《锅炉压力容器安全监察暂行条例》同时废止。

中华人民共和国建设部令第 166 号

《建筑起重机械安全监督管理规定》已于 2008 年 1 月 8 号经建设部第 145 次常务会议讨论通过，现予发布，自 2008 年 6 月 1 日起施行。

建设部部长　汪光焘

二〇〇八年一月二十八日

四、建筑起重机械安全监督管理规定

第一条　为了加强建筑起重机械的安全监督管理，防止和减少生产安全事故，保障人民群众生命和财产安全，依据《建设工程安全生产管理条例》、《特种设备安全监察条例》、《安全生产许可证条例》，制定本规定。

第二条　建筑起重机械的租赁、安装、拆卸、使用及其监督管理，适用本规定。

本规定所称建筑起重机械，是指纳入特种设备目录，在房屋建筑工地和市政工程工地安装、拆卸、使用的起重机械。

第三条　国务院建设主管部门对全国建筑起重机械的租赁、安装、拆卸、使用实施监督管理。

县级以上地方人民政府建设主管部门对本行政区域内的建筑起重机械的租赁、安装、拆卸、使用实施监督管理。

第四条　出租单位出租的建筑起重机械和使用单位购置、租赁、使用的建筑起重机械应当具有特种设备制造许可证、产品合格证、制造监督检验证明。

第五条　出租单位在建筑起重机械首次出租前，自购建筑起重机械的使用单位在建筑起重机械首次安装前，应当持建筑起重机械特种设备制造许可证、产品合格证和制造监督检验证明到本单位工商注册所在地县级以上地方人民政府建设主管部门办理备案。

第六条　出租单位应当在签订的建筑起重机械租赁合同中，明确租赁双方的安全责任，并出具建筑起重机械特种设备制造许可证、产品合格证、制造监督检验证明、备案证明和自检合格证明，提交安装使用说明书。

第七条　有下列情形之一的建筑起重机械，不得出租、使用：

（一）属国家明令淘汰或者禁止使用的；

（二）超过安全技术标准或者制造厂家规定使用年限的；

（三）经检验达不到安全技术标准规定的；

（四）没有完整安全技术档案的；

（五）没有齐全有效的安全保护装置的。

第八条　建筑起重机械有本规定第七条第（一）、（二）、（三）项情形之一的，出租单位或者自购建筑起重机械的使用单位应当予以报废，并向原备案机关办理注销手续。

第九条　出租单位、自购建筑起重机械的使用单位，应当建立建筑起重机械安全技术档案。

建筑起重机械安全技术档案应当包括以下资料：

（一）购销合同、制造许可证、产品合格证、制造监督检验证明、安装使用说明书、备案证明等原始资料；

（二）定期检验报告、定期自行检查记录、定期维护保养记录、维修和技术改造记录、运行故障和生产安全事故记录、累计运转记录等运行资料；

（三）历次安装验收资料。

第十条 从事建筑起重机械安装、拆卸活动的单位（以下简称安装单位）应当依法取得建设主管部门颁发的相应资质和建筑施工企业安全生产许可证，并在其资质许可范围内承揽建筑起重机械安装、拆卸工程。

第十一条 建筑起重机械使用单位和安装单位应当在签订的建筑起重机械安装、拆卸合同中明确双方的安全生产责任。

实行施工总承包的，施工总承包单位应当与安装单位签订建筑起重机械安装、拆卸工程安全协议书。

第十二条 安装单位应当履行下列安全职责：

（一）按照安全技术标准及建筑起重机械性能要求，编制建筑起重机械安装、拆卸工程专项施工方案，并由本单位技术负责人签字；

（二）按照安全技术标准及安装使用说明书等检查建筑起重机械及现场施工条件；

（三）组织安全施工技术交底并签字确认；

（四）制定建筑起重机械安装、拆卸工程生产安全事故应急救援预案；

（五）将建筑起重机械安装、拆卸工程专项施工方案，安装、拆卸人员名单，安装、拆卸时间等材料报施工总承包单位和监理单位审核后，告知工程所在地县级以上地方人民政府建设主管部门。

第十三条 安装单位应当按照建筑起重机械安装、拆卸工程专项施工方案及安全操作规程组织安装、拆卸作业。

安装单位的专业技术人员、专职安全生产管理人员应当进行现场监督，技术负责人应当定期巡查。

第十四条 建筑起重机械安装完毕后，安装单位应当按照安全技术标准及安装使用说明书的有关要求对建筑起重机械进行自检、调试和试运转。自检合格的，应当出具自检合格证明，并向使用单位进行安全使用说明。

第十五条 安装单位应当建立建筑起重机械安装、拆卸工程档案。

建筑起重机械安装、拆卸工程档案应当包括以下资料：

（一）安装、拆卸合同及安全协议书；

（二）安装、拆卸工程专项施工方案；

（三）安全施工技术交底的有关资料；

（四）安装工程验收资料；

（五）安装、拆卸工程生产安全事故应急救援预案。

第十六条 建筑起重机械安装完毕后，使用单位应当组织出租、安装、监理等有关单位进行验收，或者委托具有相应资质的检验检测机构进行验收。建筑起重机械经验收合格后方可投入使用，未经验收或者验收不合格的不得使用。

实行施工总承包的，由施工总承包单位组织验收。

建筑起重机械在验收前应当经有相应资质的检验检测机构监督检验合格。

检验检测机构和检验检测人员对检验检测结果、鉴定结论依法承担法律责任。

第十七条 使用单位应当自建筑起重机械安装验收合格之日起30日内，将建筑起重机械安装验收资料、建筑起重机械安全管理制度、特种作业人员名单等，向工程所在地县级以上地方人民政府建设主管部门办理建筑起重机械使用登记。登记标志置于或者附着于该设备的显著位置。

第十八条 使用单位应当履行下列安全职责：

（一）根据不同施工阶段、周围环境以及季节、气候的变化，对建筑起重机械采取相应的安全防护措施；

（二）制定建筑起重机械生产安全事故应急救援预案；

（三）在建筑起重机械活动范围内设置明显的安全警示标志，对集中作业区做好安全防护；

（四）设置相应的设备管理机构或者配备专职的设备管理人员；

（五）指定专职设备管理人员、专职安全生产管理人员进行现场监督检查；

（六）建筑起重机械出现故障或者发生异常情况的，立即停止使用，消除故障和事故隐患后，方可重新投入使用。

第十九条 使用单位应当对在用的建筑起重机械及其安全保护装置、吊具、索具等进行经常性和定期的检查、维护和保养，并做好记录。

使用单位在建筑起重机械租期结束后，应当将定期检查、维护和保养记录移交出租单位。

建筑起重机械租赁合同对建筑起重机械的检查、维护、保养另有约定的，从其约定。

第二十条 建筑起重机械在使用过程中需要附着的，使用单位应当委托原安装单位或者具有相应资质的安装单位按照专项施工方案实施，并按照本规定第十六条规定组织验收。验收合格后方可投入使用。

建筑起重机械在使用过程中需要顶升的，使用单位委托原安装单位或者具有相应资质的安装单位按照专项施工方案实施后，即可投入使用。

禁止擅自在建筑起重机械上安装非原制造厂制造的标准节和附着装置。

第二十一条 施工总承包单位应当履行下列安全职责：

（一）向安装单位提供拟安装设备位置的基础施工资料，确保建筑起重机械进场安装、拆卸所需的施工条件；

（二）审核建筑起重机械的特种设备制造许可证、产品合格证、制造监督检验证明、备案证明等文件；

（三）审核安装单位、使用单位的资质证书、安全生产许可证和特种作业人员的特种作业操作资格证书；

（四）审核安装单位制定的建筑起重机械安装、拆卸工程专项施工方案和生产安全事故应急救援预案；

（五）审核使用单位制定的建筑起重机械生产安全事故应急救援预案；

（六）指定专职安全生产管理人员监督检查建筑起重机械安装、拆卸、使用情况；

（七）施工现场有多台塔式起重机作业时，应当组织制定并实施防止塔式起重机相互碰撞的安全措施。

第二十二条 监理单位应当履行下列安全职责：

（一）审核建筑起重机械特种设备制造许可证、产品合格证、制造监督检验证明、备案证明等文件；

(二)审核建筑起重机械安装单位、使用单位的资质证书、安全生产许可证和特种作业人员的特种作业操作资格证书；

(三)审核建筑起重机械安装、拆卸工程专项施工方案；

(四)监督安装单位执行建筑起重机械安装、拆卸工程专项施工方案情况；

(五)监督检查建筑起重机械的使用情况；

(六)发现存在生产安全事故隐患的，应当要求安装单位、使用单位限期整改，对安装单位、使用单位拒不整改的，及时向建设单位报告。

第二十三条 依法发包给两个及两个以上施工单位的工程，不同施工单位在同一施工现场使用多台塔式起重机作业时，建设单位应当协调组织制定防止塔式起重机相互碰撞的安全措施。

安装单位、使用单位拒不整改生产安全事故隐患的，建设单位接到监理单位报告后，应当责令安装单位、使用单位立即停工整改。

第二十四条 建筑起重机械特种作业人员应当遵守建筑起重机械安全操作规程和安全管理制度，在作业中有权拒绝违章指挥和强令冒险作业，有权在发生危及人身安全的紧急情况时立即停止作业或者采取必要的应急措施后撤离危险区域。

第二十五条 建筑起重机械安装拆卸工、起重信号工、起重司机、司索工等特种作业人员应当经建设主管部门考核合格，并取得特种作业操作资格证书后，方可上岗作业。

省、自治区、直辖市人民政府建设主管部门负责组织实施建筑施工企业特种作业人员的考核。

特种作业人员的特种作业操作资格证书由国务院建设主管部门规定统一的样式。

第二十六条 建设主管部门履行安全监督检查职责时，有权采取下列措施：

(一)要求被检查的单位提供有关建筑起重机械的文件和资料；

(二)进入被检查单位和被检查单位的施工现场进行检查；

(三)对检查中发现的建筑起重机械生产安全事故隐患，责令立即排除；重大生产安全事故隐患排除前或者排除过程中无法保证安全的，责令从危险区域撤出作业人员或者暂时停止施工。

第二十七条 负责办理备案或者登记的建设主管部门应当建立本行政区域内的建筑起重机械档案，按照有关规定对建筑起重机械进行统一编号，并定期向社会公布建筑起重机械的安全状况。

第二十八条 违反本规定，出租单位、自购建筑起重机械的使用单位，有下列行为之一的，由县级以上地方人民政府建设主管部门责令限期改正，予以警告，并处以 5 000 元以上 1 万元以下罚款：

(一)未按照规定办理备案的；

(二)未按照规定办理注销手续的；

(三)未按照规定建立建筑起重机械安全技术档案的。

第二十九条 违反本规定，安装单位有下列行为之一的，由县级以上地方人民政府建设主管部门责令限期改正，予以警告，并处以 5 000 元以上 3 万元以下罚款：

(一)未履行第十二条第(二)、(四)、(五)项安全职责的；

(二)未按照规定建立建筑起重机械安装、拆卸工程档案的；

（三）未按照建筑起重机械安装、拆卸工程专项施工方案及安全操作规程组织安装、拆卸作业的。

第三十条 违反本规定，使用单位有下列行为之一的，由县级以上地方人民政府建设主管部门责令限期改正，予以警告，并处以 5 000 元以上 3 万元以下罚款：

（一）未履行第十八条第（一）、（二）、（四）、（六）项安全职责的；

（二）未指定专职设备管理人员进行现场监督检查的；

（三）擅自在建筑起重机械上安装非原制造厂制造的标准节和附着装置的。

第三十一条 违反本规定，施工总承包单位未履行第二十一条第（一）、（三）、（四）、（五）、（七）项安全职责的，由县级以上地方人民政府建设主管部门责令限期改正，予以警告，并处以 5 000 元以上 3 万元以下罚款。

第三十二条 违反本规定，监理单位未履行第二十二条第（一）、（二）、（四）、（五）项安全职责的，由县级以上地方人民政府建设主管部门责令限期改正，予以警告，并处以 5 000 元以上 3 万元以下罚款。

第三十三条 违反本规定，建设单位有下列行为之一的，由县级以上地方人民政府建设主管部门责令限期改正，予以警告，并处以 5 000 元以上 3 万元以下罚款；逾期未改的，责令停止施工：

（一）未按照规定协调组织制定防止多台塔式起重机相互碰撞的安全措施的；

（二）接到监理单位报告后，未责令安装单位、使用单位立即停工整改的。

第三十四条 违反本规定，建设主管部门的工作人员有下列行为之一的，依法给予处分；构成犯罪的，依法追究刑事责任：

（一）发现违反本规定的违法行为不依法查处的；

（二）发现在用的建筑起重机械存在严重生产安全事故隐患不依法处理的；

（三）不依法履行监督管理职责的其他行为。

第三十五条 本规定自 2008 年 6 月 1 日起施行。

关于印发《建筑施工特种作业人员管理规定》的通知

建质〔2008〕75号

各省、自治区建设厅，直辖市建委，江苏省、山东省建管局，新疆生产建设兵团建设局：

现将《建筑施工特种作业人员管理规定》印发给你们，请结合本地区实际贯彻执行

中华人民共和国住房和城乡建设部

二〇〇八年四月十八日

五、建筑施工特种作业人员管理规定

第一章 总 则

第一条 为加强对建筑施工特种作业人员的管理，防止和减少生产安全事故，根据《安全生产许可证条例》、《建筑起重机械安全监督管理规定》等法规规章，制定本规定。

第二条 建筑施工特种作业人员的考核、发证、从业和监督管理，适用本规定。

本规定所称建筑施工特种作业人员是指在房屋建筑和市政工程施工活动中，从事可能对本人、他人及周围设备设施的安全造成重大危害作业的人员。

第三条 建筑施工特种作业包括：

1.建筑电工；

2.建筑架子工；

3.建筑起重信号司索工；

4.建筑起重机械司机；

5.建筑起重机械安装拆卸工；

6.高处作业吊篮安装拆卸工；

7.经省级以上人民政府建设主管部门认定的其他特种作业。

第四条 建筑施工特种作业人员必须经建设主管部门考核合格，取得建筑施工特种作业人员操作资格证书（以下简称"资格证书"），方可上岗从事相应作业。

第五条 国务院建设主管部门负责全国建筑施工特种作业人员的监督管理工作。

省、自治区、直辖市人民政府建设主管部门负责本行政区域内建筑施工特种作业人员的监督管理工作。

第二章 考 核

第六条 建筑施工特种作业人员的考核发证工作，由省、自治区、直辖市人民政府建设主管部门或其委托的考核发证机构（以下简称"考核发证机关"）负责组织实施。

第七条 考核发证机关应当在办公场所公布建筑施工特种作业人员申请条件、申请程序、工作时限、收费依据和标准等事项。

考核发证机关应当在考核前在机关网站或新闻媒体上公布考核科目、考核地点、考核时间和监督电话等事项。

第八条 申请从事建筑施工特种作业的人员，应当具备下列基本条件：

1.年满18周岁且符合相关工种规定的年龄要求；

2.经医院体检合格且无妨碍从事相应特种作业的疾病和生理缺陷；

3.初中及以上学历；

4.符合相应特种作业需要的其他条件。

第九条 符合本规定第八条规定的人员应当向本人户籍所在地或者从业所在地考核发证机关提出申请，并提交相关证明材料。

第十条 考核发证机关应当自收到申请人提交的申请材料之日起5个工作日内依法作出受理或者不予受理决定。

对于受理的申请，考核发证机关应当及时向申请人核发准考证。

第十一条 建筑施工特种作业人员的考核内容应当包括安全技术理论和实际操作。

考核大纲由国务院建设主管部门制定。

第十二条 考核发证机关应当自考核结束之日起10个工作日内公布考核成绩。

第十三条 考核发证机关对于考核合格的，应当自考核结果公布之日起10个工作日内颁发资格证书；对于考核不合格的，应当通知申请人并说明理由。

第十四条 资格证书应当采用国务院建设主管部门规定的统一样式，由考核发证机关编号后签发。资格证书在全国通用。

资格证书样式见附件一，编号规则见附件二。

第三章 从　　业

第十五条 持有资格证书的人员，应当受聘于建筑施工企业或者建筑起重机械出租单位(以下简称用人单位)，方可从事相应的特种作业。

第十六条 用人单位对于首次取得资格证书的人员，应当在其正式上岗前安排不少于3个月的实习操作。

第十七条 建筑施工特种作业人员应当严格按照安全技术标准、规范和规程进行作业，正确佩戴和使用安全防护用品，并按规定对作业工具和设备进行维护保养。

建筑施工特种作业人员应当参加年度安全教育培训或者继续教育，每年不得少于24小时。

第十八条 在施工中发生危及人身安全的紧急情况时，建筑施工特种作业人员有权立即停止作业或者撤离危险区域，并向施工现场专职安全生产管理人员和项目负责人报告。

第十九条 用人单位应当履行下列职责：

1.与持有效资格证书的特种作业人员订立劳动合同；

2.制定并落实本单位特种作业安全操作规程和有关安全管理制度；

3.书面告知特种作业人员违章操作的危害；

4.向特种作业人员提供齐全、合格的安全防护用品和安全的作业条件；

5.按规定组织特种作业人员参加年度安全教育培训或者继续教育，培训时间不少于24小时；

6.建立本单位特种作业人员管理档案；

7.查处特种作业人员违章行为并记录在档；

8. 法律法规及有关规定明确的其他职责。

第二十条 任何单位和个人不得非法涂改、倒卖、出租、出借或者以其他形式转让资格证书。

第二十一条 建筑施工特种作业人员变动工作单位，任何单位和个人不得以任何理由非法扣押其资格证书。

第四章 延期复核

第二十二条 资格证书有效期为2年。有效期满需要延期的，建筑施工特种作业人员应当于期满前3个月内向原考核发证机关申请办理延期复核手续。延期复核合格的，资格证书有效期延期2年。

第二十三条 建筑施工特种作业人员申请延期复核，应当提交下列材料：

1. 身份证(原件和复印件)；
2. 体检合格证明；
3. 年度安全教育培训证明或者继续教育证明；
4. 用人单位出具的特种作业人员管理档案记录；
5. 考核发证机关规定提交的其他资料。

第二十四条 建筑施工特种作业人员在资格证书有效期内，有下列情形之一的，延期复核结果为不合格：

1. 超过相关工种规定年龄要求的；
2. 身体健康状况不再适应相应特种作业岗位的；
3. 对生产安全事故负有责任的；
4. 2年内违章操作记录达3次(含3次)以上的；
5. 未按规定参加年度安全教育培训或者继续教育的；
6. 考核发证机关规定的其他情形。

第二十五条 考核发证机关在收到建筑施工特种作业人员提交的延期复核资料后，应当根据以下情况分别作出处理：

1. 对于属于本规定第二十四条情形之一的，自收到延期复核资料之日起5个工作日内作出不予延期决定，并说明理由；
2. 对于提交资料齐全且无本规定第二十四条情形的，自受理之日起10个工作日内办理准予延期复核手续，并在证书上注明延期复核合格，并加盖延期复核专用章。

第二十六条 考核发证机关应当在资格证书有效期满前按本规定第二十五条作出决定；逾期未作出决定的，视为延期复核合格。

第五章 监督管理

第二十七条 考核发证机关应当制定建筑施工特种作业人员考核发证管理制度，建立本地区建筑施工特种作业人员档案。

县级以上地方人民政府建设主管部门应当监督检查建筑施工特种作业人员从业活动，查处违章作业行为并记录在档。

第二十八条 考核发证机关应当在每年年底向国务院建设主管部门报送建筑施工特种作

业人员考核发证和延期复核情况的年度统计信息资料。

第二十九条 有下列情形之一的，考核发证机关应当撤销资格证书：

1. 持证人弄虚作假骗取资格证书或者办理延期复核手续的；

2. 考核发证机关工作人员违法核发资格证书的；

3. 考核发证机关规定应当撤销资格证书的其他情形。

第三十条 有下列情形之一的，考核发证机关应当注销资格证书：

1. 依法不予延期的；

2. 持证人逾期未申请办理延期复核手续的；

3. 持证人死亡或者不具有完全民事行为能力的；

4. 考核发证机关规定应当注销的其他情形。

第六章 附 则

第三十一条 省、自治区、直辖市人民政府建设主管部门可结合本地区实际情况制定实施细则，并报国务院建设主管部门备案。

第三十二条 本办法自2008年6月1日起施行。

附件一：建筑施工特种作业操作资格证书样式

附件二：建筑施工特种作业操作资格证书编号规则

附件一 建筑施工特种作业操作资格证书样式

封皮采用深绿色塑料对开，尺寸为100 mm×70 mm，如下图：

建筑施工特种作业操作资格证书样式

附件二 建筑施工特种作业操作资格证书编号规则

1. 建筑施工特种作业操作资格证书编号共十四位。其中：

(1)第一位为持证人所在省(市、自治区)简称，如山东省为“鲁”；

(2)第二位为持证人所在地设区市的英文代码，由各省自行确定；

(3)第三、四位为工种类别代码，用 2 个阿拉伯数字标注(工种类别代码表见表 6—1)；
(4)第五至八位为发证年份，用 4 个阿拉伯数字标注；
(5)第八至十四位为证书序号，用 6 个阿拉伯数字标注，从 000001 开始。
2. 示例：鲁 A012008000001
表示在山东济南的建筑电工，2008 年取得证书，证书序列号为 000001。
3. 工种类别代码

表 6—1　工种类别代码

序号	工种类别	代码
1	建筑电工	01
2	建筑架子工	02
3	建筑起重信号司索工	03
4	建筑起重机械司机	04
5	建筑起重机械安装拆卸工	05
6	高处作业吊篮安装拆卸工	06

六、住房和城乡建设部办公厅关于建筑施工特种作业人员考核工作的实施意见

（建办质〔2008〕41号）

各省、自治区建设厅，直辖市建委，江苏省、山东省建管局，新疆生产建设兵团建设局：

为规范建筑施工特种作业人员考核管理工作，根据《建筑施工特种作业人员管理规定》（建质〔2008〕75号），制定以下实施意见：

一、考核目的

为提高建筑施工特种作业人员的素质，防止和减少建筑施工生产安全事故，通过安全技术理论知识和安全操作技能考核，确保取得《建筑施工特种作业操作资格证书》人员具备独立从事相应特种作业工作能力。

二、考核机关

省、自治区、直辖市人民政府建设主管部门或其委托的考核机构负责本行政区域内建筑施工特种作业人员的考核工作。

三、考核对象

在房屋建筑和市政工程（以下简称“建筑工程”）施工现场从事建筑电工、建筑架子工、建筑起重信号司索工、建筑起重机械司机、建筑起重机械安装拆卸工、高处作业吊篮安装拆卸工以及经省级以上人民政府建设主管部门认定的其他特种作业的人员。

《建筑施工特种作业操作范围》见附件一。

四、考核条件

参加考核人员应当具备下列条件：

1.年满18周岁且符合相应特种作业规定的年龄要求；

2.近3个月内经二级乙等以上医院体检合格且无妨碍从事相应特种作业的疾病和生理缺陷；

3.初中及以上学历；

4.符合相应特种作业规定的其他条件。

五、考核内容

建筑施工特种作业人员考核内容应当包括安全技术理论和安全操作技能。《建筑施工特种作业人员安全技术考核大纲》（试行）见附件二。

考核内容分掌握、熟悉、了解三类。其中掌握即要求能运用相关特种作业知识解决实际问题，熟悉即要求能较深理解相关特种作业安全技术知识，了解即要求具有相关特种作业的基本知识。

六、考核办法

1.安全技术理论考核，采用闭卷笔试方式。考核时间为2小时，实行百分制，60分为合

格。其中，安全生产基本知识占25%、专业基础知识占25%、专业技术理论占50%。

2.安全操作技能考核，采用实际操作（或模拟操作）、口试等方式。考核实行百分制，70分为合格。《建筑施工特种作业人员安全技能考核标准》（试行）见附件三。

3.安全技术理论考核不合格的，不得参加安全操作技能考核。安全技术理论考试和实际操作技能考核均合格的，为考核合格。

七、其他事项

1.考核发证机关应当建立健全建筑施工特种作业人员考核、发证及档案管理计算机信息系统，加强考核场地和考核人员队伍建设，注重实际操作考核质量。

2.首次取得《建筑施工特种作业操作资格证书》的人员实习操作不得少于3个月。实习操作期间，用人单位应当指定专人指导和监督作业。指导人员应当从取得相应特种作业资格证书并从事相关工作3年以上、无不良记录的熟练工中选择。实习操作期满，经用人单位考核合格，方可独立作业。

附件一：建筑施工特种作业操作范围

附件二：建筑施工特种作业人员安全技术考核大纲（试行）

附件三：建筑施工特种作业人员安全操作技能考核标准（试行）

中华人民共和国住房和城乡建设部办公厅

二〇〇八年七月十八日

附件一　建筑施工特种作业操作范围

一、建筑电工：在建筑工程施工现场从事临时用电作业；

二、建筑架子工（普通脚手架）：在建筑工程施工现场从事落地式脚手架、悬挑式脚手架、模板支架、外电防护架、卸料平台、洞口临边防护等登高架设、维护、拆除作业；

三、建筑架子工（附着升降脚手架）：在建筑工程施工现场从事附着式升降脚手架的安装、升降、维护和拆卸作业；

四、建筑起重司索信号工：在建筑工程施工现场从事对起吊物体进行绑扎、挂钩等司索作业和起重指挥作业；

五、建筑起重机械司机（塔式起重机）：在建筑工程施工现场从事固定式、轨道式和内爬升式塔式起重机的驾驶操作；

六、建筑起重机械司机（施工升降机）：在建筑工程施工现场从事施工升降机的驾驶操作；

七、建筑起重机械司机（物料提升机）：在建筑工程施工现场从事物料提升机的驾驶操作；

八、建筑起重机械安装拆卸工（塔式起重机）：在建筑工程施工现场从事固定式、轨道式和内爬升式塔式起重机的安装、附着、顶升和拆卸作业；

九、建筑起重机械安装拆卸工（施工升降机）：在建筑工程施工现场从事施工升降机的安装和拆卸作业；

十、建筑起重机械安装拆卸工（物料提升机）：在建筑工程施工现场从事物料提升机的安装和拆卸作业；

十一、高处作业吊篮安装拆卸工：在建筑工程施工现场从事高处作业吊篮的安装和拆卸作业 。

附件二　建筑施工特种作业人员安全技术考核大纲(试行)

1　建筑电工安全技术考核大纲

2　建筑架子工(普通脚手架)安全技术考核大纲

3　建筑架子工(附着升降脚手架)安全技术考核大纲

4　建筑起重司索信号工安全技术考核大纲

5　建筑起重机械司机(塔式起重机)安全技术考核大纲

6　建筑起重机械司机(施工升降机)安全技术考核大纲

7　建筑起重机械司机(物料提升机)安全技术考核大纲

8　建筑起重机械安装拆卸工(塔式起重机)安全技术考核大纲

9　建筑起重机械安装拆卸工(施工升降机)安全技术考核大纲

10　建筑起重机械安装拆卸工(物料提升机)安全技术考核大纲

11　高处作业吊篮安装拆卸工安全技术考核大纲

1　建筑电工安全技术考核大纲(试行)

1.1　安全技术理论

1.1.1　安全生产基本知识

1.了解建筑安全生产法律法规和规章制度

2.熟悉有关特种作业人员的管理制度

3.掌握从业人员的权利义务和法律责任

4.熟悉高处作业安全知识

5.掌握安全防护用品的使用

6.熟悉安全标志、安全色的基本知识

7.熟悉施工现场消防知识

8.了解现场急救知识

9.熟悉施工现场安全用电基本知识

1.1.2　专业基础知识

1.了解力学基本知识

2.了解机械基础知识

3.熟悉电工基础知识

(1)电流、电压、电阻、电功率等物理量的单位及含义；

(2)直流电路、交流电路和安全电压的基本知识；

(3)常用电气元器件的基本知识、构造及其作用；

(4)三相交流电动机的分类、构造、使用及其保养。

1.1.3　专业技术理论

1.了解常用的用电保护系统的特点

2.掌握施工现场临时用电 TN－S 系统的特点

3.了解施工现场常用电气设备的种类和工作原理

4.熟悉施工现场临时用电专项施工方案的主要内容

5.掌握施工现场配电装置的选择、安装和维护

6.掌握配电线路的选择、敷设和维护

7.掌握施工现场照明线路的敷设和照明装置的设置

8.熟悉外电防护、防雷知识

9.了解电工仪表的分类及基本工作原理

10.掌握常用电工仪器的使用

11.掌握施工现场临时用电安全技术档案的主要内容

12.熟悉电气防火措施

13.了解施工现场临时用电常见事故原因及处置方法

1.2　安全操作技能

1.2.1　掌握施工现场临时用电系统的设置技能

1.2.2　掌握电气元件、导线和电缆规格、型号的辨识能力

1.2.3　掌握施工现场临时用电接地装置接地电阻、设备绝缘电阻和漏电保护装置参数的测试技能

1.2.4　掌握施工现场临时用电系统故障及电气设备故障的排除技能

1.2.5　掌握利用模拟人进行触电急救操作技能

2　**建筑架子工**(普通脚手架)**安全技术考核大纲**(试行)

2.1　安全技术理论

2.1.1　安全生产基本知识

1.了解建筑安全生产法律法规和规章制度

2.熟悉有关特种作业人员的管理制度

3.掌握从业人员的权利义务和法律责任

4.熟悉高处作业安全知识

5.掌握安全防护用品的使用

6.熟悉安全标志、安全色的基本知识

7.了解施工现场消防知识

8.了解现场急救知识

9.熟悉施工现场安全用电基本知识

2.1.2　专业基础知识

1.了解力学基本知识

2.了解建筑识图知识

3.了解杆件的受力特点

2.1.3　专业技术理论

1.了解脚手架专项施工方案的主要内容

2.熟悉脚手架搭设图样

3.了解脚手架的种类、形式

4.熟悉脚手架材料的种类、规格及材质要求

5.熟悉扣件式、碗扣式钢管脚手架和门式脚手架的构造

6.掌握扣件式、碗扣式钢管脚手架和门式脚手架的搭设和拆除方法

7.掌握安全网的挂设方法

8.熟悉脚手架的验收内容和方法

9.了解脚手架常见事故原因及处置方法

2.2　安全操作技能

2.2.1　掌握辨识脚手架及构配件的名称、功能、规格的能力

2.2.2　掌握辨识不合格脚手架构配件的能力

2.2.3　掌握常用脚手架的搭设和拆除方法

2.2.4　掌握常用模板支架的搭设和拆除方法

3　**建筑架子工**(附着升降脚手架)**安全技术考核大纲**(试行)

3.1　安全技术理论

3.1.1　安全生产基本知识

1.了解建筑安全生产法律法规和规章制度

2.熟悉有关特种作业人员的管理制度

3.掌握从业人员的权利义务和法律责任

4.熟悉高处作业的安全知识

5.掌握安全防护用品的使用

6. 熟悉安全标志、安全色的基本知识
7. 了解施工现场消防知识
8. 了解现场急救知识
9. 熟悉施工现场安全用电基本知识

3.1.2 专业基础知识

1. 熟悉力学基本知识
2. 了解电工基础知识
3. 了解机械基础知识
4. 了解液压基础知识
5. 了解钢结构基础知识
6. 了解起重吊装基本知识

3.1.3 专业技术理论

1. 了解附着升降脚手架专项施工方案的主要内容
2. 熟悉脚手架的种类、形式
3. 熟悉附着升降脚手架的类型和结构
4. 熟悉各种类型附着升降脚手架基本构造、工作原理和基本技术参数
5. 掌握各种附着升降脚手架安全装置的构造、工作原理
6. 掌握附着升降脚手架的搭设、拆卸、升降作业安全操作规程
7. 熟悉升降机构及控制柜的工作原理
8. 掌握附着升降脚手架升降机构及安全装置的维护保养及调试
9. 熟悉附着升降脚手架的验收内容和方法
10. 了解附着升降脚手架常见事故原因及处置方法

3.2 安全操作技能

3.2.1 掌握附着升降脚手架的搭设、拆除方法

3.2.2 掌握附着升降脚手架提升和下降及提升和下降前、后操作内容、方法

3.2.3 掌握附着升降脚手架提升和下降过程中的监控方法

3.2.4 掌握附着升降脚手架升降机构及安全装置常见故障判断及处置方法

3.2.5 掌握附着升降脚手架架体的防护和加固方法

3.2.6 掌握紧急情况处置方法

4 建筑起重信号司索工安全技术考核大纲(试行)

4.1 安全技术理论

4.1.1 安全生产基本知识

1. 了解建筑安全生产规律法规和规章制度
2. 熟悉有关特种作业人员的管理制度
3. 掌握从业人员的权利义务和法律责任
4. 熟悉高处作业安全知识
5. 掌握安全防护用品的使用
6. 熟悉安全标志、安全色的基本知识
7. 了解施工现场消防知识
8. 了解现场急救知识

9.熟悉施工现场安全用电基本知识

4.1.2　专业基础知识

1.熟悉力学基础知识

2.了解机械基础知识

3.了解液压传动知识

4.1.3　专业技术理论

1.了解常用起重机械的分类、主要技术参数、基本构造及其工作原理

2.熟悉物体的重量和重心的计算、物体的稳定性等知识

3.掌握起重吊点的选择和物体绑扎、吊装等基本知识

4.掌握吊装索具、吊具等的选择、安全使用方法、维护保养和报废标准

5.熟悉两台或多台起重机械联合作业的安全理论知识和负荷分配方法

6.掌握起重信号司索作业的安全技术操作规程

7.了解起重信号司索作业常见事故原因及处置方法

8.掌握《起重吊运指挥信号》(GB 5082)的内容

4.2　安全操作技能

4.2.1　掌握起重指挥信号的运用

4.2.2　掌握正确装置绳卡的基本要领和滑轮穿绕的操作技能

4.2.3　掌握常用绳结的编打方法并说明其应用场合

4.2.4　掌握钢丝绳、卸扣、吊环、绳卡等起重索具、吊具，以及常用起重机具的识别判断能力

4.2.5　掌握钢丝绳、吊钩报废标准

4.2.6　掌握钢丝绳、卸扣、吊链的破断拉力、允许拉力的计算

4.2.7　掌握常见基本形状物体的重量估算能力，并能判断出物体的重心，合理选择吊点

5　**建筑起重机械司机**(塔式起重机)**安全技术考核大纲**(试行)

5.1　安全技术理论

5.1.1　安全生产基本知识

1.了解建筑安全生产法律法规和规章制度

2.熟悉有关特种作业人员的管理制度

3.掌握从业人员的权利义务和法律责任

4.熟悉高处作业安全知识

5.掌握安全防护用品的使用

6.熟悉安全标志、安全色的基本知识

7.了解施工现场消防知识

8.了解现场急救知识

9.熟悉施工现场安全用电基本知识

5.1.2　专业基础知识

1.了解力学基本知识

2.了解电工基础知识

3.熟悉机械基础知识

4.了解液压传动知识

5.1.3　专业技术理论

1. 了解塔式起重机的分类
2. 熟悉塔式起重机的基本技术参数
3. 熟悉塔式起重机的基本构造与组成
4. 熟悉塔式起重机的基本工作原理
5. 熟悉塔式起重机的安全技术要求
6. 熟悉塔式起重机安全防护装置的结构、工作原理
7. 了解塔式起重机安全防护装置的维护保养、调试
8. 熟悉塔式起重机试验方法和程序
9. 熟悉塔式起重机常见故障的判断与处置方法
10. 熟悉塔式起重机的维护与保养的基本常识
11. 掌握塔式起重机主要零部件及易损件的报废标准
12. 掌握塔式起重机的安全技术操作规程
13. 了解塔式起重机常见事故原因及处置方法
14. 掌握《起重吊运指挥信号》(GB 5082)内容

5.2 安全操作技能

5.2.1 掌握吊起水箱定点停放操作技能
5.2.2 掌握吊起水箱绕木杆运行和击落木块的操作技能
5.2.3 掌握常见故障识别判断的能力
5.2.4 掌握塔式起重机吊钩、滑轮和钢丝绳的报废标准
5.2.5 掌握识别起重吊运指挥信号的能力
5.2.6 掌握紧急情况处置技能

6 **建筑起重机械司机**(施工升降机)**安全技术考核大纲**(试行)

6.1 安全技术理论

6.1.1 安全生产基本知识

1. 了解建筑安全生产法律法规和规章制度
2. 熟悉有关特种作业人员的管理制度
3. 掌握从业人员的权利义务和法律责任
4. 熟悉高处作业安全知识
5. 掌握安全防护用品的使用
6. 熟悉安全标志、安全色的基本知识
7. 了解施工现场消防知识
8. 了解现场急救知识
9. 熟悉施工现场安全用电基本知识

6.1.2 专业基础知识

1. 了解力学基本知识
2. 了解电工基本知识
3. 熟悉机械基本知识
4. 了解液压传动知识

6.1.3 专业技术理论

1. 了解施工升降机的分类、性能

2. 熟悉施工升降机的基本技术参数
3. 熟悉施工升降机的基本构造和基本工作原理
4. 掌握施工升降机主要零部件的技术要求及报废标准
5. 熟悉施工升降机安全保护装置的结构、工作原理和使用要求
6. 熟悉施工升降机安全保护装置的维护保养和调整(试)方法
7. 掌握施工升降机的安全使用和安全操作
8. 掌握施工升降机驾驶员的安全职责
9. 熟悉施工升降机的检查和维护保养常识
10. 熟悉施工升降机常见故障的判断和处置方法
11. 了解施工升降机常见事故原因及处置方法

6.2 安全操作技能

6.2.1 掌握施工升降机操作技能
6.2.2 掌握主要零部件的性能及可靠性的判定
6.2.3 掌握安全器动作后检查与复位处理方法
6.2.4 掌握常见故障的识别、判断
6.2.5 掌握紧急情况处置方法

7 建筑起重机械司机(物料提升机)安全技术考核大纲(试行)

7.1 安全技术理论

7.1.1 安全生产基本知识
1. 了解建筑安全生产法律法规和规章制度
2. 熟悉有关特种作业人员的管理制度
3. 掌握从业人员的权利义务和法律责任
4. 熟悉高处作业安全知识
5. 掌握安全防护用品的使用
6. 熟悉安全标志、安全色的基本知识
7. 了解施工现场消防知识
8. 了解现场急救知识
9. 熟悉施工现场安全用电基本知识

7.1.2 专业基础知识
1. 了解力学基本知识
2. 了解电工基本知识
3. 熟悉机械基础知识

7.1.3 专业技术理论
1. 了解物料提升机的分类、性能
2. 熟悉物料提升机的基本技术参数
3. 了解力学的基本知识、架体的受力分析
4. 了解钢桁架结构基本知识
5. 熟悉物料提升机技术标准及安全操作规程
6. 熟悉物料提升机基本结构及工作原理
7. 熟悉物料提升机安全装置的调试方法

8.熟悉物料提升机维护保养常识

9.了解物料提升机常见事故原因及处置方法

7.2 安全操作技能

7.2.1 掌握物料提升机的操作技能

7.2.2 掌握主要零部件的性能及可靠性的判定

7.2.3 掌握常见故障的识别、判断

7.2.4 掌握紧急情况处置方法

8 **建筑起重机械安装拆卸工**(塔式起重机)**安全技术考核大纲**(试行)

8.1 安全技术理论

8.1.1 安全生产基本知识

1.了解建筑安全生产法律法规和规章制度

2.熟悉有关特种作业人员的管理制度

3.掌握从业人员的权利义务和法律责任

4.掌握高处作业安全知识

5.掌握安全防护用品的使用

6.熟悉安全标志、安全色的基本知识

7.了解施工现场消防知识

8.了解现场急救知识

9.熟悉施工现场安全用电基本知识

8.1.2 专业基础知识

1.熟悉力学基本知识

2.了解电工基础知识

3.熟悉机械基础知识

4.熟悉液压传动知识

5.了解钢结构基础知识

6.熟悉起重吊装基本知识

8.1.3 专业技术理论

1.了解塔式起重机的分类

2.掌握塔式起重机的基本技术参数

3.掌握塔式起重机的基本构造和工作原理

4.熟悉塔式起重机基础、附着及塔式起重机稳定性知识

5.了解塔式起重机总装配图及电气控制原理知识

6.熟悉塔式起重机安全防护装置的构造和工作原理

7.掌握塔式起重机安装、拆卸的程序、方法

8.掌握塔式起重机调试和常见故障的判断与处置

9.掌握塔式起重机安装自检的内容和方法

10.了解塔式起重机的维护保养的基本知识

11.掌握塔式起重机主要零部件及易损件的报废标准

12.掌握塔式起重机安装、拆除的安全操作规程

13.了解塔式起重机安装、拆卸常见事故原因及处置方法

14. 熟悉《起重吊运指挥信号》(GB 5082)内容

8.2　安全操作技能

8.2.1　掌握塔式起重机安装、拆卸前的检查和准备

8.2.2　掌握塔式起重机安装、拆卸的程序、方法和注意事项

8.2.3　掌握塔式起重机调试和常见故障的判断

8.2.4　掌握塔式起重机吊钩、滑轮、钢丝绳和制动器的报废标准

8.2.5　掌握紧急情况处置方法

9　建筑起重机械安装拆卸工(施工升降机)安全技术考核大纲(试行)

9.1　安全技术理论

9.1.1　安全生产基本知识

1. 了解建筑安全生产法律法规和规章制度
2. 熟悉有关特种作业人员的管理制度
3. 掌握从业人员的权利义务和法律责任
4. 掌握高处作业安全知识
5. 掌握安全防护用品的使用
6. 熟悉安全标志、安全色的基本知识
7. 了解施工现场消防知识
8. 了解现场急救知识
9. 熟悉施工现场安全用电基本知识

9.1.2　专业基础知识

1. 熟悉力学基本知识
2. 了解电工基本知识
3. 掌握机械基本知识
4. 了解液压传动知识
5. 了解钢结构基础知识
6. 熟悉起重吊装基本知识

9.1.3　专业技术理论

1. 了解施工升降机的分类、性能
2. 熟悉施工升降机的基本技术参数
3. 掌握施工升降机的基本构造和工作原理
4. 熟悉施工升降机主要零部件的技术要求及报废标准
5. 熟悉施工升降机安全保护装置的构造、工作原理
6. 掌握施工升降机安全保护装置的调整(试)方法
7. 掌握施工升降机的安装、拆除的程序、方法
8. 掌握施工升降机安装、拆除的安全操作规程
9. 掌握施工升降机主要零部件安装后的调整(试)
10. 熟悉施工升降机维护保养要求
11. 掌握施工升降机安装自检的内容和方法
12. 了解施工升降机安装、拆卸常见事故原因及处置方法

9.2 安全操作技能

9.2.1 掌握施工升降机安装、拆卸前的检查和准备

9.2.2 掌握施工升降机的安装、拆卸工序和注意事项

9.2.3 掌握主要零部件的性能及可靠性的判定

9.2.4 掌握防坠安全器动作后的检查与复位处理方法

9.2.5 掌握常见故障的识别、判断

9.2.6 掌握紧急情况处置方法

10 建筑起重机械安装拆卸工(物料提升机)安全技术考核大纲(试行)

10.1 安全技术理论

10.1.1 安全生产基本知识

1. 了解建筑安全生产法律法规和规章制度
2. 熟悉有关特种作业人员的管理制度
3. 掌握从业人员的权利义务和法律责任
4. 熟悉高处作业安全知识
5. 掌握安全防护用品的使用
6. 熟悉安全标志、安全色的基本知识
7. 了解施工现场消防知识
8. 了解现场急救知识
9. 熟悉施工现场安全用电基本知识

10.1.2 专业基础知识

1. 熟悉力学基本知识
2. 了解电学基本知识
3. 熟悉机械基础知识
4. 了解钢结构基础知识
5. 熟悉起重吊装基本知识

10.1.3 专业技术理论

1. 了解物料提升机的分类、性能
2. 熟悉物料提升机的基本技术参数
3. 掌握物料提升机的基本结构和工作原理
4. 掌握物料提升机安装、拆卸的程序、方法
5. 掌握物料提升机安全保护装置的结构、工作原理和调整(试)方法
6. 掌握物料提升机安装、拆卸的安全操作规程
7. 掌握物料提升机安装自检内容和方法
8. 熟悉物料提升机维护保养要求
9. 了解物料提升机安装、拆卸常见事故原因及处置方法

10.2 安全操作技能

10.2.1 掌握装拆工具、起重工具、索具的使用

10.2.2 掌握钢丝绳的选用、更换、穿绕、固结

10.2.3 掌握物料提升机架体、提升机构、附墙装置或缆风绳的安装、拆卸

10.2.4　掌握物料提升机的各主要系统安装调试

10.2.5　掌握紧急情况应急处置方法

11　高处作业吊篮安装拆卸工安全技术考核大纲(试行)

11.1　安全技术理论

11.1.1　安全生产基本知识

1.了解建筑安全生产法律法规和规章制度

2.熟悉有关特种作业人员的管理制度

3.掌握从业人员的权利义务和法律责任

4.熟悉高处作业安全知识

5.掌握安全防护用品的使用

6.熟悉安全标志、安全色的基本知识

7.了解施工现场消防知识

8.了解现场急救知识

9.熟悉施工现场安全用电基本知识

11.1.2　专业基础知识

1.了解力学基本知识

2.了解电工基础知识

3.了解机械基础知识

11.1.3　专业技术理论

1.了解高处作业吊篮分类及标记方法

2.熟悉常用高处作业吊篮的构造特点

3.熟悉高处作业吊篮主要性能参数

4.熟悉高处作业吊篮提升机的性能、工作原理及调试方法

5.掌握高处作业吊篮安全锁、提升机的构造、工作原理

6.掌握钢丝绳的性能、承载能力和报废标准

7.了解电气控制元器件的分类和功能

8.掌握悬挂机构的结构和工作原理

9.掌握高处作业吊篮安装、拆卸的安全操作规程

10.掌握高处作业吊篮安装自检内容和方法

11.熟悉高处作业吊篮的维护保养

12.了解高处作业吊篮安装、拆卸事故原因及处置方法

11.2　安全操作技能

11.2.1　掌握高处作业吊篮安装、拆卸的方法和程序

11.2.2　掌握主要零部件的性能、作用及报废标准

11.2.3　掌握高处作业吊篮安全装置的调试

11.2.4　掌握操作人员安全绳的固定方法

11.2.5　掌握高处作业吊篮的运行操作及手动下降方法

11.2.6　掌握紧急情况处置方法

附件三　建筑施工特种作业人员安全操作技能考核标准(试行)

1　建筑电工安全操作技能考核标准

2　建筑架子工(普通脚手架)安全操作技能考核标准

3　建筑架子工(附着升降脚手架)安全操作技能考核标准

4　建筑起重司索信号工安全操作技能考核标准

5　建筑起重机械司机(塔式起重机)安全操作技能考核标准

6　建筑起重机械司机(施工升降机)安全操作技能考核标准

7　建筑起重机械司机(物料提升机)安全操作技能考核标准

8　建筑起重机械安装拆卸工(塔式起重机)安全操作技能考核标准

9　建筑起重机械安装拆卸工(施工升降机)安全操作技能考核标准

10　建筑起重机械安装拆卸工(物料提升机)安全操作技能考核标准

11　高处作业吊篮安装拆卸工安全操作技能考核标准

1　建筑电工安全操作技能考核标准(试行)

1.1　设置施工现场临时用电系统

1.1.1　考核设备和器具

1. 设备:总配电箱、分配电箱、开关箱(或模板)各1个,用电设备1台,电气元件若干,电缆、导线若干;

2. 测量仪器:万用表、兆欧表(绝缘电阻测试仪)、漏电保护器测试仪、接地电阻测试仪;

3. 其他器具:十字口螺丝刀、一字口螺丝刀、电工钳、电工刀、剥线钳、尖嘴钳、扳手、钢板尺、钢卷尺、千分尺、计时器等;

4. 个人安全防护用品。

1.1.2　考核方法

1. 根据图纸在模板上组装总配电箱电气元件;

2. 按照规定的临时用电方案,将总配电箱、分配电箱、开关箱与用电设备进行连接,并通电试验。

1.1.3　考核时间

90 min。具体可根据实际考核情况调整。

1.1.4　考核评分标准

满分60分。考核评分标准见表1.1。各项目所扣分数总和不得超过该项应得分值。

表1.1　考核评分标准

序号	扣分项目	扣分标准	应得分值
1	电线、电缆选择使用错误	每处扣2分	8
2	漏电保护器、断路器、开关选择使用错误	每处扣3分	8
3	电流表、电压表、电度表、互感器连接错误	每处扣2分	8
4	导线连接及接地、接零错误或漏接	每处扣3分	8
5	导线分色错误	每处扣2分	4
6	用电设备通电试验不能运转	扣10分	10
7	设置的临时用电系统达不到TN－S系统要求的	扣14分	14
合计			60

1.2　测试接地装置的接地电阻、用电设备绝缘电阻、漏电保护器参数

1.2.1　考核设备和器具

1. 接地装置1组、用电设备1台、漏电保护器1只;

2. 接地电阻测试仪、兆欧表(绝缘电阻测试仪)、漏电保护器测试仪、计时器;

3. 个人安全防护用品。

1.2.2　考核方法

使用相应仪器测量接地装置的接地电阻值、测量用电设备绝缘电阻、测量漏电保护器参数。

1.2.3　考核时间

15 min。具体可根据实际考核情况调整。

1.2.4　考核评分标准

满分15分。完成一项测试项目，且测量结果正确的，得5分。

1.3　临时用电系统及电气设备故障排除

1.3.1　考核设备和器具

1.施工现场临时用电模拟系统2套，设置故障点2处；

2.相关仪器、仪表和电工工具、计时器；

3.个人安全防护用品。

1.3.2　考核方法

查找故障并排除。

1.3.3　考核时间

15 min。

1.3.4　考核评分标准

满分15分。在规定时间内查找出故障并正确排除的，每处得7.5分；查找出故障但未能排除的，每处得4分。

1.4　利用模拟人进行触电急救操作

1.4.1　考核器具

1.心肺复苏模拟人1套；

2.消毒纱布面巾或一次性吹气膜、计时器等。

1.4.2　考核方法

设定心肺复苏模拟人呼吸、心跳停止，工作频率设定为100次/min或120次/min，设定操作时间250 s。由考生在规定时间内完成以下操作：

1.将模拟人气道放开，人工口对口正确吹气2次；

2.按单人国际抢救标准比例30∶2为一个循环进行胸外按压与人工呼吸，即正确胸外按压30次，正确人工呼吸口吹气2次。连续操作完成5个循环。

1.4.3　考核时间

5 min。具体可根据实际考核情况调整。

1.4.4　考核评分标准

满分10分。在规定时间内完成规定动作，仪表显示“急救成功”的，得10分；动作正确，仪表未显示“急救成功”的，得5分；动作错误的，不得分。

2　**建筑架子工**(普通脚手架)**操作技能考核标准**(试行)

2.1　现场搭设双排落地扣件式钢管脚手架

2.1.1　考核场地、设施

1.具备搭设脚手架条件的场地；

2.具备搭设脚手架条件的建筑物或构筑物。

2.1.2　考核料具

1.钢管：规格Φ48×3.5，长度6m、5 m、4 m、3 m、2 m、1.5 m若干；

2.扣件：直角扣件、旋转扣件、对接扣件若干；

3.垫木、底座、脚手板(木脚手板、钢脚手板或者竹脚手板)、挡脚板、密目式安全网、安全平网、系绳、铅丝若干；

4.工具：钢卷尺、扳手、扭力扳手、计时器；

5. 个人安全防护用品。

2.1.3 考核方法

每 6～8 名考生为一组，搭设一宽 5 跨、高 5 步的双排落地扣件式钢管脚手架。脚手架步距 1.8 m，纵距 1.5 m，横距 1.3 m。连墙件按二步三跨设置。操作层设置在第四步处。

2.1.4 考核时间

180 min。具体可根据实际考核情况调整。

2.1.5 考核评分标准

满分 70 分。考核评分标准见表 2.1。第 1～10 项为集体考核项目，考核得分即为每个人得分；第 11～12 项为个人考核项目。各项目所扣分数总和不得超过该项应得分值。

表 2.1 考核评分标准

序号	项目	扣分标准	应得分值
1	垫木和底座	未设置垫木的，扣 6 分；设置不正确的，每处扣 2 分；未设置底座的，每处扣 2 分	6
2	立杆	杆件间距尺寸偏差超过规定值的，每处扣 2 分；立杆垂直度偏差超过规定值的，每处扣 2 分；连接不正确的，每处扣 2 分	6
3	扫地杆	未设置扫地杆的，扣 6 分；设置不正确的，每处扣 2 分	6
4	纵向水平杆	杆件间距尺寸偏差超过规定值的，每处扣 1 分；设置不正确的，每处扣 2 分	4
5	横向水平杆	未设置横向水平杆的，每处扣 2 分；设置不正确的，每处扣 1 分	4
6	连墙件	连墙件数量不足的，每缺少一处扣 4 分；设置位置错误的，每处扣 2 分；设置方法错误的，每处扣 2 分	8
7	剪刀撑	未设置剪刀撑的，扣 6 分；设置不正确的，每处扣 2 分	6
8	扣件拧紧扭力矩	随机抽查 4 个扣件的拧紧扭力矩，不符合要求的，每处扣 2 分	4
9	安全网	未设置首层平网的，扣 4 分；未设置随层平网的，扣 4 分；未挂设密目式安全网的，扣 4 分；安全网设置不符合要求的，每处扣 2 分	8
10	操作层防护	未设置挡脚板的，扣 4 分；设置不正确的，每处扣 2 分。未设置防护栏杆的，扣 4 分；设置不正确的，每处扣 2 分。未设置脚手板的，扣 8 分；未满铺的，扣 2～6分。未按规定进行对接或搭接的，每处扣 2 分；出现探头板的，扣 8 分。	8
11	个人安全防护用品使用	未佩戴安全帽的，扣 4 分；佩戴不正确的，扣 2 分。高处悬空作业时未系安全带的，扣 4 分；系挂不正确的，扣 2 分	4
12	扭力扳手的使用	不能正确使用扭力扳手测量扣件拧紧扭力矩的，扣 6 分	6
合计			70

注：1. 本考题中脚手架的步距、纵距和横距，各地可根据当地实际情况，依据《建筑施工扣件式钢管脚手架安全技术规范》自行确定；

2. 本考题也可采用碗扣式脚手架、门式脚手架、竹脚手架、木脚手架，考核项目和评分标准由各地自行拟定。

2.2 查找满堂脚手架(模板支架)存在的安全隐患

2.2.1 考核设备和器具

1. 已搭设好的模板支架，高度 3～5 m，上部无荷载。其中设置构造缺陷(问题)若干处。

2. 个人安全防护用品、计时器 1 个。

2.2.2 考核方法

由考生检查已搭设好的模板支架，在规定时间内查找出 5 处存在的缺陷(问题)并说明原因。

2.2.3 考核时间

20 min。

2.2.4 考核评分标准

满分 20 分。在规定时间内每准确查找出一处缺陷(问题)并正确说明原因的，得 4 分；查找出缺陷(问题)但未正确说明原因的，得 2 分。

2.3 扣件式钢管脚手架部件的判废

2.3.1 考核器具

1. 钢管、扣件等实物或图示、影像资料(包括达到报废标准和有缺陷的)；

2. 其他器具：计时器 1 个。

2.3.2 考核方法

1. 从钢管实物或图示、影像资料中随机抽取 2 件(张)，由考生判断其是否存在缺陷或达到报废标准，并说明原因。

2. 从扣件实物或图示、影像资料中随机抽取 2 件(张)，由考生判断其是否存在缺陷或达到报废标准，并说明原因。

2.3.3 考核时间

10 min。

2.3.4 考核评分标准

满分 10 分。在规定时间内能正确判断并说明原因的，每项得 2.5 分；判断正确但不能准确说明原因的，每项得 1.5 分。

3 **建筑架子工**(附着升降脚手架)**安全操作技能考核标准**(试行)

3.1 附着升降脚手架现场安装、升降作业

3.1.1 考核场地、设施

1. 具备搭设附着升降脚手架条件的场地；

2. 具备搭设附着升降脚手架条件的建筑物或构筑物。

3.1.2 考核料具

1. 钢管：规格 $\Phi48\times3.5$，长度 6 m、5 m、4 m、3 m、2 m、1.2 m 若干(其中包含不合格品)；

2. 扣件：直角扣件、旋转扣件、对接扣件、防滑扣件若干(其中包含不合格品)；

3. 设备：三套升降机构(动力设备为电动葫芦)、便携式控制箱；

4. 水平梁(桁)架、竖向主框架及配件；

5. 方木、脚手板、挡脚板、密目式安全网、安全平网、系绳、铁丝若干；

6. 工具：钢卷尺、扳手、小钢锯、水平尺、线锤、钢丝钳、计时器等；

7. 个人安全防护用品。

3.1.3 考核方法

A 三套升降机构的附着升降脚手架安装

每次 3 组、每 4 位考生一组，3 组共同按照图 3.1.3 搭设包含带转角、三套升降机构的附着升降脚手架。上部为扣件式钢管脚手架，长 8 跨、高 2～5 步。

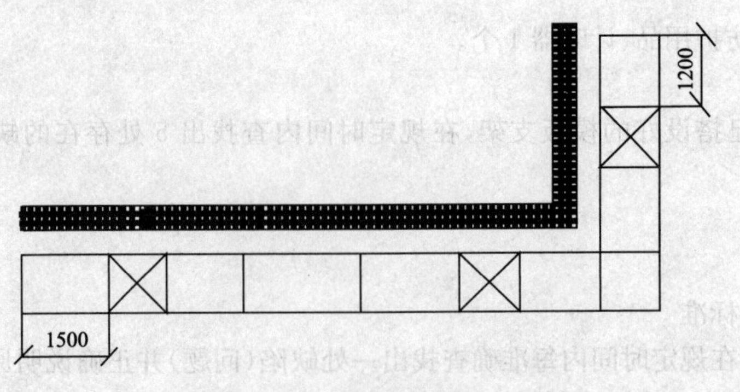

图 3.1.3　架体搭设平面布置示意图

B　升降作业

每次 3 组，每 4 位考生一组，每组负责一个机位，操作 3 套升降机构的升降作业。

3.1.4　考核时间

100 min。具体可根据实际考核情况调整。

3.1.5　考核评分标准

A　三套升降机构的附着升降脚手架安装

满分 80 分，考核评分标准见表 3.1.5－1。第 1～12 项为集体考核项目，考核得分即为每个人得分；第 13 项为个人考核项目。各项目所扣分数总和不得超过该项应得分值。

表 3.1.5－1　考核评分标准

序号	项目	扣分标准	应得分值
1	材料选用	使用不合格的钢管、扣件的，每件扣 2 分	4
2	水平梁(桁)架、竖向主框架安装	水平梁(桁)架及竖向主框架在两相邻附着支承结构处的高差超过规定值的，每处扣 2 分。竖向主框架和防倾装置的垂直偏差超过规定值的，每处扣 2 分；使用扣件连接的，每处扣 2 分	8
3	杆件间距	杆件间距尺寸偏差超过规定值的，每处扣 2 分	4
4	水平杆	纵向水平杆间距尺寸偏差超过规定值的，每处扣 1 分；设置不正确的，每处扣 2 分。未设置横向水平杆的，每处扣 2 分；设置不正确的，每处扣 1 分	4
5	立杆	立杆垂直度偏差超过规定值的，每处扣 2 分；连接不正确的，每处扣 2 分	4
6	操作层防护	未设置挡脚板的，扣 4 分；设置不正确的，每处扣 2 分。未设置防护栏杆的，扣 4 分；设置不正确的，每处扣 2 分。未设置脚手板的，扣 8 分；未满铺的，扣 2～6 分。未按规定进行对接或搭接的，每处扣 2 分；出现探头板的，扣 8 分	8
7	扣件拧紧扭力矩	随机抽查 4 个扣件的拧紧扭力矩，不符合要求的，每处扣 2 分	4
8	安全网	未设置首层平网、作业层平网和密目式安全网的，每项扣 4 分；设置不符合要求的，每处扣 2 分	8
9	附着支承结构安装	穿墙螺杆松动、双螺母缺失的，每处扣 4 分。未设置垫板的，每处扣 4 分；垫板不符合要求的，每处扣 2 分	8
10	电动葫芦连接件的安装	电动葫芦安装不牢固、传动部分不灵活的，每处扣 2 分。连接件缺损的，扣 4 分；使用非标准连接件的，扣 4 分；安装不牢固的，扣 4 分	12

续上表

序号	项目	扣分标准	应得分值
11	防倾装置安装	防倾导轨(座)变形、导轮缺损的,每处扣2分;防倾导轨(座)、导轮安装不牢的,每处扣2分	4
12	防坠装置调试	调试不到位、动作不可靠的,每处扣4分	8
13	个人安全防护用品使用	未佩戴安全帽的,扣4分;佩戴不正确的,扣2分。高处悬空作业未系安全带的,扣4分;系挂不正确的扣2分	4
合计			80

B　升降作业

满分80分,考核评分标准见表3.1.5－2。第1～13项为集体考核项目,考核得分即为每个人得分;第14项为个人考核项目。各项目所扣分数总和不得超过该项应得分值。

表3.1.5－2　考核评分标准

序号	项目	扣分标准	应得分值
1	升降前作业	连墙构件安装、检查 穿墙螺杆固定不牢、缺失螺母的,每处扣4分;未设置垫板的,每处扣4分;垫板不符合要求的,每处扣2分	8
2	电动葫芦及连接件的安装	电动葫芦传动不灵,各个电动葫芦预紧张力不均,环链绞接的,每处扣4分。连接件固定不牢、受力不均的,每处扣2分;使用非标准连接件的,每处扣2分	10
3	供、用电线路检查	未对供、用电线路检查的,扣4分;电缆缠绕,绑扎不牢的,每处扣2分	4
4	防倾装置检查	防倾导轨(座)固定不牢、导轮有破损的,每处扣3分	6
5	防坠装置调试	未进行调试复位的,每处扣4分	8
6	障碍物清理	未对妨碍升降的障碍物进行清理的,每处扣2分	4
7	升降作业	相邻提升点间的高差 相邻提升点间的高差调整达不到标准要求的,扣4分	4
8	架体垂直度	架体垂直度调整达不到标准要求的,扣4分	4
9	架体与墙体距离	架体与墙体距离调整达不到标准要求的,扣4分	4
10	升降后作业	防坠装置锁定 电动葫芦卸载前,防坠装置未可靠锁定的,每处扣4分	8
11	防倾装置检查	防倾导轨(座)固定不牢、导轮有破损的,每处扣3分	6
12	架体加固	未按标准要求设置架体与墙体间硬拉结的,每少一处扣3分	6
13	架体与墙体间防护	架体与墙体间的封闭未恢复的,扣4分;封闭不严的,每处扣2分	4
14	个人安全防护用品使用	未佩戴安全帽的,扣4分;佩戴不正确的,扣2分。高处悬空作业时未系安全带的,扣4分;系挂不正确的,扣2分	4
合计			80

注:1. 本考题分A、B两个题,即附着升降脚手架安装和升降作业,在考核时可任选一题;

2. 本考题也可采用液压等其他动力升降形式的附着升降脚手架,考核项目和考核评分标准由各地自行拟定。

3. 考核过程中,现场应设置2名以上的考评人员。

3.2 故障识别判断

3.2.1 考核器具

1.设置电动葫芦卡链、防倾装置出轨等故障；

2.其他器具：计时器1个。

3.2.2 考核方法

由考生识别判断电动葫芦卡链、防倾装置出轨等故障(对每个考生只设置2个)。

3.2.3 考核时间

15 min。

3.2.4 考核评分标准

满分10分。在规定时间内正确识别判断的，每项得5分。

3.3 紧急情况处置

3.3.1 考核器具

1.设置相邻机位不同步、突然断电等紧急情况或图示、影像资料；

2.其他器具：计时器1个。

3.3.2 考核方法

由考生对相邻机位不同步、突然断电等紧急情况或图示、影像资料中所示的紧急情况进行描述，并口述处置方法。对每个考生设置一种。

3.3.3 考核时间

10 min。

3.3.4 考核评分标准

满分10分。在规定时间内对存在的问题描述正确并正确叙述处置方法的，得10分；对存在的问题描述正确，但未能正确叙述处置方法的，得5分。

4 建筑起重信号司索工安全操作技能考核标准(试行)

4.1 起重吊运指挥信号的运用

4.1.1 考核器具

1.起重吊运指挥信号用红、绿色旗1套，指挥用哨子1只，计时器1个；

2.个人安全防护用品。

4.1.2 考核方法

在考评人员的指挥下，考生分别使用音响信号与手势信号配合、音响信号与旗语信号配合，各完成《起重吊运指挥信号》(GB 5082)中规定的5个指挥信号动作。

4.1.3 考核时间

10 min。具体可根据实际模拟情况调整。

4.1.4 考核评分标准

满分30分。按标准完成一个动作得3分。

4.2 装置绳卡

4.2.1 考核器具

1.3种不同规格钢丝绳(每种钢丝绳长度为3～4 m)；

2.不同规格的绳卡各5只；

3.其他器具：扳手2把、计时器1个；

4.个人安全防护用品。

4.2.2　考核方法

由考生装置一组钢丝绳绳卡。

4.2.3　考核时间

10 min。

4.2.4　考核评分标准

满分 10 分。绳卡规格与钢丝绳不匹配的(或者绳卡数量不符合要求、绳卡设置方向错误的),不得分;螺栓扣紧度、绳卡间距、安全弯(绳头)设置不符合要求的,每项扣 2 分。

4.3　穿绕滑轮组

4.3.1　考核器具

1. 滑轮组 2 副,长度为 4 m 的麻绳(或化学纤维绳)2 根,计时器 1 个;

2. 个人安全防护用品。

4.3.2　考核方法

由考生分别采用顺穿法和花穿法各穿绕一副滑轮组。

4.3.3　考核时间

5 min。

4.3.4　考核评分标准

满分 10 分。在规定时间内穿绕正确、规范的,每副得 5 分;穿绕基本正确,但不规范的,每副得 2 分。

4.4　编打绳结

4.4.1　考核器具

1. 长度 1 m 的麻绳(或化学纤维绳)若干段;

2. 其他器具:计时器 1 个。

4.4.2　考核方法

由考生编打 2 种绳结,并说明其应用场合。

4.4.3　考核时间

5 min。

4.4.4　考核评分标准

满分 10 分。在规定时间内编打正确,并正确说明其应用场合的,每种得 5 分;编打正确,但不能正确说明其应用场合的,每种得 3 分;编打错误,但能够正确说明其应用场合的,每种得 2 分。

4.5　起重吊具、索具和机具的识别判断

4.5.1　考核器具

1. 不同规格的钢丝绳若干;

2. 卸扣、绳卡、千斤顶、倒链滑车、绞磨、手扳葫芦、电动葫芦等起重吊、索具和机具实物或图示、影像资料;

3. 其他器具:计时器 1 个。

4.5.2　考核方法

1. 随机抽取 2 根不同规格的钢丝绳,由考生判断钢丝绳的规格;

2. 从起重吊、索具和机具实物或图示、影像资料中随机抽取 5 种,由考生识别并说明其名称。

4.5.3　考核时间

10 min。

4.5.4　考核评分标准

满分 10 分。在规定时间内正确判断一种规格钢丝绳，得 2.5 分；在规定时间内正确识别一种起重吊具、索具和机具的，得 1 分。

4.6　钢丝绳、卸扣、绳卡和吊钩的判废

4.6.1　考核器具

1. 钢丝绳、卸扣、绳卡、吊钩等实物或图示、影像资料(包括达到报废标准和有缺陷的)；

2. 其他器具：计时器 1 个。

4.6.2　考核方法

从钢丝绳、卸扣、吊钩、绳卡实物或图示、影像资料中随机抽取 4 件(张)，由考生判断其是否达到报废标准或有缺陷，并说明原因。

4.6.3　考核时间

8 min。

4.6.4　考核评分标准

满分 10 分。在规定时间内正确判断并说明原因的，每项得 2.5 分；判断正确但不能准确说明原因的，每项得 1 分。

4.7　重量估算

4.7.1　考核器具

1. 各种规格钢丝绳、麻绳若干；

2. 钢构件(管、线、板、型材组成的简单构件)实物或图示、影像资料；

3. 其他器具：计时器 1 个；

4. 个人安全防护用品。

4.7.2　考核方法

1. 从各种规格钢丝绳、麻绳中随机分别抽取一种规格的钢丝绳和麻绳，由考生分别计算钢丝绳、麻绳的破断拉力、允许拉力；

2. 随机抽取两种钢构件实物或图示、影像资料，由考生估算其重量，并判断其重心位置。

4.7.3　考核时间

10 min。具体可根据实际考核情况调整。

4.7.4 考核评分标准

满分 20 分，考核评分标准见表 4.7。

表 4.7　考核评分标准

序号	扣分标准	应得分值
1	钢丝绳、麻绳破断拉力计算错误的，每项扣 2.5 分	5
2	钢丝绳、麻绳允许拉力计算错误的，每项扣 2.5 分	5
3	钢材估算重量误差超过±10%的，每项扣 2.5 分	5
4	未能正确判定其重心位置的，每项扣 2.5 分	5
合计		20

5 **建筑起重机械司机**(塔式起重机)**安全操作技能考核标准**(试行)

5.1 起吊水箱定点停放(图 5.1、表 5.1)

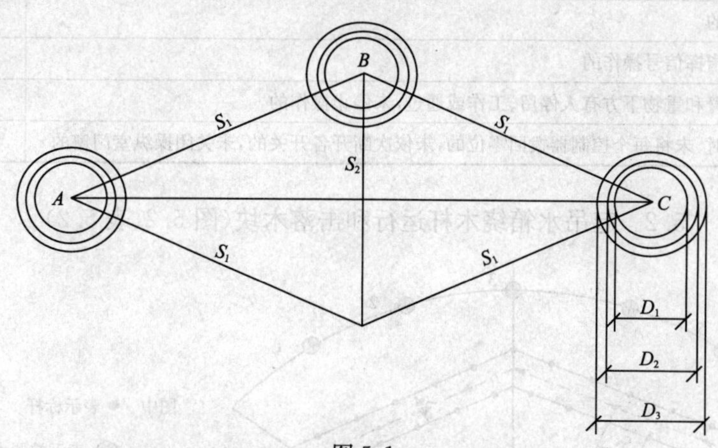

图 5.1

表 5.1

(单位:m)

起重机高度	S_1	S_2	D_1	D_2	D_3
20≤H≤30	18	13	1.7	1.9	2.1

5.1.1 考核设备和器具

1. 设备:固定式 QTZ 系列塔式起重机 1 台,起升高度在 20 m 以上 30 m 以下;

2. 吊物:水箱 1 个。水箱边长 1 000 mm×1 000 mm×1 000 mm,水面距箱口 200 mm,吊钩距箱口 1 000 mm。

3. 其他器具:起重吊运指挥信号用红、绿色旗 1 套,指挥用哨子 1 只,计时器 1 个。

4. 个人安全防护用品。

5.1.2 考核方法

考生接到指挥信号后,将水箱由 A 处吊起,先后放入 B 圆、C 圆内,再将水箱由 C 处吊起,返回放入 B 圆、A 圆内,最后将水箱由 A 处吊起,直接放入 C 圆内。水箱由各处吊起时均距地面 4 000 mm,每次下降途中准许各停顿 2 次。

5.1.3 考核时间

4 min。

5.1.4 考核评分标准

满分 40 分。考核评分标准见表 5.1.4。

表 5.1.4 考核评分标准

序号	扣分项目	扣分值
1	送电前,各控制器手柄未放在零位的	5 分
2	作业前,未进行空载运转的	5 分
3	回转、变幅和吊钩升降等动作前,未发出音响信号示意的	5 分/次
4	水箱出内圆(D1)的	2 分
5	水箱出中圆(D2)的	4 分
6	水箱出外圆(D3)的	6 分

续上表

序号	扣分项目	扣分值
7	洒水的	1～3 分/次
8	未按指挥信号操作的	5 分/次
9	起重臂和重物下方有人停留、工作或通过，未停止操作的	5 分
10	停机时，未将每个控制器拨回零位的，未依次断开各开关的，未关闭操纵室门窗的	5 分/项

5.2 起吊水箱绕木杆运行和击落木块(图 5.2、表 5.2)

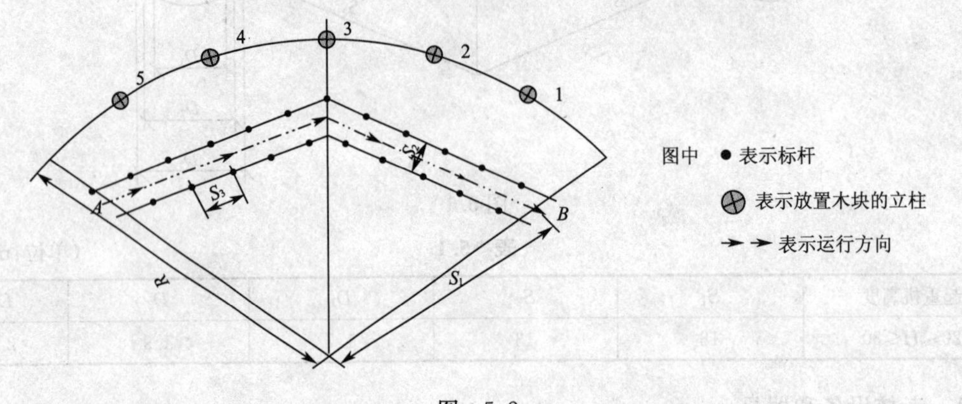

图 5.2

表 5.2 (单位:m)

起重机高度	R	S1	S2	S3
20≤H≤30	19	15	2.0	2.5

5.2.1 考核设备和器具

1.设备:固定式 QTZ 系列塔式起重机 1 台，起升高度在 20 m 以上 30 m 以下。

2.吊物:水箱 1 个。水箱边长 1 000×1 000×1 000 mm，水面距箱口 200 mm，吊钩距箱口 1 000 mm。

3.标杆 23 根，每根高 2 000 mm，直径 20～30 mm；底座 23 个，每个直径 300 mm，厚度 10 mm。

4.立柱 5 根，高度依次为 1 000、1 500、1 800、1 500、1 000 mm，均匀分布在 CD 弧上；立柱顶端分别立着放置 200 mm×200 mm×300 mm 的木块。

5.其他器具:起重吊运指挥信号用红、绿色旗 1 套，指挥用哨子 1 只，计时器 1 个。

6.个人安全防护用品。

5.2.2 考核方法

考生接到指挥信号后，将水箱由 A 处吊离地面 1 000 mm，按图示路线在杆内运行，行至 B 处上方，即反向旋转，并用水箱依次将立柱顶端的木块击落，最后将水箱放回 A 处。在击落木块的运行途中不准开倒车。

5.2.3 考核时间

4 min。具体可根据实际考核情况调整。

5.2.4 考核评分标准

满分 40 分。考核评分标准见表 5.2.4。

表 5.2.4 考核评分标准

序号	扣分项目	扣分值
1	送电前,各控制器手柄未放在零位的	5 分
2	作业前,未进行空载运转的	5 分
3	回转、变幅和吊钩升降等动作前,未发出音响信号示意的	5 分/次
4	碰杆的	2 分/次
5	碰倒杆的	3 分/次
6	碰立柱的	3 分/次
7	未击落木块的	3 分/个
8	未按指挥信号操作的	5 分/次
9	起重臂和重物下方有人停留、工作或通过,未停止操作的	5 分
10	停机时,未将每个控制器拨回零位的,未依次断开各开关的,未关闭操纵室门窗的	5 分/项

5.3 故障识别判断

5.3.1 考核设备和器具

1. 塔式起重机设置安全限位装置失灵、制动器失效等故障或图示、影像资料;

2. 其他器具:计时器 1 个。

5.3.2 考核方法

由考生识别判断安全限位装置失灵、制动器失效等故障或图示、影像资料(对每个考生只设置一种)。

5.3.3 考核时间

10 min。

5.3.4 考核评分标准

满分 5 分。在规定时间内正确识别判断的,得 5 分。

5.4 零部件的判废

5.4.1 考核器具

1. 塔式起重机零部件(吊钩、钢丝绳、滑轮等)实物或图示、影像资料(包括达到报废标准和有缺陷的);

2. 其他器具:计时器一个。

5.4.2 考核方法

从塔机零部件实物或图示、影像资料中随机抽取 2 件(张),由考生判断其是否达到报废标准并说明原因。

5.4.3 考核时间

5 min。

5.4.4 考核评分标准

满分 5 分。在规定时间内正确判断并说明原因的,每项得 2.5 分;判断正确但不能准确说明原因的,每项得 1.5 分。

5.5 识别起重吊运指挥信号

5.5.1 考核器具

1.起重吊运指挥信号图示、影像资料等；

2.其他器具:计时器1个。

5.5.2 考核方法

考评人员做5种起重吊运指挥信号,由考生判断其代表的含义;或从一组指挥信号图示、影像资料中随机抽取5张,由考生回答其代表的含义。

5.5.3 考核时间

5 min。

5.5.4 考核评分标准

满分5分。在规定时间内每正确回答一项,得1分。

5.6 紧急情况处置

5.6.1 考核器具

1.设置塔式起重机钢丝绳意外卡住、吊装过程中遇到障碍物等紧急情况或图示、影像资料;

2.其他器具:计时器1个。

5.6.2 考核方法

由考生对钢丝绳意外卡住、吊装过程中遇到障碍物等紧急情况或图示、影像资料中所示的紧急情况进行描述,并口述处置方法。对每个考生设置一种。

5.6.3 考核时间

10 min。

5.6.4 考核评分标准

满分5分。在规定时间内对存在的问题描述正确并正确叙述处置方法的,得5分;对存在的问题描述正确,但未能正确叙述处置方法的,得3分。

6 建筑起重机械司机(施工升降机)安全操作技能考核标准(试行)

6.1 施工升降机驾驶

6.1.1 考核设备和器具

1.施工升降机1台或模拟机1台,行程高度20 m;

2.其他器具:计时器1个。

6.1.2 考核方法

在考评人员指挥下,考生驾驶施工升降机上升、下降各一个过程;在上升和下降过程中各停层一次。

6.1.3 考核时间

20 min。

6.1.4 考核评分标准

满分60分。考核评分标准见表6.1。

表6.1 考核评分标准

序号	扣分项目	扣分值
1	启动前,未确认控制开关在零位的	5分
2	作业前,未发出音响信号示意的	5分/次
3	运行到最上层或最下层时,触动上、下限位开关的	5分/次

续上表

序号	扣分项目	扣分值
4	停层超过规定距离±20 mm 的	5 分/次
5	未关闭层门启动升降机的	10 分
6	作业后，未将梯笼降到底层、未将各控制开关拨到零位的、未切断电源的、未闭锁梯笼门的	5 分/项

6.2 故障识别判断

6.2.1 考核设备和器具

1. 设置简单故障的施工升降机或图示、影像资料；

2. 其他器具：计时器 1 个。

6.2.2 考核方法

由考生识别判断施工升降机或图示、影像资料设置的 2 个简单故障。

6.2.3 考核时间

10 min。

6.2.4 考核评分标准

满分 15 分。在规定时间内正确识别判断的，每项得 7.5 分。

6.3 零部件判废

6.3.1 考核器具

1. 施工升降机零部件实物或图示、影像资料(包括达到报废标准和有缺陷的)；

2. 其他器具：计时器 1 个。

6.3.2 考核方法

从施工升降机零部件实物或图示、影像资料中随机抽取 2 件(张、个)，由考生判断其是否达到报废标准并说明原因。

6.3.3 考核时间

10 min。

6.3.4 考核评分标准

满分 15 分。在规定时间内正确判断并说明原因的，每项得 7.5 分；判断正确但不能准确说明原因的，每项得 4 分。

6.4 紧急情况处置

6.4.1 考核设备和器具

1. 设置施工升降机电动机制动失灵、突然断电、对重出轨等紧急情况或图示、影像资料；

2. 其他器具：计时器 1 个。

6.4.2 考核方法

由考生对施工升降机电动机制动失灵、突然断电、对重出轨等紧急情况或图示、影像资料中所示的紧急情况进行描述，并口述处置方法。对每个考生设置一种。

6.4.3 考核时间

10 min。

6.4.4 考核评分标准

满分 10 分。在规定时间内对存在的问题描述正确并正确叙述处置方法的，得 10 分；对存在的问题描述正确，但未能正确叙述处置方法的，得 5 分。

7 建筑起重机械司机(物料提升机)安全操作技能考核标准(试行)

7.1 物料提升机的操作

7.1.1 考核设备和器具

1.设备:物料提升机1台,安装高度在10 m以上25 m以下;

2.砝码:在吊笼内均匀放置砝码200 kg;

3.其他器具:哨笛1个,计时器1个。

7.1.2 考核方法

根据指挥信号操作,每次提升或下降均需连续完成,中途不停。

1.将吊笼从地面提升至第一停层接料平台处,停止;

2.从任意一层接料平台处提升至最高停层接料平台处,停止;

3.从最高停层接料平台处下降至第一停层接料平台处,停止;

4.从第一停层接料平台处下降至地面。

7.1.3 考核时间

15 min。

7.1.4 考核评分标准

满分60分 。考核评分标准见表7.1。

表7.1 考核评分标准

序号	扣分项目	扣分值
1	启动前,未确认控制开关在零位的	5分
2	启动前,未发出音响信号示意的	5分/次
3	运行到最上层或最下层时,触动上、下限位开关的	5分/次
4	未连续运行,有停顿的	5分/次
5	到规定停层未停止的	5分/次
6	停层超过规定距离±100 mm的	10分/次
7	停层超过规定距离±50 mm,但不超过±100 mm的	5分/次
8	作业后,未将吊笼降到底层的、未将各控制开关拨到零位的、未切断电源的	5分/项

7.2 故障识别判断

7.2.1 考核设备和器具

1.设置安全装置失灵等故障的物料提升机或图示、影像资料;

2.其他器具:计时器1个。

7.2.2 考核方法

由考生识别判断物料提升机或图示、影像资料设置的安全装置失灵等故障(对每个考生只设置2种)。

7.2.3 考核时间

10 min。

7.2.4 考核评分标准

满分10分。在规定时间内正确识别判断的,每项得5分。

7.3 零部件判废

7.3.1 考核设备和器具

1.物料提升机零部件(钢丝绳、滑轮、联轴节或制动器)实物或图示、影像资料(包括达到报废标准和有缺陷的)；

2. 其他器具：计时器1个。

7.3.2　考核方法

从零部件的实物或图示、影像资料中随机抽取2件(张)，判断其是否达到报废标准(缺陷)并说明原因。

7.3.3　考核时间

10 min。

7.3.4　考核评分标准

满分20分。在规定时间内能正确判断并说明原因的，每项得10分；判断正确但不能准确说明原因的，每项得5分。

7.4　紧急情况处置

7.4.1　考核设备和器具

1. 设置电动机制动失灵、突然断电、钢丝绳意外卡住等紧急情况或图示、影像资料；

2. 其他器具：计时器1个。

7.4.2　考核方法

由考生对电动机制动失灵、突然断电、钢丝绳意外卡住等紧急情况或图示、影像资料中所示的紧急情况进行描述，并口述处置方法。对每个考生设置一种。

7.4.3　考核时间

10 min。

7.4.4　考核评分标准

满分10分。在规定时间内对存在的问题描述正确并正确叙述处置方法的，得10分；对存在的问题描述正确，但未能正确叙述处置方法的，得5分。

8　**建筑起重机械安装拆卸工**(塔式起重机)**安全操作技能考核标准**(试行)

8.1　塔式起重机的安装、拆卸

8.1.1　考核设备和器具

1. QTZ型塔机1台(5节以上标准节)，也可用模拟机；

2. 辅助起重设备1台；

3. 专用扳手1套，吊、索具长、短各1套，铁锤2把，相应的卸扣6个；

4. 水平仪、经纬仪、万用表、拉力器、30 m长卷尺、计时器；

5. 个人安全防护用品。

8.1.2　考核方法

每6位考生一组，在实际操作前口述安装或顶升全过程的程序及要领，在辅助起重设备的配合下，完成以下作业：

A 塔式起重机起重臂、平衡臂部件的安装

安装顺序：安装底座 → 安装基础节→ 安装回转支承 → 安装塔帽 → 安装平衡臂及起升机构 → 安装1～2块平衡重(按使用说明书要求) → 安装起重臂 → 安装剩余平衡重 → 穿绕起重钢丝绳 → 接通电源 →调试 →安装后自验。

B 塔式起重机顶升加节

顶升顺序：连接回转下支承与外套架→ 检查液压系统→ 找准顶升平衡点 → 顶升前锁定回转机构 → 调整外套架导向轮与标准节间隙 →搁置顶升套架的爬爪、标准节踏步与顶升横

梁 → 拆除回转下支承与标准节连接螺栓 →顶升开始 → 拧紧连接螺栓或插入销轴(一般要有2个顶升行程才能加入标准节)→ 加节完毕后油缸复原 → 拆除顶升液压线路及电气。

8.1.3 考核时间

120 min。具体可根据实际考核情况调整。

8.1.4 考核评分标准

A 塔式起重机起重臂、平衡臂部件的安装

满分70分。考核评分标准见表8.1.4－1,考核得分即为每个人得分,各项目所扣分数总和不得超过该项应得分值。

表8.1.4－1 考核评分标准

序号	扣分标准	应得分值
1	未对器具和吊索具进行检查的,扣5分	5
2	底座安装前未对基础进行找平的,扣5分	5
3	吊点位置确定不正确的,扣10分	10
4	构件连接螺栓未拧紧、或销轴固定不正确的,每处扣2分	10
5	安装3节标准节时未用(或不会使用)经纬仪测量垂直度的,扣5分	5
6	吊装外套架索具使用不当的,扣4分	4
7	平衡臂、起重臂、配重安装顺序不正确的,每次扣5分	10
8	穿绕钢丝绳及端部固定不正确的,每处扣2分	6
9	制动器未调整或调整不正确的,扣5分	5
10	安全装置未调试的,每处扣5分;调试精度达不到要求的,每处扣2分	10
合计		70

B 塔式起重机顶升加节

满分70分。考核评分标准见表8.1.4－2,考核得分即为每个人得分,各项目所扣分数总和不得超过该项应得分值。

表8.1.4－2 考核评分标准

序号	扣分标准	应得分值
1	构件连接螺栓未紧固或未按顺序进行紧固的,每处扣2分	10
2	顶升作业前未检查液压系统工作性能的,扣10分	10
3	顶升前未按规定找平衡的,每次扣5分	10
4	顶升前未锁定回转机构的,扣5分	5
5	未能正确调整外套架导向轮与标准节主弦杆间隙的,每处扣5分	15
6	顶升作业未按顺序进行的,每次扣10分	20
合计		70

注:1. 本考题分A、B两个题,即塔式起重机起重臂、平衡臂部件的安装和塔式起重机顶升加节作业,在考核时可任选一题;

2. 本考题也可以考核塔式起重机降节作业和塔式起重机起重臂、平衡臂部件拆卸,考核项目和考核评分标准由各地自行拟定。

3. 考核过程中,现场应设置2名以上的考评人员。

8.2 零部件判废

8.2.1 考核器具

1. 吊钩、滑轮、钢丝绳和制动器等实物或图示、影像资料(包括达到报废标准和有缺陷的);

2. 其他器具:计时器1个。

8.2.2 考核方法

从吊钩、滑轮、钢丝绳、制动器等实物或图示、影像资料中随机抽取3件(张),判断其是否达到报废标准并说明原因。

8.2.3 考核时间

10 min。

8.2.4 考核评分标准

满分15分。在规定时间内能正确判断并说明原因的,每项得5分;判断正确但不能准确说明原因的,每项得3分。

8.3 紧急情况处置

8.3.1 考核设备和器具

1. 设置突然断电、液压系统故障、制动失灵等紧急情况或图示、影像资料;

2. 其他器具:计时器1个。

8.3.2 考核方法

由考生对突然断电、液压系统故障、制动失灵等紧急情况或图示、影像资料中所示紧急情况进行描述,并口述处置方法。对每个考生设置一种。

8.3.3 考核时间

10 min。

8.3.4 考核评分标准

满分15分。在规定时间内对存在的问题描述正确并正确叙述处置方法的,得15分;对存在的问题描述正确,但未能正确叙述处置方法的,得7.5分。

9 **建筑起重机械安装拆卸工**(施工升降机)**安全操作技能考核标准**(试行)

9.1 施工升降机的安装和调试

9.1.1 考核设备和器具

1. 导轨架底节、标准节(导轨架)6节、附着装置1套,吊笼1个;

2. 辅助起重设备;

3. 扳手1套、扭力扳手、安全器复位专用扳手、经纬仪、线柱小撬棒2根、道木4根、塞尺、计时器;

4. 个人安全防护用品。

9.1.2 考核方法

每5位考生一组,在辅助起重设备的配合下,完成以下作业:

1. 安装标准节(导轨架)和一道附着装置,并调整其垂直度;

2. 安装吊笼,并对就位的吊笼进行手动上升操作,调整滚轮及背轮的间隙;

3. 防坠安全器动作后的复位调整。

9.1.3 考核时间

240 min。具体可根据实际模拟情况调整。

9.1.4 考核评分标准

满分70分。考核评分标准见表9.1,考核得分即为每个人得分,各项目所扣分数总和不得超过该项应得分值。

表 9.1 施工升降机安装和调试考核评分标准

序号	扣分项目	扣分标准	应得分值
1	架体、吊笼安装及垂直度的调整 螺栓紧固力矩未达标准的	每处扣 2 分	10
2	导轨架垂直度未达标准的	扣 10 分	10
3	未按照工艺流程安装的	扣 15 分	15
4	吊笼滚轮及背轮间隙的调整 滚轮间隙调整未达标准的	每处扣 4 分	4
5	背轮间隙调整未达标准的	每处扣 4 分	4
6	手动下降未达要求的	扣 2 分	2
7	未按照工艺流程操作的	扣 15 分	15
8	防坠安全器复位调整 复位前未对升降机进行检查的	扣 3 分	3
9	复位前未上升吊笼使离心块脱档的	扣 5 分	5
10	复位后指示销未与外壳端面平齐的	扣 2 分	2
合计			70

9.2 故障识别判断

9.2.1 考核器具

1. 设置故障的施工升降机或图示、影像资料；

2. 其他器具：计时器 1 个。

9.2.2 考核方法

由考生识别判断施工升降机或图示、影像资料设置的 2 个故障。

9.2.3 考核时间

10 min。

9.2.4 考核评分标准

满分 10 分。在规定时间内正确识别判断的，每项得 5 分。

9.3 零部件判废

9.3.1 考核器具

1. 施工升降机零部件实物或图示、影像资料（包括达到报废标准和有缺陷的）；

2. 其他器具：计时器 1 个。

9.3.2 考核方法

从施工升降机零部件实物或图示、影像资料中随机抽取 2 件（张），由考生判断其是否达到报废标准并说明原因。

9.3.3 考核时间

10 min。

9.3.4 考核评分标准

满分 10 分。在规定时间内正确判断并说明原因的，每项得 5 分；判断正确但不能准确说明原因的，每项得 3 分。

9.4 紧急情况处置

9.4.1 考核器具

1. 设置施工升降机电动机制动失灵、突然断电、对重出轨等紧急情况或图示、影像资料；

2. 其他器具：计时器 1 个。

9.4.2　考核方法

由考生对施工升降机电动机制动失灵、突然断电、对重出轨等紧急情况或图示、影像资料中所示的紧急情况进行描述，并口述处置方法。对每个考生设置一种。

9.4.3　考核时间

10 min。

9.4.4　考核评分标准

满分 10 分。在规定时间内对存在的问题描述正确并正确叙述处置方法的，得 10 分；对存在的问题描述正确，但未能正确叙述处置方法的，得 5 分。

10　建筑起重机械安装拆卸工（物料提升机）安全操作技能考核标准（试行）

10.1　物料提升机的安装与调试

10.1.1　考核设备和器具

1. 满足安装运行调试条件的物料提升机部件 1 套（架体钢结构杆件、吊笼、安全限位装置、滑轮组、卷扬机、钢丝绳及紧固件等），或模拟机 1 套；

2. 机具：起重设备、扭力扳手、钢丝绳绳卡、绳索；

3. 其他器具：哨笛 1 个、塞尺 1 套、计时器 1 个；

4. 个人安全防护用品。

10.1.2　考核方法

每 5 名考生一组，在辅助起重设备的配合下，完成以下作业：

1. 安装高度 9 m 左右的物料提升机；

2. 对吊笼的滚轮间隙进行调整；

3. 对安全装置进行调试。

10.1.3　考核时间

180 min，具体可根据实际模拟情况调整。

10.1.4　考核评分标准

满分 70 分。考核评分标准见表 10.1，考核得分即为每个人得分，各项目所扣分数总和不得超过该项应得分值。

表 10.1　考核评分标准

序号	扣分项目		扣分标准	应得分值
1	整机安装	杆件安装和螺栓规格选用错误的	每处扣 5 分	10
2		漏装螺栓、螺母、垫片的	每处扣 2 分	5
3		未按照工艺流程安装的	扣 10 分	10
4		螺母紧固力矩未达标准的	每处扣 2 分	5
5		未按照标准进行钢丝绳连接的	每处扣 2 分	5
6		卷扬机的固定不符合标准要求的	扣 5 分	5
7		附墙装置或缆风绳安装不符合标准要求的	每组扣 2 分	5
8	吊笼滚轮间隙调整	吊笼滚轮间隙过大或过小的	每处扣 2 分	5
9		螺栓或螺母未锁住的	每处扣 2 分	5
10	安全装置进行调试	安全装置未调试的	每处扣 5 分	10
11		调试精度达不到要求的	每处扣 2 分	5
合计				70

10.2 零部件的判废

10.2.1 考核设备和器具

1. 物料提升机零部件(钢丝绳、滑轮、联轴节或制动器)实物或图示、影像资料(包括达到报废标准和有缺陷的);

2. 其他器具:计时器1个。

10.2.2 考核方法

从零部件的实物或图示、影像资料中随机抽取2件(张),由考生判断其是否达到报废标准(缺陷)并说明原因。

10.2.3 考核时间

10 min。

10.2.4 考核评分标准

满分20分。在规定时间内能正确判断并说明原因的,每项得10分;判断正确但不能准确说明原因的,每项得5分。

10.3 紧急情况处置

10.3.1 考核器具

1. 设置电动机制动失灵、突然断电、钢丝绳意外卡住等紧急情况或图示、影像资料;

2. 其他器具:计时器1个。

10.3.2 考核方法

由考生对电动机制动失灵、突然断电、钢丝绳意外卡住等紧急情况或图示、影像资料所示的紧急情况进行描述,并口述处置方法。对每个考生设置一种。

10.3.3 考核时间

10 min。

10.3.4 考核评分标准

满分10分。在规定时间内对存在的问题描述正确并正确叙述处置方法的,得10分;对存在的问题描述正确,但未能正确叙述处置方法的,得5分。

11 高处作业吊篮安装拆卸工安全操作技能考核标准(试行)

11.1 高处作业吊篮的安装与调试

11.1.1 考核设备和器具

1. 高处作业吊篮1套(悬挂机构、提升机、吊篮、安全锁、提升钢丝绳、安全钢丝绳);

2. 安装工具1套、计时器1个;

3. 个人安全防护用品。

11.1.2 考核方法

每4位考生一组,在规定时间内完成以下作业:

1. 高处作业吊篮的整机安装;

2. 提升机、安全锁安装调试。

11.1.3 考核时间

60 min,具体可根据实际模拟情况调整。

11.1.4 考核评分标准

满分80分。考核评分标准见表11.1,考核得分即为每个人得分,各项目所扣分数总和不得超过该项应得分值。

表 11.1 考核评分标准

序号	扣分项目	扣分标准	应得分值
1	整机安装 钢丝绳绳卡规格、数量不符合要求的	每处扣 2 分	6
2	钢丝绳绳卡设置方向错误的	每处扣 2 分	4
3	配重安装数量不足的	每缺少一块扣 2 分	6
4	配重未固定或固定不牢的	扣 10 分	10
5	支架安装螺栓数量不足或松动的	每处扣 2 分	6
6	前后支架距离不符合要求的	扣 10 分	10
7	提升机、安全锁安装调试与升降操作 提升机、安全锁安装不正确的	每项扣 3 分	6
8	提升(安全)钢丝绳穿绕方式不符合要求的	扣 8 分	8
9	防倾安全锁防倾功能试验不符合要求的	扣 6 分	6
10	吊篮升降调试不符合要求的	扣 6 分	6
11	吊篮升降操作不符合要求的	扣 6 分	6
12	手动下降操作不符合要求的	扣 6 分	6
合计			80

11.2 零部件判废

11.2.1 考核器具

1. 高处作业吊篮零部件实物或图示、影像资料(包括达到报废标准和有缺陷的);

2. 其他器具:计时器 1 个。

11.2.2 考核方法

从高处作业吊篮零部件实物或图示、影像资料中随机抽取 2 件(张),由考生判断其是否达到报废标准并说明原因。

11.2.3 考核时间

10 min。

11.2.4 考核评分标准

满分 10 分。在规定时间内正确判断并说明原因的,每项得 5 分;判断正确但不能准确说明原因的,每项得 3 分。

11.3 紧急情况处理

11.3.1 考核器具

1. 设置突然停电、制动失灵、工作钢丝绳断裂和卡住等紧急情况或图示、影像资料;

2. 其他器具:计时器 1 个。

11.3.2 考核方法

由考生对突然停电、制动失灵、工作钢丝绳断裂和卡住等紧急情况或图示、影像资料中所示的紧急情况进行描述,并口述处置方法。对每个考生设置一种。

11.3.3 考核时间

10 min。

11.3.4 考核评分标准

满分 10 分。在规定时间内对存在的问题描述正确并正确叙述处置方法的,得 10 分;对存在的问题描述正确,但未能正确叙述处置方法的,得 5 分。

第十章　复　习　题

一、单项选择题

1. 宪法是我国安全生产法律法规中的(　　)。

A. 根本法　　B. 基本法　　C. 最高法规

答案:A

2. 宪法规定:中华人民共和国公民有(　　)的权利和义务。

A. 劳动　　B. 干活　　C. 改善劳动条件

答案:A

3.《中华人民共和国建筑法》自(　　)起施行。

A. 1997 年 11 月 1 日　　B. 1998 年 3 月 1 日　　C. 2002 年 11 月 1 日

答案:B

4.《安全生产法》自(　　)起施行。

A. 2002 年 6 月 29 日　　B. 2002 年 11 月 1 日　　C. 2002 年 10 月 1 日

答案:B

5.《建设工程安全生产管理条例》自(　　)起施行。

A. 2003 年 11 月 12 日　　B. 2002 年 11 月 1 日　　C. 2004 年 2 月 1 日

答案:C

6.《安全生产法》规定:国家对危及生产安全的工艺、设备实行(　　)制度。

A. 租赁　　B. 使用　　C. 淘汰　　D. 禁止

答案:C

7. 建设单位应当在拆除工程施工(　　)前,将有关资料报送建设工程所在地县级以上人民政府建设行政主管部门或者其他有关部门备案。

A. 45 日　　B. 40 日　　C. 30 日　　D. 15 日

答案:D

8. 检验检测机构对检测合格的施工起重机械和整体提升脚手架、模板等自升式架设设施,应当出具(　　),并对检测结果负责。

A. 使用说明书　　B. 检测报告　　C. 安全合格证明文件

答案:C

9. 建设工程施工前,施工单位负责项目管理的(　　)应当对有关安全施工的技术要求向施工作业班组作业人员作出详细说明,并由双方签字确认。

A. 技术人员　　B. 资料员　　C. 管理人员　　D. 项目经理

答案:A

10. 施工单位应当在施工现场入口处、施工起重机械、临时用电设施、脚手架、出入通道口、楼梯口、电梯井口、孔洞口、桥梁口、隧道口、基坑边沿、爆破物及有害危险气体和液体存放处等危险部位，设置明显的(　　)。

A. 安全色　　B. 安全图标　　C. 指示标志　　D. 安全警示标志

答案:D

11. 施工单位应当自施工起重机械和整体提升脚手架、模板等自升式架设设施验收合格之日起(　　)内，向建设行政主管部门或者其他有关部门登记。

A. 15 日　　B. 20 日　　C. 30 日　　D. 45 日

答案:C

12.《国务院关于修改〈特种设备安全监察条例〉的决定》，自(　　)施行。

A. 2009 年 1 月 14 日　　B. 2003 年 5 月 1 日　　C. 2009 年 3 月 1 日　　D. 2009 年 5 月 1 日

答案:D

13. 特种设备在投入使用前或者投入使用后(　　)内，特种设备使用单位应当向直辖市或者设区的市的特种设备安全监督管理部门登记。

A. 10 日　　B. 15 日　　C. 20 日　　D. 30 日

答案:D

14. 特种设备在安全检验合格有效期届满前(　　)，向特种设备检测机构提出定期检验要求，未经定期检验或者检验不合格的特种设备，不得继续使用。

A. 1 个月　　B. 2 个月　　C. 3 个月　　D. 15 天

答案:A

15.《建筑起重机械安全监督管理规定》自(　　)起施行。

A. 2008 年 1 月 8 日　　B. 2008 年 6 月 1 日　　C. 2008 年 5 月 1 日

答案:B

16. 实行工程施工总承包的，建筑起重机械安装完毕后，由(　　)单位组织验收。

A. 施工总承包　　B. 建设单位　　C. 分包单位　　D. 监理单位

答案:A

17. 劳动保障行政部门应将《工伤认定决定书》于决定作出之日起(　　)内分别送达用人单位、职工或者其直系亲属。

A. 20 日　　B. 10 日　　C. 15 日　　D. 30 日

答案:A

18. 劳动功能障碍分为(　　)伤残等级。

A. 8 个　　B. 6 个　　C. 10 个　　D. 12 个

答案:C

19.《劳动法》规定:用人单位必须建立、健全劳动安全卫生制度，严格执行国家劳动安全卫生规程和标准，对劳动者进行(　　)，防止劳动过程中的事故，减少职业危害。

A. 文化知识　　B. 法律法规学习

C. 操作规程教育　　D. 劳动安全卫生教育

答案:D

20. 建筑施工特种作业人员的考核内容应当包括(　　)。

A. 安全技术理论　　B. 实际操作　　C. 安全技术理论和实际操作

答案:C

21. 考核发证机关应当自收到申请人提交的申请材料之日起(　　)工作日内依法作出受理或者不予受理决定。

A. 5 个　　B. 10 个　　C. 15 个　　D. 3 个

答案:A

22. 用人单位对于首次取得建筑施工特种作业资格证书的人员,应当在其正式上岗前安排不少于(　　)的实习操作。

A. 1 个月　　B. 2 个月　　C. 3 个月

答案:C

23. 特种作业资格证书有效期满需要延期的,建筑施工特种作业人员应当于期满前(　　)内向原考核发证机关申请办理延期复核手续。

A. 1 个月　　B. 2 个月　　C. 3 个月　　D. 6 个月

答案:C

24. 考核发证机关在收到建筑施工特种作业人员提交的延期复核资料齐全且符合规定的,自受理之日起(　　)工作日内办理准予延期复核手续,并在证书上注明延期复核合格,并加盖延期复核专用章。

A. 10 个　　B. 5 个　　C. 7 个　　D. 15 个

答案:A

25. 县级以上地方人民政府(　　)部门应当监督检查建筑施工特种作业人员从业活动,查处违章作业行为并记录在档。

A. 劳动保障　　B. 国务院　　C. 安全监督　　D. 建设主管

答案:D

26. 首次取得《建筑施工特种作业操作资格证书》的人员实习操作不得少于(　　)。

A. 3 个月　　B. 1 个月　　C. 2 个月　　D. 6 个月

答案:A

27. 职业道德是指从事一定职业劳动的人们,在特定的工作和劳动中以其内心信念和特殊社会手段来维系的,以(　　)进行评价的心理意识、行为原则和行为规范的总和。

A. 真假　　B. 美丑　　C. 善恶

答案:C

28. 从业人员应该充分发挥(　　),积极给领导提出合理化建议,帮助领导排忧解难。

A. 客观能动性　　B. 服从安排　　C. 主观能动性

答案:C

29. 职业道德属于(　　)范畴,是一种自律信条,确立正确的人生观是职业道德修养的前提。

A. 思想意识　　B. 行为意识　　C、法律关系

答案:A

30. 遵守劳动纪律,有时候需要强制的手段,不遵守劳动纪律可能会受到(　　)。

A. 惩罚　　B. 奖励　　C. 罚款

答案:A

31. 生产经营单位的(　　)必须按照国家有关规定经专门的安全作业培训,取得特种作业操作资格证书,方可上岗作业。

A. 特种作业人员　　　B. 所有从业人员　　　C. 警卫人员

答案:A

32. 三级安全教育中项目经理部教育培训教育的时间不得少于(　　)学时。

A. 15　　　B. 20　　　C. 18

答案:A

33. 三级安全教育中班组教育培训教育的时间不得(　　)学时。

A. 多于 20　　　B. 少于 20　　　C. 少于 15

答案:B

34. 建筑施工企业建立健全新入场工人的三级教育档案,(　　)必须有教育者和被教育者本人签字,培训教育完成后,应分工种进行考试或考核合格后,方可上岗作业。

A. 三级教育记录卡　　　B. 安全技术交底　　　C. 安全考核记录

答案:A

35. 自我保护能力就是职工对所在的工作岗位的(　　)的认识,对可能出现的不安全因素的判断及能否及时、正确处理即将出现的危害的应变能力。

A. 难易程度　　　B. 危险程度　　　C. 好坏程度

答案:B

36. 高处作业是指凡在(　　)2 m 以上(含 2 m)有可能坠落的高处进行的作业。

A. 坠落高度基准面　　　B. 地面　　　C. 屋面

答案:A

37. 高处作业是指凡在坠落高度基准面(　　)有可能坠落的高处进行的作业。

A. 2 m 以上(含 2 m)　　　B. 3 m　　　C. 1 m

答案:A

38. 高处作业高度是指作业区各作业位置至相应坠落高度基准面的垂直距离中的(　　)。

A. 平均值　　　B. 最大值　　　C. 最小值

答案:B

39. 为确定可能坠落范围而规定的相对于作业位置的一段(　　)称为可能坠落范围半径。

A. 水平距离　　　B. 垂直距离　　　C. 基准面高度

答案:A

40. 高处作业高度在 2～5 m 时,称为(　　)高处作业。

A. 一级　　　B. 二级　　　C. 三级　　　D. 特级

答案:A

41. 高处作业高度在 5～15 m 时,称为(　　)高处作业。

A. 一级　　　B. 二级　　　C. 三级　　　D. 特级

答案:B

42. 高处作业高度在 15～30 m 时,称为(　　)高处作业。

A. 一级　　　B. 二级　　　C. 三级　　　D. 特级

答案:C

43. 高处作业高度在 30 m 以上时,称为(　　)高处作业。

A. 一级　　　B. 二级　　　C. 三级　　　D. 特级

答案:D

44. 在阵风风力（　　）（风速 10.8 m/s）以上的情况下进行的高处作业，称为强风高处作业。

A. 6 级　　B. 7 级　　C. 8 级

答案：A

45. 在高温或低温环境下进行的高处作业，称为（　　）高处作业。

A. 异温　　B. 雪天　　C. 雨天

答案：A

46. 降雪时进行的高处作业，称为（　　）高处作业。

A. 异温　　B. 雪天　　C. 雨天

答案：B

47. 降雨时进行的高处作业，称为（　　）高处作业。

A. 异温　　B. 雪天　　C. 雨天

答案：C

48. 室外完全采用人工照明时进行的高处作业，称为（　　）高处作业。

A. 夜间　　B. 带电　　C. 悬空

答案：A

49. 在接近或接触带电体条件下进行的高处作业，统称为（　　）高处作业。

A. 夜间　　B. 带电　　C. 悬空

答案：B

50. 在无立足点或无牢靠立足点的条件下，进行的高处作业，统称为（　　）高处作业。

A. 夜间　　B. 带电　　C. 悬空

答案：C

51. 高处作业人员应（　　）进行一次体检。

A. 每季　　B. 每半年　　C. 每年

答案：C

52. 攀登和悬空高处作业人员及搭设高处作业安全设施的人员必须经过专业技术培训及专业考试合格，取得（　　）后方可上岗作业。

A. 毕业证书　　B. 特种作业操作证　　C. 岗位证书

答案：B

53. 高处作业人员必须按规定穿戴合格的防护用品，使用安全带时，必须（　　），并系挂在牢固可靠处。

A. 低挂高用　　B. 高挂低用　　C. 高挂高用

答案：B

54. 施工中发现有缺陷和隐患时，必须及时解决；危及人身安全时，必须（　　）作业。

A. 停止　　B. 继续　　C. 听指挥

答案：A

55. 高处作业中所用的工具应随手放入（　　）.

A. 库房　　B. 工具袋　　C. 安全帽内

答案：B

56. 遇有（　　）以上强风、浓雾等恶劣气候，不得进行露天攀登与悬空高处作业。

A. 4 级　　　　　　　　B. 5 级　　　　　　　　C. 6 级

答案:C

57. 作为(　　)的各种栏杆、设施、安全网等,不得随意拆除。

A. 堆放　　　　　　　　B. 租用　　　　　　　　C. 安全措施

答案:C

58. 在建筑安装施工中,由于高处作业工作面的边缘没有围护设施或围护实施的高度低于 800 mm 时,在这样的工作面上的作业统称为(　　)。

A. 高处作业　　　　　　B. 悬空作业　　　　　　C. 临边作业

答案:C

59. 施工现场的坑槽作业,深基础作业,对地面上的作业人员也构成(　　)。

A. 高处作业　　　　　　B. 悬空作业　　　　　　C. 临边作业

答案:C

60. 井架与施工用电梯和脚手架等与建筑物通道的两侧边,必须设(　　)。

A. 安全门　　　　　　　B. 安全员　　　　　　　C. 防护栏杆

答案:C

61. 搭设临边防护栏杆时,防护栏杆应由上、下两道横杆及栏杆柱组成,上杆离地高度为(　　),下杆离地高度为 0.5～0.6 m。

A. 1.0～1.2 m　　　　B. 0.8～1.2 m　　　　C. 1.0～1.5 m

答案:A

62. 坡度大于 1∶2.2 的层面,防护栏杆应高于(　　),并加挂安全立网。

A. 1.5 m　　　　　　　B. 1.2 m　　　　　　　C. 1.8 m

答案:A

63. 在基坑四周的临时栏杆可采用钢管并打入地面(　　)深。

A. 40～50 cm　　　　　B. 50～60 cm　　　　　C. 50～70 cm

答案:C

64. 临时栏杆的钢管离基坑边口的距离,不应小于(　　)。

A. 50 cm　　　　　　　B. 60 cm　　　　　　　C. 70 cm

答案:A

65. 临时栏杆的整体构造应能使防护栏杆在上杆任何处,能经受任何方向的(　　)外力。

A. 1 000 N　　　　　　B. 1 100 N　　　　　　C. 1 200 N

答案:A

66. 防护栏杆的栏杆下边应设置严密固定的高度(　　)的挡脚板或 40 cm 的挡脚笆。

A. 不低于 18 cm　　　　B. 低于 18 cm　　　　　C. 不低于 20 cm

答案:A

67. 防护栏杆的外侧面临街道时,除防护栏杆外,敞口立面必须采取满挂安全网或其他可靠措施作(　　)处理。

A. 半封闭　　　　　　　B. 全封闭　　　　　　　C. 钢筋网

答案:B

68. 规范中规定:在水平面上短边尺寸(　　)的,在垂直面上高度小于 750 mm 的均称为孔。

A. 小于 250 mm　　B. 大于 250 mm　　C. 小于 300 mm

答案:A

69. 规范中规定:在水平面上短边尺寸小于 250 mm 的,在垂直面上高度(　　)的均称为孔。

A. 小于 750 mm　　B. 大于 750 mm　　C. 小于 800 mm

答案:A

70. 在水平面上短边尺寸等于或(　　),在垂直面上高度等于或大于 750 mm 的均称为洞。

A. 小于 250 mm　　B. 大于 250 mm　　C. 小于 300 mm

答案:B

71. 在水平面上短边尺寸等于或大于 250 mm,在垂直面上高度等于或(　　)的均称为洞。

A. 小于 750 mm　　B. 大于 750 mm　　C. 小于 800 mm

答案:B

72. 电梯井内应每隔(　　)设一道安全网。

A. 2 层(最多隔 10 m)　　B. 3 层(最多隔 10 m)

C. 3 层　　D. 最多 12 m

答案:A

73. 施工现场通道附近的各类洞口与坑槽等处,除设置防护设施与安全标志外,夜间还应设(　　)示警。

A. 红灯　　B. 绿灯　　C. 黄灯

答案:A

74. 边长在以上的洞口,四周设防护栏杆,洞口下张设安全平网。

A. 100 cm　　B. 120 cm　　C. 150 cm

答案:C

75. 边长在 150 cm 以上的洞口,四周设(　　),洞口下张设安全平网。

A. 踢脚板　　B. 防护栏杆　　C. 安全网

答案:B

76. 边长在 150 cm 以上的洞口,四周设防护栏杆,洞口下张设(　　)。

A. 踢脚板　　B. 防护栏杆　　C. 安全平网

答案:C

77. 供人上下的踏板其使用荷载(　　)。当梯面上有特殊作业,重量超过上述荷载时,应按实际情况加以验算。

A. 不应大于 1 100 N　　B. 不应小于 1 100 N　　C. 不应大于 1 000 N

答案:A

78. 立梯工作角度以 75°±5°为宜,踏板上下间距以(　　)为宜,不得有缺挡。

A. 25 cm　　B. 30 cm　　C. 35 cm

答案:B

79. 折梯使用时上部夹角以(　　)为宜,铰链必须牢固,并应有可靠的拉撑措施。

A. 35°～45°　　B. 30°～45°　　C. 45°～60°

答案:A

80. 折梯使用时上部夹角以 35°～45°为宜,铰链必须牢固,并应有可靠的(　　)措施。

A. 支撑　　B. 拉结　　C. 拉撑

答案:C

81. 固定式直爬梯应用(　　)材料制成。

A. 木质　　B. 金属　　C. 竹制

答案:B

82. 固定式直爬梯梯宽不应(　　),支撑应采用不小于∟ 70×6 的角钢,埋设与焊接均必须牢固。

A. 大于 50 cm　　B. 小于 50 cm　　C. 大于 60 cm

答案:A

83. 固定式直爬梯梯子顶端的踏棍应与攀登的顶面齐平,并加设(　　)高的扶手。

A. 1～1.2 m　　B. 1～1.5 m　　C. 1.2～1.8 m

答案:B

84. 使用直爬梯进行攀登作业时,攀登高度以(　　)为宜。

A. 2 m　　B. 5 m　　C. 8 m

答案:B

85. 使用直爬梯进行攀登作业超过 2 m 时,宜加设护笼,超过 8 m 时,必须设置(　　)。

A. 梯间平台　　B. 防护栏杆　　C. 护笼

答案:A

86. 作业人员应从规定的(　　)上下,不得在阳台之间等非规定通道进行攀登,也不得任意利用吊车臂架等施工设备进行攀登。

A. 脚手架　　B. 吊车臂　　C. 通道

答案:C

87. 作业人员上下梯子时,必须(　　)梯子,且不得手持器物。

A. 背对　　B. 面向

答案:B

88. 钢屋架吊装以前,应在上弦设置(　　)。

A. 安全网　　B. 防护门　　C. 防护栏杆

答案:C

89. 钢屋架吊装以前,应预先在下弦挂设(　　);吊装完毕后,即将安全网铺设固定。

A. 安全网　　B. 安全绳　　C. 防护栏杆

答案:A

90. 悬空作业是指在周边(　　)状态下,无立足点或无牢靠立足点的条件下进行的高处作业。

A. 安全　　B. 临空　　C. 固定

答案:B

91. 悬空安装大模板、吊装第一块预制构件、吊装单独的大中型预制构件时,必须站在(　　)操作。

A. 预制构件上　　B. 脚手架上　　C 操作平台上

答案:C

92. 钢筋绑扎时的悬空作业,在绑扎钢筋和安装钢筋骨架时,必须搭设脚手架和(　　)。

A. 马道　　B. 挑梁　　C. 脚手板

答案:A

93. 混凝土浇筑时的悬空作业,浇筑离地 2 m 以上框架、过梁、雨篷和小平台时,应设(　　),不得直接站在模板或支撑件上操作。

A. 操作平台　　B. 马蹬　　C. 支撑

答案:A

94. 移动式操作平台的面积不应超过(　　),高度不应超过 5 m,还应进行稳定验算,并采用措施减少立柱的长细比。

A. 10 m^2　　B. 8 m^2　　C. 5 m^2

答案:A

95. 装设轮子的移动式操作平台,轮子与平台的接合处应牢固可靠,立柱底端离地面不得超过(　　)。

A. 80 mm　　B. 90 mm　　C. 100 mm

答案:A

96. 悬挑式钢平台的搁支点与上部拉结点,必须位于(　　)上,不得设置在脚手架等施工设备上。

A. 建筑物　　B. 脚手架　　C. 平台上

答案:A

97. 钢模板部件拆除后,临时堆放处离楼层边沿不应(　　),堆放高度不得超过 1 m。

A. 小于 1 m　　B. 大于 1 m　　C. 小于 1.2 m

答案:A

98. 结构施工自二层起,凡人员进出的通道口(包括井架、施工用电梯的进出通道口),均应搭设(　　)。

A. 安全网　　B. 安全防护栏杆　　C. 安全防护棚

答案:C

99. 劳动防护用品,是指由生产经营单位为从业人员配备的,使其在劳动过程中免遭或者减轻事故伤害及职业危害的个人(　　)。

A. 福利用品　　B. 防护装备　　C. 交通装备

答案:B

100. 防水鞋、防滑鞋、防穿刺鞋、电绝缘鞋等是施工现场常用的(　　)防护用品。

A. 足部　　B. 手部　　C. 身体

答案:A

101. 字母 hj 表示的防护性能是(　　)。

A. 焊接护目镜　　B. 防水　　C. 防寒

答案:A

102. 字母 jy 表示的防护性能是(　　)。

A. 绝缘　　B. 防红外　　C. 防静电

答案:A

103. 绝缘手套和绝缘鞋每次使用前作(　　)的检查和每半年作一次绝缘性能复测。

A. 绝缘性能　　B. 防酸性能　　C. 防砸性能

答案:A

104. 安全帽主要是为了保护(　　)不受到伤害的。

A. 手部　　B. 身体　　C. 头部

答案:C

105. 安全帽的规格要求的垂直距离是指安全帽在佩戴时,头顶与(　　)内顶之间的垂直距离(不包括顶筋空间)。

A. 帽壳　　B. 帽箍　　C. 帽箍底边　　D. 帽带

答案:A

106. 安全帽的规格要求的佩戴高度是指安全帽佩戴时,(　　)至头顶部的垂直距离。

A. 帽壳　　B. 帽箍　　C. 帽箍底边　　D. 帽带

答案:C

107. 安全帽的规格要求的垂直距离、佩戴高度两项要求任何一项不合格都会直接影响到安全帽的(　　)。

A. 刚度　　B. 强度　　C. 整体安全性

答案:C

108. 安全帽冲击吸收性能试验中,传递到头模上的冲击力最大值(　　)。

A. 应超过 4 900 N(500 kgf)

B. 不超过 4 900 N(500 kgf)

C. 不超过 4 500 N(450 kgf)

答案:B

109. 安全帽的耐穿刺性能是在刚度的条件下,将安全帽正常戴在头模上,用(　　)自 1m 高度自由平稳落下进行试验。

A. 3 kg 钢锥　　B. 5 kg 钢锥　　C. 3 kg 钢锤

答案:A

110. 安全帽耐穿刺性能试验中钢锥(　　)与头模表面接触。

A. 不应　　B. 应该　　C. 一定要

答案:A

111. 安全带的腰带必须是一整根,其宽度、长度分别为(　　)。

A. 40～50 mm、1 300～1 600 mm

B. 45～50 mm、1 200～1 600 m

C. 40～50 mm、1 300～1 500 mm

答案:A

112. 安全带的护腰带宽度不小于(　　),长度为 600～700 mm。

A. 60 mm　　B. 80 mm　　C. 100 mm

答案:B

113. 安全带的安全绳直径不小于(　　),捻度为 8.5～9/100(花/mm)。

A. 13 mm　　B. 16 mm　　C. 15 mm

答案:A

114. 安全带的吊绳、围杆绳直径不小于(　　),捻度为7.5/100(花/mm)。

A. 13 mm　　B. 16 mm　　C. 15 mm

答案:B

115. 按照国家标准的规定,安全带的破断拉力是在整体作(　　)静负荷测试时,应无破断。

A. 420 kgf　　B. 480 kgf　　C. 450 kgf(4 412.7 N)

答案:C

116. 悬挂、攀登安全带,以(　　)重量拴挂自由坠落,作冲击试验,应无破断。

A. 98 kg　　B. 100 kg　　C. 105 kg

答案:B

117. 安全带出厂,验收产品时以(　　)为一批(不足时仍按1 000条计算),从中抽两条检验,有一条不合格,该批产品不予验收。

A. 1 000条　　B. 2 000条　　C. 3 000条

答案:A

118. 安全带在使用(　　)后应抽验一次,频繁使用应经常进行外观检查,发现异常必须立即更换。

A. 1年　　B. 2年　　C. 3年

答案:B

119. 绝缘手套的使用期间,(　　)至少作一次电性能测试,如不合格不可继续使用。

A. 每半年　　B. 每一年　　C. 每两年

答案:A

120. 采购的劳动防护用品进入施工现场进行时验收时,必须有(　　)参加。

A. 项目经理　　B. 技术负责人　　C. 专职安全管理人员

答案:C

121. 现场的劳动防护用品(安全帽、安全带、绝缘鞋)在必要时,应进行(　　)的检测,填写检测记录。

A. 使用性能　　B. 技术性能　　C. 安全性能

答案:B

122. 禁止标志的含义是(　　)的图形标志。

A. 禁止人们不安全行为　　B. 提醒人们对周围环境引起注意

C. 强制人们必须做出某种动作　　D. 向人们提供某种信息

答案:A

123. 警告标志的基本含义是(　　),以避免可能发生危险的图形标志。

A. 禁止人们不安全行为　　B. 提醒人们对周围环境引起注意

C. 强制人们必须做出某种动作　　D. 向人们提供某种信息

答案:B

124. 指令标志的含义是(　　)或采用防范措施的图形标志。

A. 禁止人们不安全行为　　B. 提醒人们对周围环境引起注意

C. 强制人们必须做出某种动作　　D. 向人们提供某种信息

答案:C

125. 提示标志的含义是(　　)(如标明安全设施或场所等)的图形标志。

A. 禁止人们不安全行为　　B. 提醒人们对周围环境引起注意

C. 强制人们必须做出某种动作　　D. 向人们提供某种信息

答案:D

126. 凡涂有安全色的部位变色、褪色等不符合安全色范围和逆反射系数(　　)的要求时，需要及时重涂或更换，以保证安全色的正确、醒目，达到安全的目的。

A. 低于 70%　　B. 多于 70%　　C. 低于 50%　　D. 高于 50%

答案:A

127. 尽量采用(　　)建筑材料，降低施工现场的火灾荷载。

A. 可燃性　　B. 不燃性　　C. 难燃性

答案:C

128. 焊接作业时要派专人监护，配齐必要的(　　)，并在焊接点附近采用非燃材料板遮挡的同时清理干净其周围可燃物，防止焊珠四处喷溅。

A. 消防器材　　B. 安全帽　　C. 防暑降温用品

答案:A

129. 电焊机二次线的长度不宜(　　)。

A. 大于 30 m　　B. 小于 30 m　　C. 大于 50 m

答案:A

130. 电焊机的电焊钳应有良好的(　　)，电焊钳握柄必须绝缘良好。

A. 导电和隔热能力　　B. 绝缘和传热能力　　C. 绝缘和隔热能力

答案:C

131. 乙炔瓶表面温度不得超过(　　)。

A. 30℃　　B. 40℃　　C. 45℃

答案:B

132. 窒息灭火法是阻止空气流入燃烧区或用不燃烧气体或用不燃物质冲淡空气，使燃烧物得不到(　　)而熄灭的灭火方法。

A. 足够的氧气　　B. 足够的水　　C. 足够的阳光

答案:A

133. 泡沫灭火器在扑救固体物质火灾时，应将射流对准燃烧(　　)。

A. 最猛烈处　　B. 最薄弱处　　C. 最宽大处

答案:A

134. 泡沫灭火器使用时，灭火器应始终保持(　　)状态，否则会中断喷射。

A. 直立　　B. 横卧　　C. 倒置

答案:C

135. 空气泡沫灭火器使用时，应使灭火器始终保持(　　)状态，否则会中断喷射。

A. 直立　　B. 颠倒　　C. 横卧

答案:A

136. 使用二氧化碳灭火器时，在室外使用的，应选择在(　　)喷射，并且手要放在钢瓶的木柄上，防止冻伤。

A. 下风方向　　B. 上风方向　　C. 正前方

答案:B

137.使用二氧化碳灭火器时,在室外使用的,应选择在上风方向喷射,并且手要放在(　　)上,防止冻伤。

A.喇叭筒　　B.钢瓶的木柄　　C.保险销

答案:B

138.干粉灭火器扑救可燃、易燃液体火灾时,应对准火焰(　　)扫射。

A.根部　　B.上部　　C.中部

答案:A

139.口对口作人工呼吸时在不漏气的情况下,先连续大口吹气两次,每次1~1.5秒,如两次吹气后,试颈动脉已有脉搏但无呼吸,再进行2次大口吹气,接着进行每(　　)吹气一次(即每分钟12次)的人工呼吸。

A.5秒钟　　B.6秒钟　　C.8秒钟

答案:A

140.胸外按压要以均速进行,每分钟(　　)左右,每次按压和放松的时间相等。

A.60次　　B.70次　　C.80次

答案:C

141.中度一氧化碳中毒昏迷的患者,若呼吸微弱甚至停止,必须立即进行(　　)。

A.人工呼吸　　B.冷水冲凉　　C.注射强心剂

答案:A

142.施工现场的临时用电应遵照执行(　　)。

A.《施工现场临时用电安全技术规范》

B.《施工现场临时用电验收规范》

C.《建筑安装用电安全技术规范》

答案:A

143.建筑施工现场必须采用(　　)接零保护系统,即具有专用保护零线(PE线)、电源中性点直接接地的220/380 V三相五线制系统。

A.TT-N　　B.TN-C　　C.TN-C-S　　D.TN-S

答案:D

144.将电气设备外壳与电网的零线连接叫(　　)。

A.保护接地　　B.保护接零　　C.工作接零

答案:B

145.保护零线应由(　　)处引出,或由配电室(或总配电箱)电源侧的零线处引出。

A.工作接零　　B.重复接地　　C.配电箱　　D.工作接地线

答案:D

146.保护零线的统一标志为(　　),在任何情况下不准使用绿/黄双色线作负荷线。

A.绿/黄双色线　　B.红色　　C.绿色　　D.黄色

答案:A

147.第一级漏电保护区域(　　),停电后影响也大,漏电保护器灵敏度(　　)。

A.较大　不要求太高　　B.较大　要求高

C.较小　不要求太高　　D.较小　要求高

答案：A

148. 额定漏电不动作电流是指漏电电流在此值和此值以下时，保护器(　　)，其值为漏电动作电流的 1/2。

A. 迅速动作　　B. 缓慢动作　　C. 不应动作

答案：C

149. 外电线路电压 1 kV 以下时，最小安全操作距离应为(　　)。

A. 4 m　　B. 6 m　　C. 8 m　　D. 10 m

答案：A

150. 外电线路电压 1～10 kV 时，最小安全操作距离应为(　　)。

A. 4 m　　B. 6 m　　C. 8 m　　D. 10 m

答案：B

151. 外电线路电压 35～110 kV 时，最小安全操作距离应为(　　)。

A. 4 m　　B. 6 m　　C. 8 m　　D. 10 m

答案：C

152. 当由于条件所限不能满足最小安全操作距离时，应设置(　　)或采取良好接地措施的钢管搭设的防护性遮拦、栅栏并悬挂警告牌等防护措施。

A. 塑胶材料　　B. 木质材料　　C. 绝缘性材料

答案：C

153. 发生高压线断线落地时，非检修人员要远离落地 10 m 以外，以防(　　)危害。

A. 高压电　　B. 跨步电压　　C. 静电

答案：B

154. 户外临时线路必须安装在离地 2.5 m 以上支架上，一般应使用(　　)。

A. 软电缆线　　B. 花线　　C. 裸导线

答案：A

155. 室外照明灯具的安装高度距地面不得低于(　　)。

A. 3.5　　B. 3 m　　C. 2.4 m

答案：B

156. 室内照明灯具的安装高度距地面不得低于(　　)。

A. 3.5　　B. 3 m　　C. 2.4 m

答案：C

157. 照明系统中每一单相回路上，灯具和插座数量不宜超过(　　)。

A. 20 个　　B. 25 个　　C. 30 个

答案：B

158. 开关箱中漏电保护器的额定漏电动作电流应(　　)，漏电动作时间应不大于 0.1 s。

A. 不大于 30 mA　　B. 不大于 100 mA　　C. 不小于 30 mA　　D. 不小于 100 mA

答案：A

159. 开关箱中漏电保护器的额定漏电动作电流应不大于 30 mA，漏电动作时间应(　　)。

A. 不大于 0.1 s　　B. 不大于 0.01 s　　C. 不小于 0.1 s

答案：A

160. 一般场所应选用Ⅰ类手持式电动工具，并应装设额定漏电动作电流不大于(　　)、额定漏电动作时间小于0.1 s的漏电保护器。

A. 10 mA　　B. 15 mA　　C. 20 mA

答案：B

161. 特种设备(　　)应当建立健全特种设备安全、节能管理制度和岗位安全、节能责任制度。

A. 生产、使用单位　　B. 生产　　C. 使用

答案：A

162. 特种设备生产、使用单位应当建立健全特种设备(　　)管理制度和岗位安全、节能责任制度。

A. 安全　　B. 节能　　C. 安全、节能

答案：C

163. 特种设备生产、使用单位的(　　)应当对本单位特种设备的安全和节能全面负责。

A. 生产负责人　　B. 项目负责人　　C. 主要负责人

答案：C

164. 特种设备生产、使用单位的主要负责人应当对本单位特种设备的(　　)全面负责。

A. 节能　　B. 安全　　C. 安全和节能

答案：C

165. 特种设备生产、使用单位和特种设备检验检测机构，应当接受特种设备安全监督管理部门依法进行的特种设备(　　)。

A. 安全监察　　B. 安全监督　　C. 安全管理

答案：A

166. 特种设备(　　)，应当依照特种设备安全条例规定，进行检验检测工作，对其检验检测结果、鉴定结论承担法律责任。

A. 使用机构　　B. 检验检测机构　　C. 管理机构

答案：B

167. 特种设备生产单位对其生产的特种设备的(　　)负责。

A. 安全性能和能效指标　B. 安全性能　　C. 能效指标

答案：A

168. 锅炉、压力容器中的气瓶、氧舱和客运索道、大型游乐设施以及高耗能特种设备的(　　)，应当经国务院特种设备安全监督管理部门核准的检验检测机构鉴定，方可用于制造。

A. 设计文件　　B. 使用说明　　C. 技术参数

答案：A

169. 特种设备出厂时，应当附有(　　)要求的设计文件、产品质量合格证明、安装及使用维修说明、监督检验证明等文件。

A. 法律法规　　B. 安全技术规范　　C. 使用单位

答案：B

170. 电梯的安装、改造、维修，必须由(　　)或者其通过合同委托、同意的依照特种设备安全监察条例取得许可的单位进行。

A. 电梯制造单位　　B. 使用单位　　C. 监督机构

答案:A

171. 电梯(　　)单位对电梯质量以及安全运行涉及的质量问题负责。

A. 使用　　B. 安装　　C. 制造

答案:C

172. 特种设备安装、改造、维修的施工单位应当在(　　)将拟进行的特种设备安装、改造、维修情况书面告知直辖市或者设区的市的特种设备安全监督管理部门,告知后即可施工。

A. 施工前　　B. 施工中　　C. 施工后

答案:A

173. 电梯安装施工过程中,施工单位应当遵守施工现场的(　　)要求,落实现场安全防护措施。

A. 法律法规　　B. 施工质量　　C. 安全生产

答案:C

174. 电梯安装施工过程中,电梯安装单位应当服从(　　)单位对施工现场的安全生产管理,并订立合同,明确各自的安全责任。

A. 专业承包单位　　B. 劳务分包　　C. 建筑施工总承包

答案:C

175. 电梯安装施工过程中,电梯安装单位应当服从建筑施工总承包单位对施工现场的安全生产管理,并订立(　　),明确各自的安全责任。

A. 施工专项方案　　B. 合同　　C. 协议

答案:B

176. 电梯安装施工过程中,电梯安装单位应当服从建筑施工总承包单位对施工现场的安全生产管理,并订立合同,明确各自的(　　)责任。

A. 质量　　B. 经济　　C. 安全

答案:C

177. 电梯的制造、安装、改造和维修活动,必须严格遵守(　　)的要求。

A. 安全技术规范　　B. 施工技术规范　　C. 质量验收规范

答案:A

178. 电梯的安装、改造、维修活动结束后,电梯制造单位应当按照安全技术规范的要求对电梯进行(　　),并对结果负责。

A. 校验和调试　　B. 校验　　C. 调试

答案:A

179. 电梯的安装、改造、维修活动结束后,电梯制造单位应当按照安全技术规范的要求对电梯进行校验和调试,并对(　　)的结果负责。

A. 校验　　B. 校验和调试　　C. 调试

答案:B

180. 电梯的安装、改造、维修活动结束后,电梯制造单位应当按照(　　)的要求对电梯进行校验和调试,并对校验和调试的结果负责。

A. 安全技术规范　　B. 质量验收规范　　C. 安装技术规范

答案:A

181. 锅炉、压力容器、电梯、起重机械、客运索道、大型游乐设施的安装、改造、维修以及场

(厂)内专用机动车辆的改造、维修竣工后,高耗能特种设备还应当按照安全技术规范的要求提交(　　)测试报告。

A. 检验　　B. 能效　　C. 效率

答案:B

182. 从事本条例规定的监督检验、定期检验、型式试验和无损检测的特种设备检验检测人员应当经国务院特种设备安全监督管理部门组织考核合格,取得(　　)证书,方可从事检验检测工作。

A. 特种设备管理人员　　B. 检验检测人员　　C. 特种设备操作人员

答案:B

183. 特种设备检验检测机构和检验检测人员进行特种设备检验检测,应当遵循(　　)的原则,为特种设备生产、使用单位提供可靠、便捷的检验检测服务。

A. 诚信和方便企业　　B. 诚信　　C. 方便企业

答案:A

184. 特种设备安全监督管理部门依照特种设备安全监察条例规定,对特种设备生产、使用单位和检验检测机构实施安全(　　)。

A. 监督　　B. 监管　　C. 监察

答案:C

185. 违反条例规定,被依法撤销许可的,自撤销许可之日起(　　)内,特种设备安全监督管理部门不予受理其新的许可申请。

A. 1 年　　B. 2 年　　C. 3 年

答案:C

186. 特种设备安全监督管理部门对特种设备生产、使用单位和检验检测机构实施安全监察时,应当有(　　)以上特种设备安全监察人员参加,并出示有效的特种设备安全监察人员证件。

A. 两名　　B. 三名　　C. 五名

答案:A

187. 特种设备事故发生后,事故发生单位应当立即启动(　　),组织抢救,防止事故扩大,减少人员伤亡和财产损失,并及时向事故发生地县以上特种设备安全监督管理部门和有关部门报告。

A. 事故应急预案　　B. 拆除方案　　C. 专项方案

答案:A

188. 压力容器是盛装液体或气体并承受一定压力,其范围规定最高工作压力大于或者等于 0.1 MPa(表压),且压力与容积的乘积大于或者等于(　　)MPa·L 的气体、液化气体和最高工作温度高于或者等于标准沸点的液体的固定式容器和移动式容器。

A. 1.0　　B. 1.5　　C. 2.5

答案:C

189. 压力容器是盛装公称工作压力大于或者等于(　　)MPa(表压),且压力与容积的乘积大于或者等于 1.0 MPa·L 的气体、液化气体和标准沸点等于或者低于 60℃液体的气瓶、氧舱等。

A. 0.2　　B. 0.5　　C. 1.0

答案:A

190. 压力容器的盛装公称工作压力大于或者等于0.2 MPa(表压),且压力与容积的乘积大于或者等于(　　)MPa·L的气体、液化气体和标准沸点等于或者低于60℃液体的气瓶;氧舱等。

A. 1.0　　B. 1.5　　C. 2.5

答案:A

191. 起重机械,是指用于(　　)重物的机电设备。

A. 垂直升降或者垂直升降并水平移动　　B. 垂直升降

C. 水平移动

答案:A

192. 起重机械包括额定起重量大于或者等于(　　),且提升高度大于或者等于2 m的起重机和承重形式固定的电动葫芦等。

A. 0.5 t　　B. 1 t　　C. 1.5 t

答案:B

193. 为加强对建筑施工特种作业人员的管理,防止和减少生产安全事故,建设部制定了(　)法规。

A.《安全生产许可证条例》　　B.《建筑起重机械安全监督管理规定》

C.《建筑施工特种作业人员管理规定》

答案:C

194. (　)规定了建筑施工特种作业人员的考核、发证、从业和监督管理的内容。

A.《建筑施工特种作业人员管理规定》　　B.《特种设备安全监察条例》

C.《安全生产法》

答案:A

195. 建筑施工特种作业人员必须经建设主管部门(　　),取得建筑施工特种作业人员操作资格证书(以下简称"资格证书"),方可上岗从事相应作业。

A. 考核　　B. 培训　　C. 考核合格

答案:C

196. 建筑施工特种作业人员必须经建设主管部门考核合格,取得建筑施工(　　),方可上岗从事相应作业。

A. 上岗证　　B. 特种作业人员操作资格证书

C. IC卡

答案:B

197. 建筑施工特种作业人员的(　　)工作,由省、自治区、直辖市人民政府建设主管部门或其委托的考核发证机构负责组织实施。

A. 考核发证　　B. 培训　　C. 执业

答案:A

198. 从事建筑施工特种作业的人员符合规定的应当向(　　)所在地或者从业所在地考核发证机关提出申请,并提交相关证明材料。

A. 工作　　B. 本人户籍　　C. 派出所

答案:B

199. 考核发证机关对于(　　)的，应当自考核结果公布之日起10个工作日内颁发资格证书；对于考核不合格的，应当通知申请人并说明理由。

A. 培训考核　　B. 考核合格　　C. 考核不合格

答案：B

200. 特种作业资格证书应当采用国务院建设主管部门规定的(　　)样式，由考核发证机关编号后签发。

A. 统一　　B. 通用　　C. 规定

答案：A

201. 特种作业资格证书在(　　)通用。

A. 全市　　B. 全省　　C. 全国

答案：C

202. 持有特种作业资格证书的人员，应当受聘于建筑施工企业或者建筑起重机械出租单位(以下简称用人单位)，方可从事相应的(　　)作业。

A. 施工　　B. 设计　　C. 特种

答案：C

203. 建筑施工特种作业人员应当严格按照安全技术标准、规范和规程进行作业，正确佩戴和使用安全防护用品，并按规定对(　　)进行维护保养。

A. 作业工具和设备　　B. 作业工具　　C. 设备

答案：A

204. 建筑施工特种作业人员变动工作单位，任何单位和个人不得以任何理由(　　)其资格证书。

A. 扣留　　B. 扣押　　C. 非法扣押

答案：C

205. 特种作业操作资格证书正本及副本均采用(　　)。

A. 纸质　　B. 塑料

答案：A

206.《建筑施工特种作业人员考核管理规定的实施意见》中，要求掌握的即要求(　　)。

A. 能运用相关特种作业知识解决实际问题

B. 能较深理解相关特种作业安全技术知识

C. 具有相关特种作业的基本知识

答案：A

207.《建筑施工特种作业人员考核管理规定的实施意见》中，要求熟悉的即要求(　　)。

A. 能运用相关特种作业知识解决实际问题

B. 能较深理解相关特种作业安全技术知识

C. 具有相关特种作业的基本知识

答案：B

208.《建筑施工特种作业人员考核管理规定的实施意见》中，要求了解的即要求(　　)。

A. 能运用相关特种作业知识解决实际问题

B. 能较深理解相关特种作业安全技术知识

C. 具有相关特种作业的基本知识

答案:C

209. 安全技术理论考核,采用(　　)方式。

A. 开卷笔试　　B. 闭卷笔试　　C. 口试

答案:B

210. 安全技术理论考核,考核时间为(　　)小时,实行百分制,60分为合格。

A. 1　　B. 2　　C. 3

答案:B

211. 安全技术理论考核(　　)的,不得参加安全操作技能考核。

A. 不合格　　B. 合格

答案:A

212. 安全技术理论考试和实际操作技能考核均(　　)的,为考核合格。

A. 合格　　B. 不合格　　C. 一门合格

答案:A

213. 施工升降机安装自检的内容和方法是要求(　　)的内容。

A. 了解　　B. 熟悉　　C. 掌握

答案:C

214. 建筑电工的考核方法之一是根据(　　)在模板上组装总配电箱电气元件。

A. 图纸　　B. 规范　　C. 临电方案

答案:A

215. 建筑电工的考核方法之一按照规定的(　　),将总配电箱、分配电箱、开关箱与用电设备进行连接,并通电试验。

A. 图纸　　B. 规范　　C. 临时用电方案

答案:C

216. 建筑电工考核评分标准中,设置的临时用电系统达不到TN－S系统要求的扣(　　)。

A. 8分　　B. 10分　　C. 14分

答案:C

217. 建筑电工考核评分标准中,用电设备通电试验不能运转,扣(　　)分。

A. 8分　　B. 10分　　C. 14分

答案:B

218. 考核评分标准中。各项目所扣分数总和(　　)该项应得分值。

A. 不得低于　　B. 不得超过　　C. 可以超过

答案:B

219. 临时用电系统及电气设备故障排除的考核时间是(　　)min。

A. 10　　B. 15　　C. 20

答案:B

220. 临时用电系统及电气设备故障排除的考核评分标准,满分15分。在规定时间内(　　)的,每处得7.5分;查找出故障但未能排除的,每处得4分。

A. 查找出故障并正确排除　　B. 查找出故障但未能排除的

C. 不能指出故障

答案:A

221. 临时用电系统及电气设备故障排除的考核评分标准,满分 15 分。在规定时间内查找出故障并正确排除的,每处得 7.5 分;(　　),每处得 4 分。

A. 查找出故障并正确排除　　B. 查找出故障但未能排除的

C. 不能指出故障

答案:B

222. 利用模拟人进行触电急救操作,满分 10 分。在规定时间内完成规定动作,仪表(　　)的,得 10 分;动作正确,仪表未显示"急救成功"的,得 5 分;动作错误的,不得分。

A. 显示"急救成功"　　B. 未显示"急救成功"

C. 动作错误

答案:A

223. 利用模拟人进行触电急救操作,满分 10 分。在规定时间内完成规定动作,仪表显示"急救成功"的,得 10 分;动作正确,仪表(　　)的,得 5 分;动作错误的,不得分。

A. 显示"急救成功"　　B. 未显示"急救成功"　C. 动作错误

答案:B

224. 现场搭设双排落地扣件式钢管脚手架的考核时间是(　　)min。可根据实际考核情况调整。

A. 120　　B. 150　　C. 180

答案:C

225. 现场搭设双排落地扣件式钢管脚手架的评分标准中,集体考核项目,操作层防护未设置脚手板的,扣(　　)分。

A. 2　　B. 6　　C. 8

答案:C

226. 现场搭设双排落地扣件式钢管脚手架的评分标准中,个人考核项目,(　　),扣 6 分。

A. 未佩戴安全帽的

B. 高处悬空作业时未系安全带的

C. 不能正确使用扭力扳手测量扣件拧紧扭力矩的

答案:C

227. 查找满堂脚手架(模板支架)存在的安全隐患的考核方法,是由考生检查已搭设好的模板支架,在规定时间内查找出(　　)存在的缺陷(问题)并说明原因。

A. 3 处　　B. 5 处　　C. 7 处

答案:B

228. 查找满堂脚手架(模板支架)存在的安全隐患的考核满分 20 分。考核评分标准是在规定时间内每(　　)的,得 4 分;查找出缺陷(问题)但未正确说明原因的,得 2 分。

A. 准确查找出一处缺陷

B. 准确查找出一处缺陷(问题)并正确说明原因

C. 查找出缺陷(问题)但未正确说明原因

答案:B

229. 扣件式钢管脚手架部件的判废的满分 10 分。在规定时间内能(　　)的,每项得 2.5 分;判断正确但不能准确说明原因的,每项得 1.5 分。

A. 正确判断　　B. 正确判断并说明原因

C. 判断正确但不能准确说明原因的

答案:B

230. 三套升降机构的附着升降脚手架安装满分80分,分为(　　)。

A. 集体考核项目和个人考核项目　　B. 整体考核项目

C. 单人考核项目

答案:A

231. 建筑架子工(附着升降脚手架)安全操作技能考核标准中,附着升降脚手架安装和升降作业,在考核时(　　)。

A. 可任选一题　　B. 必须完成两题

答案:A

232. 建筑架子工(附着升降脚手架)安全操作技能考核标准中,紧急情况处置,由考生对相邻机位不同步、突然断电等紧急情况或图示、影像资料中所示的紧急情况进行描述,并(　　)处置方法。对每个考生设置一种。

A. 口述　　B. 笔答　　C. 画图

答案:A

233. 穿绕滑轮组的考核方法由考生分别采用(　　)各穿绕一副滑轮组。

A. 顺穿法　　B. 花穿法　　C. 顺穿法和花穿法

答案:C

234. 穿绕滑轮组的考核评分标准满分10分。在规定时间内穿绕正确、规范的,每副得5分;(　　),每副得2分。

A. 穿绕正确、规范的　　B. 穿绕基本正确,但不规范的

C. 穿绕不正确

答案:B

235. 编打绳结考核评分标准满分10分。在规定时间内(　　)的,每种得5分;编打正确,但不能正确说明其应用场合的,每种得3分;编打错误,但能够正确说明其应用场合的,每种得2分。

A. 编打正确,并正确说明其应用场合

B. 编打正确,但不能正确说明其应用场合

C. 编打错误,但能够正确说明其应用场合

答案:A

236. 编打绳结考核评分标准满分10分。在规定时间内编打正确,并正确说明其应用场合的,每种得5分;(　　)的,每种得3分;编打错误,但能够正确说明其应用场合的,每种得2分。

A. 编打正确,并正确说明其应用场合

B. 编打正确,但不能正确说明其应用场合

C. 编打错误,但能够正确说明其应用场合

答案:B

237. 编打绳结考核评分标准满分10分。在规定时间内编打正确,并正确说明其应用场合的,每种得5分;编打正确,但不能正确说明其应用场合的,每种得3分;(　　)的,每种得

2分。

A. 编打正确，并正确说明其应用场合

B. 编打正确，但不能正确说明其应用场合

C. 编打错误，但能够正确说明其应用场合

答案：C

238. 起重吊具、索具和机具的识别判断，考核评分标准，满分10分。在规定时间内正确判断一种规格钢丝绳，得(　　)；在规定时间内正确识别一种起重吊具、索具和机具的，得1分。

A. 1分　　B. 1.5分　　C. 2.5分

答案：C

239. 起重吊具、索具和机具的识别判断，考核评分标准，满分10分。在规定时间内正确判断一种规格钢丝绳，得2.5分；在规定时间内正确识别一种起重吊具、索具和机具的，得(　　)。

A. 1分　　B. 1.5分　　C. 2.5分

答案：A

240. 重量估算的考核方法，随机抽取两种钢构件实物或图示、影像资料，由考生(　　)其重量，并判断其重心位置。

A. 估算　　B. 计算　　C. 判断

答案：A

241. 建筑起重机械司机(塔式起重机)安全操作技能考核标准(试行)，识别起重吊运指挥信号的考核方法，是考评人员做5种(　　)，由考生判断其代表的含义；或从一组指挥信号图示、影像资料中随机抽取5张，由考生回答其代表的含义。

A. 指挥动作　　B. 吊运手势　　C. 起重吊运指挥信号

答案：C

242. 建筑起重机械司机(施工升降机)安全操作技能考核标准(试行)，施工升降机驾驶的考核设备和器具有施工升降机1台或模拟机1台，行程高度(　　)。

A. 10 m　　B. 20 m　　C. 30 m

答案：B

243. 施工升降机驾驶的考核评分标准中，(　　)启动升降机的扣10分。

A. 未确认控制开关在零位　　B. 未发出音响信号示意

C. 未关闭层门

答案：C

244. 建筑起重机械司机(物料提升机)安全操作技能考核标准，紧急情况处置是考核是在规定时间内对存在的问题(　　)的，得10分；对存在的问题描述正确，但未能正确叙述处置方法的，得5分。

A. 描述正确　　B. 描述正确并正确叙述处置方法

C. 描述正确，但未能正确叙述处置方法

答案：B

245. 建筑起重机械安装拆卸工(塔式起重机)安全操作技能考核标准，塔式起重机的安装、拆卸的考核方法，每6位考生一组，在实际(　　)口述安装或顶升全过程的程序及要领，在辅助起重设备的配合下，完成以下作业。

A. 操作前　　　　B. 操作中　　　　C. 完成后

答案:A

246. 塔式起重机起重臂、平衡臂部件的安装中,(　　)确定不正确的,扣 10 分。

A. 吊点位置　　　　B. 起重臂位置　　　　C. 平衡臂位置

答案:A

247. 建筑起重机械安装拆卸工(塔式起重机)安全操作技能考核标准,紧急情况处置的考核评分标准,满分 15 分。在规定时间内对存在的问题描述正确并正确叙述处置方法的,得(　　);对存在的问题描述正确,但未能正确叙述处置方法的,得 7.5 分。

A. 7.5 分　　　　B. 10 分　　　　C. 15 分

答案:C

248. 建筑起重机械安装拆卸工(塔式起重机)安全操作技能考核标准,紧急情况处置的考核评分标准,满分 15 分。在规定时间内对存在的问题描述正确并正确叙述处置方法的,得 15 分;对存在的问题描述正确,但未能正确叙述处置方法的,得(　　)。

A. 7.5 分　　　　B. 10 分　　　　C. 15 分

答案:A

249. 施工升降机的安装和调试的考核时间是(　　)min。具体可根据实际模拟情况调整。

A. 120　　　　B. 180　　　　C. 240

答案:C

250. 施工升降机安装和调试过程中,导轨架(　　)未达标准的,扣 10 分。

A. 平直度　　　　B. 垂直度　　　　C. 平整度

答案:B

251. 国家鼓励建设工程安全生产的科学技术研究和先进技术的推广应用,推进建设工程安全生产的(　　)管理。

A. 系统　　　　B. 行业　　　　C. 科学

答案:C

252. 国家鼓励建设工程(　　)的科学技术研究和先进技术的推广应用,推进建设工程安全生产的科学管理。

A. 安全管理　　　　B. 科学生产　　　　C. 安全生产

答案:C

253. 建设单位应当向(　　)提供施工现场及毗邻区域内供水、排水、供电、供气、供热、通信、广播电视等地下管线资料,气象和水文观测资料,相邻建筑物和构筑物、地下工程的有关资料。

A. 施工单位　　　　B. 设计单位　　　　C. 监理单位

答案:A

254. 建设单位在编制(　　)时,应当确定建设工程安全作业环境及安全施工措施所需费用。

A. 设计概算　　　　B. 工程概算　　　　C. 工程预算

答案:B

255. 建设单位在编制工程概算时,应当确定建设工程(　　)所需费用。

A. 安全作业环境及安全施工措施　　B. 安全作业环境

C. 安全施工措施

答案：A

256. 建设单位在申请领取施工许可证时，应当提供建设工程有关（　　）的资料。

A. 安全施工措施　　B. 文明施工　　C. 科学施工

答案：A

257. 设计单位应当按照法律、法规和工程建设强制性标准进行设计，防止因（　　）导致生产安全事故的发生。

A. 设计不合理　　B. 施工不合理　　C. 监理不合理

答案：A

258. 采用新结构、新材料、新工艺的建设工程和特殊结构的建设工程，设计单位应当在设计中提出（　　）的措施建议。

A. 保障施工作业人员安全和预防生产安全事故　B. 保障施工作业人员安全

C. 预防生产安全事故

答案：A

259. 工程监理单位应当（　　）施工组织设计中的安全技术措施或者专项施工方案是否符合工程建设强制性标准。

A. 审核　　B. 审查　　C. 审批

答案：B

260. 工程监理单位应当审查施工组织设计中的（　　）是否符合工程建设强制性标准。

A. 安全技术措施或者专项施工方案　　B. 安全技术措施和专项施工方案

答案：A

261. 为建设工程提供机械设备和配件的单位，应当按照（　　）的要求配备齐全有效的保险、限位等安全设施和装置。

A. 安全施工　　B. 顺利施工　　C. 合理施工

答案：A

262. 施工起重机械和整体提升脚手架、模板等自升式架设设施的使用达到国家规定的（　　）的，必须经具有专业资质的检验检测机构检测。

A. 检验检测期限　　B. 检验检测日期　　C. 检验检测文件

答案：A

263. 施工单位（　　）依法对本单位的安全生产工作全面负责。

A. 项目负责人　　B. 生产负责人　　C. 主要负责人

答案：C

264. 施工单位主要负责人依法对本单位的安全生产工作（　　）负责。

A. 全面　　B. 总　　C. 主要

答案：A

265. 施工单位的（　　）应当由取得相应执业资格的人员担任。

A. 项目负责人　　B. 生产负责人　　C. 主要负责人

答案：A

266. 施工单位应当设立安全生产管理机构，配备（　　）安全生产管理人员。

A. 专职　　B. 兼职　　C. 专兼职

答案：A

267. 专职安全生产管理人员负责对安全生产进行现场(　　)。

A. 管理　　B. 指挥　　C. 监督检查

答案：C

268. 专职安全生产管理人员发现安全事故隐患，应当及时向项目负责人和安全生产管理机构报告；对违章指挥、违章操作的，应当立即(　　)。

A. 批评　　B. 教育　　C. 制止

答案：C

269. 总承包单位应当自行完成建设工程(　　)的施工。

A. 主体结构　　B. 装修工程　　C. 安装工程

答案：A

270. 总承包单位应当(　　)完成建设工程主体结构的施工。

A. 独立　　B. 自行　　C. 协作

答案：B

271. 总承包单位和分包单位对(　　)的安全生产承担连带责任。

A. 分包工程　　B. 分包人员　　C. 分包设备

答案：A

272. 分包单位应当服从总承包单位的安全生产管理，如不服从而导致生产安全事故的，由分包单位承担(　　)责任。

A. 主要　　B. 次要　　C. 连带

答案：A

273. 建设工程施工前，施工单位负责项目管理的(　　)应当对有关安全施工的技术要求向施工作业班组、作业人员作出详细说明，并由双方签字确认。

A. 管理人员　　B. 生产人员　　C. 技术人员

答案：C

274. 建设工程施工前，施工单位负责项目管理的技术人员应当对有关(　　)的技术要求向施工作业班组、作业人员作出详细说明，并由双方签字确认。

A. 文明施工　　B. 安全施工　　C. 全面施工

答案：B

275. 施工单位应当根据不同施工阶段和周围环境及季节、气候的变化，在施工现场采取相应的(　　)措施。

A. 文明施工　　B. 安全施工　　C. 全面施工

答案：B

276. 施工现场使用的装配式活动房屋应当具有(　　)。

A. 生产合格证　　B. 产品合格证　　C. 产品许可证

答案：B

277. 施工单位对因建设工程施工可能造成损害的毗邻建筑物、构筑物和地下管线等，应当采取(　　)措施。

A. 专项施工　　B. 专项防护　　C. 全面防护

答案:B

278.施工单位应当(　　),防止或者减少粉尘、废气、废水、固体废物、噪声、振动和施工照明对人和环境的危害和污染。

A.制定制度　　B.制定措施　　C.采取措施

答案:C

279.施工单位应当向作业人员提供安全防护用具和安全防护服装,并(　　)告知危险岗位的操作规程和违章操作的危害。

A.书面　　B.口头

答案:A

280.施工单位应当向作业人员提供(　　),并书面告知危险岗位的操作规程和违章操作的危害。

A.安全防护用具和安全防护服装　　B.安全防护用具

C.安全防护服装

答案:A

281.作业人员有权对施工现场的作业条件、作业程序和作业方式中存在的安全问题提出批评、检举和控告,(　　)违章指挥和强令冒险作业。

A.有权拒绝　　B.无权拒绝　　C.有权执行

答案:A

282.施工现场的安全防护用具、机械设备、施工机具及配件必须由专人管理,定期进行检查、维修和保养,建立相应的资料档案,并按照国家有关规定及时(　　)。

A.报废　　B.更新　　C.维修

答案:A

283.施工单位应当对(　　)每年至少进行一次安全生产教育培训,其教育培训情况记入个人工作档案。安全生产教育培训考核不合格的人员,不得上岗。

A.管理人员和作业人员　　B.管理人员　　C.作业人员

答案:A

284.施工单位应当对管理人员和作业人员每年至少进行一次(　　)培训,其教育培训情况记入个人工作档案。安全生产教育培训考核不合格的人员,不得上岗。

A.管理规范教育　　B.安全生产教育　　C.文明施工教育

答案:B

285.施工单位在采用新技术、新工艺、新设备、新材料时,应当对(　　)进行相应的安全生产教育培训。

A.作业人员　　B.管理人员　　C.技术人员

答案:A

286.施工单位应当为施工现场从事危险作业的人员办理(　　)保险。

A.商业保险　　B.工伤保险　　C.意外伤害

答案:C

287.意外伤害保险费由(　　)支付。

A.建设单位　　B.施工单位　　C.职工本人

答案:B

288. 实行施工总承包的，由(　　)支付意外伤害保险费。

A. 建设单位　　B. 总承包单位　　C. 分包单位

答案:B

289. 实行施工总承包的，(　　)统一组织编制建设工程生产安全事故应急救援预案。

A. 建设单位　　B. 总承包单位　　C. 分包单位

答案:B

290. 实行施工总承包的，由总承包单位统一组织编制建设工程生产安全事故应急救援预案，工程总承包单位和分包单位按照应急救援预案，(　　)建立应急救援组织或者配备应急救援人员，配备救援器材、设备，并定期组织演练。

A. 各自　　B. 统一　　C. 合作

答案:A

291. 实行施工总承包的建设工程，由(　　)负责上报事故。

A. 建设单位　　B. 总承包单位　　C. 分包单位

答案:B

292. 发生生产安全事故后，(　　)应当采取措施防止事故扩大，保护事故现场。需要移动现场物品时，应当做出标记和书面记录，妥善保管有关证物。

A. 施工单位　　B. 建设单位　　C. 分包单位

答案:A

293. 为了加强建筑起重机械的安全监督管理，防止和减少生产安全事故，保障人民群众生命和财产安全，依据《建设工程安全生产管理条例》、《特种设备安全监察条例》、《安全生产许可证条例》，制定了(　　)。

A.《建筑起重机械安全监督管理规定》　　B.《建筑起重机械管理规定》

C.《建筑起重机械使用规定》

答案:A

294. 建筑起重机械的租赁、安装、拆卸、使用及其监督管理，适用(　　)。

A.《建设工程安全生产管理条例》　　B.《安全生产许可证条例》

C.《建筑起重机械安全监督管理规定》。

答案:C

295.《建筑起重机械安全监督管理规定》所称(　　)，是指纳入特种设备目录，在房屋建筑工地和市政工程工地安装、拆卸、使用的起重机械。

A. 建筑施工机械　　B. 建筑起重机械　　C. 建筑起重设备

答案:B

296.《建筑起重机械安全监督管理规定》所称建筑起重机械，是指纳入(　　)目录，在房屋建筑工地和市政工程工地安装、拆卸、使用的起重机械。

A. 特种设施　　B. 特种设备　　C. 一般设备

答案:B

297. 国务院(　　)对全国建筑起重机械的租赁、安装、拆卸、使用实施监督管理。

A. 建设主管部门　　B. 安全监督部门　　C. 行政主管部门

答案:A

298. 出租单位出租的建筑起重机械和(　　)购置、租赁、使用的建筑起重机械应当具有特种设备制造许可证、产品合格证、制造监督检验证明。

A. 制造单位　　B. 出租单位　　C. 使用单位

答案:C

299. 出租单位出租的建筑起重机械和使用单位购置、租赁、使用的建筑起重机械应当具有(　　)、产品合格证、制造监督检验证明。

A. 特种设备设计许可证　　B. 台帐设备安全许可证

C. 特种设备制造许可证

答案:C

300. 出租单位应当在签订的建筑起重机械租赁合同中,明确(　　)的安全责任。

A. 租赁双方　　B. 承租方　　C. 出租方

答案:A

301. 出租单位应当在签订的建筑起重机械租赁合同中,明确租赁双方的安全责任,并出具建筑起重机械特种设备制造许可证、产品合格证、制造监督检验证明、备案证明和自检合格证明,提交(　　)。

A. 设计文件　　B. 租赁合同　　C. 安装使用说明书

答案:C

302. 国家明令淘汰或禁止使用的建筑起重机械,出租单位或者自购建筑起重机械的使用单位应当予以(　　),并向原备案机关办理注销手续。

A. 报废　　B. 报停　　C. 报销

答案:A

303. 国家明令淘汰或禁止使用的建筑起重机械,出租单位或者自购建筑起重机械的使用单位应当予以报废,并向原备案机关办理(　　)手续。

A. 注册　　B. 注销　　C. 销毁

答案:B

304. 出租单位、自购建筑起重机械的使用单位,应当建立建筑起重机械(　　)档案。

A. 质量技术　　B. 安全资料　　C. 安全技术

答案:C

305. 建筑起重机械使用单位和安装单位应当在签订的建筑起重机械安装、拆卸合同中明确双方的(　　)责任。

A. 安全生产　　B. 安全管理　　C. 质量管理

答案:A

306. 实行施工总承包的,施工总承包单位应当与安装单位签订建筑起重机械安装、拆卸工程(　　)。

A. 安全协议书　　B. 安全责任书　　C. 安全责任状

答案:A

307. 安装单位应当按照(　　)要求,编制建筑起重机械安装、拆卸工程专项施工方案,并由本单位技术负责人签字。

A. 安全技术标准及建筑起重机械性能　　B. 安全技术标准

C. 建筑起重机械性能

答案:A

308. 安装单位应当按照安全技术标准及建筑起重机械性能要求，编制建筑起重机械安装、拆卸工程专项施工方案，并由本单位（　　）签字。

A. 负责人　　B. 生产负责人　　C. 技术负责人

答案：C

309. 安装单位应当将建筑起重机械安装、拆卸工程专项施工方案，安装、拆卸人员名单，安装、拆卸时间等材料报（　　）审核后，告知工程所在地县级以上地方人民政府建设主管部门。

A. 施工总承包单位和监理单位　　B. 施工总承包单位

C. 监理单位

答案：A

310. 安装单位的专业技术人员、专职安全生产管理人员应当进行现场监督，（　　）应当定期巡查。

A. 技术负责人　　B. 专业技术人员　　C. 专职安全生产管理人员

答案：A

311. 建筑起重机械安装完毕后，安装单位应当按照（　　）的有关要求对建筑起重机械进行自检、调试和试运转。

A. 安全技术标准　　B. 安装使用说明书

C. 安全技术标准及安装使用说明书

答案：C

312. 建筑起重机械安装完毕后，安装单位应当按照安全技术标准及安装使用说明书的有关要求对建筑起重机械进行（　　）、调试和试运转。

A. 自检　　B. 互检　　C. 交接间

答案：A

313. 建筑起重机械安装完毕后，安装单位自检合格的，应当出具自检合格证明，并向使用单位进行（　　）。

A. 安全注意事项　　B. 安全使用说明　　C. 安全管理说明

答案：B

314. 实行施工总承包的，由（　　）组织验收。

A. 施工总承包单位　　B. 施工单位　　C. 分包安装单位

答案：A

315. 建筑起重机械在验收前应当经（　　）监督检验合格。

A. 检验检测机构　　B. 有相应资质的检验检测机构

C. 独立检验检测机构

答案：B

316. 建筑起重机械使用单位应当自建筑起重机械安装验收合格之日起30日内，将建筑起重机械安装验收资料、建筑起重机械安全管理制度、特种作业人员名单等，向工程所在地县级以上地方人民政府建设主管部门办理建筑起重机械（　　）。

A. 使用登记　　B. 使用备案　　C. 登记备案

答案：A

317. 建筑起重机械使用单位应当根据不同施工阶段、周围环境以及季节、气候的变化，对建筑起重机械采取相应的（　　）措施。

A. 安全管理　　B. 安全防范　　C. 安全防护

答案:C

318. 建筑起重机械使用单位应指定(　　)设备管理人员、专职安全生产管理人员进行现场监督检查。

A. 专职　　B. 兼职　　C. 专兼职

答案:A

319. 建筑起重机械出现故障或者发生异常情况的,立即(　　)使用,消除故障和事故隐患后,方可重新投入使用。

A. 停止　　B. 修理　　C. 视情况

答案:A

320. 建筑起重机械在使用过程中需要(　　),使用单位应当委托原安装单位或者具有相应资质的安装单位按照专项施工方案实施,并按规定组织验收。验收合格后方可投入使用。

A. 附着的　　B. 顶升的　　C. 维修的

答案:A

321. 建筑起重机械在使用过程中需要(　　),使用单位委托原安装单位或者具有相应资质的安装单位按照专项施工方案实施后,即可投入使用。

A. 附着的　　B. 顶升的　　C. 维修的

答案:B

322. 禁止擅自在建筑起重机械上安装非原制造厂制造的(　　)。

A. 标准节　　B. 标准节和附着装置

C. 附着装置

答案:B

323. 禁止擅自在建筑起重机械上安装(　　)制造的标准节和附着装置。

A. 非原制造厂　　B. 原制造厂　　C. 标准件厂

答案:A

324. 施工总承包单位应当向安装单位提供拟安装设备位置的(　　)资料,确保建筑起重机械进场安装、拆卸所需的施工条件。

A. 基础设计　　B. 基础施工　　C. 工程施工

答案:B

325. 施工现场有多台塔式起重机作业时,(　　)应当组织制定并实施防止塔式起重机相互碰撞的安全措施。

A. 施工总承包单位　　B. 安装单位　　C. 监理单位

答案:A

326. 不同施工单位在同一施工现场使用多台塔式起重机作业时,(　　)应当协调组织制定防止塔式起重机相互碰撞的安全措施。

A. 施工总承包单位　　B. 安装单位　　C. 建设单位

答案:C

327.《宪法》第四十六条规定:中华人民共和国公民有(　　)的权利和义务。

A. 受表扬　　B. 受批评　　C. 受教育

答案:C

328.《建筑法》是我国第一部专门规范各类(　　)的建造和与其配套的线路、管道、设备的安装等建筑施工活动的法律。

A. 房屋建筑及其附属设施　　B. 房屋建筑

C. 附属设施

答案:A

329.(　　)是我国第一部专门规范各类房屋建筑及其附属设施的建造和与其配套的线路、管道、设备的安装等建筑施工活动的法律。

A.《宪法》　　B.《建筑法》　　C.《劳动法》

答案:B

330.《建筑法》第一次以(　　)明确,我国建筑工程安全生产管理必须坚持“安全第一、预防为主”的方针。

A. 法律的名义　　B. 法律的形式　　C. 法律的手段

答案:B

331.《劳动法》于1994年7月5日第28号主席令发布,自(　　)起施行。

A. 1994年7月5日　　B. 1995年5月1日　　C. 1995年1月1日

答案:C

332.《中华人民共和国劳动合同法实施条例》规定:用人单位为劳动者(　　)规定的培训费用。

A. 发放　　B. 领取　　C. 提供

答案:C

333. 特种设备是指涉及(　　)、危险性较大的锅炉、压力容器(含气瓶,下同)、压力管道、电梯、起重机械、客运索道、大型游乐设施和场(厂)内专用机动车辆。

A. 生产安全　　B. 生命安全　　C. 财产安全

答案:B

334.《工伤保险条例》自(　　)起施行。

A. 2003年12月31日　B. 2004年1月1日　C. 2004年4月1日

答案:B

335. 工伤保险是一项建立较早的(　　)制度。

A. 社会保险　　B. 商业保险　　C. 人身保险

答案:A

336. 劳动能力鉴定是劳动和社会保障行政部门的一项重要工作,是确定工伤保险待遇的(　　)。

A. 基础　　B. 基本　　C. 根本

答案:A

337.《工伤保险条例》的规定,工伤保险待遇从(　　)支付。

A. 社会保险基金　　B. 养老保险基金　　C. 工伤保险基金

答案:C

338. 施工总承包企业承揽工程后,可以将工程中的部分工程(　　)给具有相应资质的专业承包企业或者劳务分包企业。

A. 直接分包　　B. 肢解分包　　C. 合法分包

答案:C

339.对从业人员和特种作业人员进行安全生产教育和培训,特种作业人员还应经有关业务主管部门考核合格,取得特种作业操作资格证书等是企业申办(　　)的重要内容之一。

A.安全生产许可证　　B.施工许可证　　C.资格证书

答案:A

340.生产经营单位主要负责人是指在本单位的日常生产经营活动中具有(　　)的领导人或领导层。

A.执行权　　B.决策权　　C.领导权

答案:B

341.《安全生产法》第十八条规定:生产经营单位应当具备的(　　)所必需的资金投入,由生产经营单位的决策机构、主要负责人或者个人经营的投资人予以保证,并对由于安全生产所必需的资金投入不足导致的后果承担责任。

A.与资质相适应的条件　B.安全生产设施　　C.安全生产条件

答案:C

342.《建筑法》第38条规定:"建筑施工企业在编制施工组织设计时,应当根据建筑工程的特点制定相应的(　　);对专业性较强的工程项目,应当编制专项安全施工组织设计,并采取安全技术措施。"

A.安全技术措施　　B.安全技术交底　　C.安全技术方案

答案:A

343."安全设施"是指:防止伤亡事故和职业病的发生而采取的(　　)职业危害因素的设备、装置、防护用具及其他防范技术措施的总称。

A.减少　　B.消除　　C.避免

答案:B

344.《劳动法》明确规定,国家对(　　)实行特殊保护。

A.女职工　　B.未成年工　　C.女职工和未成年工

答案:C

345.禁止安排女职工从事国家规定的(　　)体力劳动强度的劳动和其他紧急从事的劳动。

A.第四级　　B.第三级　　C.第二级

答案:A

346.《安全生产法》第二十一条、二十二条要求。从业人员(　　)本岗位安全操作技能。

A.了解　　B.熟悉　　C.掌握

答案:C

347.(　　)特种作业的人员称为特种作业人员。

A.直接从事　　B.从事　　C.与从事

答案:A

348.生产经营单位(　　)因从业人员对本单位安全生产工作提出批评、检举、控告或者拒绝违章指挥、强令冒险作业而降低其工资、福利等待遇或者解除与其订立的劳动合同。

A.必须　　B.可以　　C.不得

答案:C

349. 对从业人员进行培训既是用人单位的(　　),同时也是从业人员应该享受的权利。

A. 权利　　B. 义务　　C. 责任

答案:B

350. 职工工作时间前后在工作场所内,从事与工作有关的预备性或者收尾性工作受到事故伤害的应该(　　)。

A. 认定为工伤　　B. 视同工伤　　C. 不能认定工伤

答案:A

351. 职工在工作时间和工作岗位,突发疾病死亡或者在 48 h 之内经抢救无效死亡的应该(　)。

A. 认定为工伤　　B. 视同工伤　　C. 不能认定工伤

答案:B

352. 职工发生自残或者自杀的(　　)。

A. 认定为工伤　　B. 视同工伤　　C. 不能认定工伤

答案:C

353. 劳动防护用品是职工在(　　)中为防御外界因素伤害人体而穿戴和配备的各种物品的总称。

A. 生产过程　　B. 工作过程　　C. 劳动过程

答案:C

354. 建筑施工特种作业人员必须经(　　)考核合格,取得建筑施工特种作业人员操作资格证书,方可上岗从事相应作业。

A. 建设主管部门　　B. 行政部门　　C. 安监局

答案:A

355. 用人单位有权在(　　)允许的情况下制订劳动纪律,并对违反劳动纪律的劳动者进行处理。

A. 主管部门　　B. 各级领导　　C. 法律

答案:C

356. 职业道德,是指所从业人员在职业活动中(　　)遵循的行为准则。

A. 可以　　B. 应该　　C. 必须

答案:B

357. 在生产劳动过程中,每个人都遵守(　　),是保证生产正常进行和提高劳动生产率的需要。

A. 劳动纪律　　B. 职业道德　　C. 劳动纪律和职业道德

答案:C

358. 劳动纪律和职业道德共同的(　　)都是劳动者,劳动者在遵守劳动纪律的同时,也应当具有良好的职业道德。

A. 主体　　B. 对象　　C. 目的

答案:A

359. 劳动纪律的直接目的是保证劳动者(　　)的实现,保证劳动者能按时、按质、按量完成自己的本职工作。

A. 劳动义务　　B. 劳动权利　　C. 劳动义务和劳动权利

答案：A

360. 安全技术交底是(　　)安全教育的一种形式，具有一定的针对性、时效性和可操作性，能具体指导工人安全施工。

A. 一般性　　B. 普遍性　　C. 特殊性

答案：C

361. 安全技术交底要求交底人和被交底人(　　)分别在安全技术交底上签字。

A. 双方　　B. 一方　　C. 单方

答案：A

362. 工程开工前，项目经理部(　　)必须将工程概况、施工方法、施工工艺、施工程序、安全技术措施，向承担施工的作业队长、班组长和相关人员进行安全技术交底。

A. 项目经理　　B. 生产经理　　C. 技术负责人

答案：C

363. 生产班组的安全生产由(　　)全面负责。

A. 班组长　　B. 专职安全员　　C. 兼职安全员

答案：A

364. 班组班前教育的目的是提高广大职工的(　　)能力。

A. 整体保护　　B. 相互保护　　C. 自我保护

答案：C

365. 高处作业人员应从规定的(　　)上下，不得攀爬井架、龙门架、脚手架，更不能乘坐非载人的垂直运输设备上下。

A. 通道　　B. 出入口　　C. 电梯口

答案：A

366. 防护棚搭设与拆除时，应设警戒区，并应派专人监护。(　　)上下同时拆除。

A. 可以　　B. 正确防护后　　C. 严禁

答案：C

367. (　　)栏杆或栏板的阳台、料台与挑平台周边，雨篷与挑檐边，无外脚手的屋面与楼层周边及水箱与水塔周边等处，都必须设置防护栏杆。

A. 尚未安装　　B. 已经安装　　C. 准备安装

答案：A

368. 各种垂直运输接料平台，除两侧设防护栏杆外，平台口还应设置(　　)。

A. 安全门或活动防护栏杆　　B. 安全网

C. 安全围栏

答案：A

369. 在施工现场，借助于登高工具或登高设施，在(　　)条件下进行的作业称为攀登作业。

A. 悬空　　B. 临边　　C. 攀登

答案：C

370. 混凝土浇筑时的悬空作业，在特殊情况下如无可靠的安全设施，必须(　　)，或架设安全网。

A. 系好安全带并扣好保险钩　　B. 系好安全带

C. 戴好安全帽

答案:A

371. 进行各项窗口作业时,操作人员的(　　)应位于室内,不得在窗台上站立,必要时应系好安全带进行操作。

A. 上半身　　B. 下半身　　C. 重心

答案:C

372. 操作平台的平台高度超过 2 m 时,应在四周装设(　　)。

A. 防护栏杆　　B. 安全网　　C. 脚手架

答案:A

373. 操作平台四周必须按(　　)要求设置防护栏杆,并应布置登高扶梯。

A. 高空作业　　B. 悬空作业　　C. 临边作业

答案:C

374. 操作平台上人员和物料的总重量,严禁超过设计的(　　)荷载。

A. 容许　　B. 最大　　C. 计算

答案:A

375. 由于上方施工可能坠落物件或处于起重机把杆回转范围之内的通道,在其受影响的范围内,必须搭设顶部能防止穿透的(　　)防护廊。

A. 单层　　B. 双层　　C. 普通

答案:B

376. 建筑施工进行高处(　　),应进行安全防护设施的逐项检查和验收。

A. 作业之前　　B. 作业过程中　　C. 作业之后

答案:A

377. 劳动防护用品是对劳动者本人采取的(　　)技术措施。

A. 工程防护性　　B. 整体防护性　　C. 个人防护性

答案:C

378. 在保证安全性能的前提下,安全帽的重量越轻越好,普通安全帽的重量不应超过(　　)克。

A. 430　　B. 460　　C. 690

答案:A

379. 安全帽的下额带破断时的力值应介于(　　)之间。

A. 100 N～200 N　　B. 150 N～250 N　　C. 200 N～300 N

答案:B

380. 生产企业应逐批进行出厂检验。检验批量以一次(　　)为一批次,最大批量应小于 8 万顶。

A. 生产投料　　B. 生产批量　　C. 生产批次

答案:A

381. 安全带使用过程中应(　　),注意防止摆动碰撞。将安全带挂在高处,人在下面工作就叫高挂低用。

A. 高挂高用　　B. 高挂低用　　C. 低挂高用

答案:B

382. 各类机床或有被夹挤危险的地方,(　　)使用手套。

A. 必须　　B. 可以　　C. 严禁

答案:C

383. 绝缘手套必须要求每次使用之前进行(　　),每半年至少做一次电性能测试,如不合格不可继续使用。

A. 吹气自检　　B. 外观自检　　C. 性能自检

答案:A

384. 劳动保护用品必须以(　　)形式发放,不得以货币或其他物品替代。

A. 实物　　B. 货币　　C. 购物卷

答案:A

385. 从业人员对企业提供的不合格劳动保护用品(　　)使用。

A. 必须　　B. 无权拒绝　　C. 有权拒绝

答案:C

386. 安全标志是用以表达特定(　　)的标志。

A. 施工信息　　B. 安全信息　　C. 安全管理

答案:B

387. 蓝色表示指令,其内容是要求人们(　　)的规定。

A. 必须遵守　　B. 警告人们注意　　C. 表示允许

答案:A

388. 对比色红色与白色相间条纹,表示(　　)。

A. 禁止人们进入危险的环境　　B. 提示人们特别注意的意思

C. 必须遵守规定的信息　　D. 更为醒目的提示

答案:A

389. 对比色黄色与黑色相间条纹,表示(　　)。

A. 禁止人们进入危险的环境　　B. 提示人们特别注意的意思

C. 必须遵守规定的信息　　D. 更为醒目的提示

答案:B

390. 对比色蓝色与白色相间条纹,表示(　　)。

A. 禁止人们进入危险的环境　　B. 提示人们特别注意的意思

C. 必须遵守规定的信息　　D. 更为醒目的提示

答案:C

391. 对比色绿色与白色相间的条纹,与提示标志牌同时使用,(　　)人们。

A. 禁止人们进入危险的环境　　B. 提示人们特别注意的意思

C. 必须遵守规定的信息　　D. 更为醒目的提示

答案:D

392. 施工现场应将火灾危险性大的区域布置在施工现场常年(　　)的下风侧或侧风向。

A. 主要建筑物　　B. 主导航向　　C. 主导风向

答案:C

393. 为了搞好施工现场的消防安全工作,应成立(　　)安全组织,负责日常防火巡查工作和对突发事件的处理。

A. 专业消防　　B. 有偿消防　　C. 义务消防

答案:C

394. 施工现场应适当设置(　　)或指定安全的吸烟地点。

A. 宿舍　　B. 吸烟室　　C. 食堂

答案:B

395. 电气焊作业区进行电焊作业,首先清理施焊现场(　　)内的易燃易爆物品,并采取规定的防护措施。

A. 10 m　　B. 15 m　　C. 20 m

答案:A

396. (　　)在运行中的压力管道,装有易燃易爆物品的容器和承载受力构件上进行焊接。

A. 加强防护措施允许　　B. 不得　　C. 严禁

答案:C

397. 隔离灭火法是将正在燃烧的物质和周围未燃烧的可燃物质隔离或移开,中断可燃物质的供给,使燃烧因缺少(　　)而停止。

A. 可燃物　　B. 点火源　　C. 助燃物

答案:A

398. 窒息灭火法是阻止空气流入燃烧区或用不燃烧区或用不燃物质冲淡空气,使燃烧物得不到足够的(　　)而熄灭的灭火方法。

A. 氢气　　B. 氧气　　C. 氯气

答案:B

399. 成年人大约有 5 000 ml 血液,当伤员出血量达(　　)ml 左右,就会有生命危险,必须紧急对伤员止血。

A. 1 000　　B. 1 500　　C. 2 000

答案:C

400. 止血带使用时间不能超过(　　)h,不能用金属丝、线带等作止血带。

A. 0.5　　B. 1　　C. 1.5

答案:B

401. 当有异物刺入体内,(　　),应该先用棉垫等物将异物固定住再包扎。

A. 马上拔出　　B. 小心拔出　　C. 切忌拔出

答案:C

402. 切记千万(　　)在断肢上涂碘酒、酒精或其他消毒液。

A. 细心地　　B. 不要　　C. 大量

答案:B

403. 灭火的最佳时机时是(　　)时,此时立即予以扑灭,即能迅速遏止火灾发生或蔓延。

A. 火源初萌　　B. 火源燃旺　　C. 火源熄灭

答案:A

404. 如发现受伤者的眼球鼓出或从眼球脱出的东西,(　　),这样做十分危险,可能会把能恢复的伤眼弄坏。

A. 马上推回眼内　　B. 不可把它推回眼内

答案:B

405.(　　)可以从事电气设备及电气线路的安装、维修和拆除。

A. 专职电工　　B. 任何人　　C. 管理人员

答案:A

406. 电伤是(　　)的热效应、化学效应或机械效应对人体造成的伤害。

A. 电压　　B. 电流　　C. 电阻

答案:B

二、多项选择题

1. 安全生产相关的法律法规按其立法的主体、法律效力不同可分为(　　)。

A. 宪法　　B. 安全生产法律

C. 行政法规、地方性行政法规、部门规章　　D. 标准

答案:ABCD

2. 宪法是我国安全生产法律法规的首要形式,在安全生产的法律法规体系中(　　)。

A. 居最高地位

B. 是根本法

C. 具有最高的法律效力

D. 其他安全生产的法律法规可与之相抵触

答案:ABC

3. 宪法规定:国家通过各种途径,(　　)并在发展生产的基础上,提高劳动报酬和福利待遇。

A. 创造劳动就业条件　　B. 加强劳动保护

C. 改善劳动条件　　D. 见义勇为

答案:ABC

4. 宪法规定:中华人民共和国公民有(　　)的权利和义务。

A. 劳动　　B. 受教育

C. 改善劳动条件　　D. 创造劳动就业条件

答案:AB

5. 建筑法第一次以法律的形式明确,我国建筑工程安全生产管理必须坚持(　　)的方针。

A. 安全第一　　B. 预防为主　　C. 防止结合　　D. 预防第一

答案:AB

6. 制定《中华人民共和国劳动法》的目的是(　　)。

A. 保护劳动者的合法权益

B. 调整劳动关系

C. 建立和维护适应社会主义市场经济的劳动制度

D. 促进经济发展和社会进步

答案:ABCD

7. 制定《中华人民共和国安全生产法》的目的是(　　)。

A. 为了加强安全生产监督管理

B. 防止和减少生产安全事故

C. 保障人民群众生命和财产安全

D. 促进经济发展

答案:ABCD

8. 为建设工程提供机械设备和配件的单位,应当按照安全施工的要求配备齐全有效的( )等安全设施和装置。

A. 保险　　B. 起重　　C. 限位　　D. 铲车

答案:AC

9. 出租的机械设备和施工机具及配件,应当具有的资料包括( )。

A. 安全　　B. 生产(制造)许可证

C. 产品合格证　　D. 检测合格证明

答案:BCD

10.《建设工程安全生产管理条例》规定:施工单位从事建设工程的新建、扩建、改建和拆除等活动,应当具备国家规定的( ),依法取得相应等级的资质证书,并在其资质等级许可的范围内承揽工程。

A. 注册资本　　B. 专业技术人员

C. 技术装备和安全生产条件　　D. 科技水平

答案:ABC

11.《建设工程安全生产管理条例》规定:( )爆破作业人员等特种作业人员,必须按照国家有关规定经过专门的安全作业培训,并取得特种作业操作资格证书后,方可上岗作业。

A. 垂直运输机械作业人员　　B. 安装拆卸工

C. 起重信号工　　D. 登高架设作业人员

答案:ABCD

12. 施工单位对列入建设工程概算的安全作业环境及安全施工措施所需费用,应当用于( ),不得挪作他用。

A. 改善生活条件

B. 施工安全防护用具及设施的采购和更新

C. 安全施工措施的落实

D. 安全生产条件的改善

答案:BCD

13. 建设工程施工前,施工单位负责项目管理的技术人员应当对有关安全施工的技术要求向施工( )作出详细说明,并由双方签字确认。

A. 作业班组　　B. 作业人员　　C. 管理人员　　D. 项目经理

答案:AB

14. 施工单位对因建设工程施工可能造成损害的( )等,应当采取专项防护措施。

A. 毗邻建筑物　　B. 绿化广场　　C. 构筑物　　D. 地下管

答案:ACD

15. 施工单位职工的( )等应当符合卫生标准。

A. 作业区　　B. 膳食　　C. 饮水　　D. 休息场所

答案:BCD

16. 施工单位应当遵守有关环境保护法律、法规的规定,在施工现场采取措施,防止或者减少粉尘、( )和施工照明对人和环境的危害和污染。

A. 废气　　B. 废水　　C. 固体废物

D. 噪声　　E. 振动

答案：ABCDE

17. 施工单位使用承租的机械设备和施工机具及配件的，由（　　）共同进行验收。验收合格的方可使用。

A. 施工总承包单位　　B. 分包单位　　C. 出租单位　　D. 安装单位

答案：ABCD

18.《中华人民共和国劳动合同法实施条例》规定：用人单位为劳动者提供规定的培训费用，包括（　　）。

A. 临建宿舍

B. 用人单位为了对劳动者进行专业技术培训而支付的有凭证的培训费用

C. 培训期间的差旅费用

D. 因培训产生的用于该劳动者的其他直接费用

答案：BCD

19. 有下列情形（　　）之一的，依照劳动合同法规定的条件、程序，劳动者可以与用人单位解除固定期限劳动合同、无固定期限劳动合同或者以完成一定工作任务为期限的劳动合同。

A. 劳动者与用人单位协商一致的

B. 劳动者提前 30 日以书面形式通知用人单位的

C. 劳动者在试用期内提前 3 日通知用人单位的

D. 用人单位未及时足额支付劳动报酬的

答案：ABCD

20. 有下列情形（　　）之一的，依照劳动合同法规定的条件、程序，劳动者可以与用人单位解除固定期限劳动合同、无固定期限劳动合同或者以完成一定工作任务为期限的劳动合同。

A. 用人单位未按照劳动合同约定提供劳动保护或者劳动条件的

B. 用人单位以欺诈、胁迫的手段或者乘人之危，使劳动者在违背真实意思的情况下订立或者变更劳动合同的

C. 用人单位未依法为劳动者缴纳社会保险费的

D. 用人单位的规章制度违反法律、法规的规定，损害劳动者权益的

答案：ABCD

21. 有下列情形（　　）之一的，依照劳动合同法规定的条件、程序，劳动者可以与用人单位解除固定期限劳动合同、无固定期限劳动合同或者以完成一定工作任务为期限的劳动合同。

A. 用人单位在劳动合同中免除自己的法定责任、排除劳动者权利的

B. 用人单位违反法律、行政法规强制性规定的

C. 用人单位以暴力、威胁或者非法限制人身自由的手段强迫劳动者劳动的

D. 用人单位违章指挥、强令冒险作业危及劳动者人身安全的

E. 法律、行政法规规定劳动者可以解除劳动合同的其他情形

答案：ABCDE

22.《特种设备安全监察条例》规定了特种设备设计、制造、（　　）检验检测全过程安全监察的基本制度。

A. 安装　　B. 改造　　C. 维修　　D. 使用

答案:ABCD

23. 特种设备是指涉及生命安全、危险性较大的锅炉、压力管道、客运索道、大型游乐设施和(　　)。

A. 压力容器(含气瓶)　　B. 电梯

C. 起重机械　　D. 场(厂)内专用机动车辆

答案:ABCD

24. 特种设备的设计、制造、安装、改造、维修、使用、检验检测等存在一定的(　　)。

A. 特殊性　　B. 一般性　　C. 危险性　　D. 安全性

答案:AC

25. 特种设备使用单位应当对在用特种设备的(　　)及有关附属仪器仪表进行定期校验、检修,并作出记录。

A. 基础　　B. 安全附件　　C. 安全保护装置　　D. 测量调控装置

答案:BCD

26. 建筑起重机械的(　　)及其监督管理,适用《建筑起重机械安全监督管理规定》的规定。

A. 制造　　B 租赁

C. 安装　　D. 拆卸

E. 使用

答案:BCDE

27.《建筑起重机械安全监督管理规定》:规定有下列情形(　　)之一的建筑起重机械,不得出租、使用。

A. 属国家明令淘汰或者禁止使用的

B. 超过安全技术标准或者制造厂家规定的使用年限的

C. 经检验达不到安全技术标准规定的

D. 没有完整安全技术档案的

E. 没有齐全有效的安全保护装置的

答案:ABCDE

28. 建筑起重机械(　　)司索工等特种作业人员应当经建设主管部门考核合格,并取得特种作业操作资格证书后,方可上岗作业。

A. 安装拆卸工　　B. 起重信号工　　C. 起重司机　　D. 制造者

答案:ABC

29. 制定《工伤保险条例》的目的是为了保障(　　)的职工获得医疗救治和经济补偿,促进工伤预防和职业康复,分散用人单位的工伤风险。

A. 因工作遭受事故伤害　　B. 打架斗殴

C. 患职业病　　D. 交通肇事逃逸

答案:AC

30. 工伤保险具有(　　)的特性。

A. 补偿性　　B. 保险补偿

C. 风险共担　　D. 无责任补偿的原则

答案:ABCD

31.《工伤保险条例》规定:职工有下列情形(　　)之一者,应当认定为工伤。

A. 工作时间和工作场所内,因工作原因受到事故伤害的

B. 工作时间前后在工作场所内,从事与工作有关的预备性或者收尾性工作受到事故伤害的

C. 在工作时间和工作场所内,因履行工作职责受到暴力等意外伤害的

D. 醉酒导致伤亡的

E. 患职业病的

答案:ABCE

31.《工伤保险条例》规定:职工有下列情形(　　)之一者,应当认定为工伤。

A. 因工外出期间,由于工作原因受到伤害或者发生事故下落不明的

B. 在上下班途中,受到机动车事故伤害的

C. 在工作时间和工作场所内,因履行工作职责受到暴力等意外伤害的

D. 在抢险救灾等维护国家利益、公共利益活动中受到伤害的

答案:ABC

32.《工伤保险条例》规定:职工有下列情形(　　)之一者,视同工伤。

A. 因犯罪或者违反治安管理伤亡的

B. 在工作时间和工作岗位,突发疾病死亡或者在48小时之内经抢救无效死亡的

C. 在抢险救灾等维护国家利益、公共利益活动中受到伤害的

D. 职工原在军队服役,因战、因公负伤致残,已取得革命伤残军人证,到用人单位后旧伤复发的

答案:BCD

33.《工伤保险条例》规定:职工有下列情形(　　)之一者,不得认定工伤或视同工伤。

A. 因犯罪或者违反治安管理伤亡的

B. 醉酒导致伤亡的

C. 自残或者自杀的

D. 在工作时间和工作岗位,突发疾病死亡或者在48小时之内经抢救无效死亡的

答案:ABC

34. 用人单位未按规定提出工伤认定申请的,(　　)可以在事故伤害发生之日或者被诊断、或鉴定为职业病之日起1年内,直接向用人单位所在的统筹地区劳动保障行政部门提出工伤认定申请。

A. 工伤职工　　　　B. 者其直系亲属

C. 工会组织　　　　D. 社保机构

答案:ABC

35. 工伤职工提出工伤认定申请应当提交的材料包括(　　)。

A. 工伤认定申请表

B. 劳动合同文本或者其他与用人单位存在劳动关系(包括事实劳动关系)的证明材料

C. 医疗机构出具的受伤后诊断证明或者职业病诊断机构出具的职业病诊断证明书(或者鉴定机构出具的职业病诊断鉴定书)

D. 其他要求的材料

答案:ABCD

36. 劳动能力鉴定申请提交的资料包括(　　)检查、检验等诊疗材料。

A. 劳动能力鉴定申请表　　B. 工伤认定决定书

C. 医疗机构出具的病历　　D. 诊断证明

答案:ABCD

37. 劳动能力鉴定是指(　　)的等级鉴定。

A. 劳动功能障碍程度　　B. 生活自理障碍程度

C. 伤残程度　　D. 智力水平

答案:AB

38.《安全生产法》规定:生产经营单位主要负责人对本单位安全生产负有(　　)职责。

A. 建立、健全本单位安全生产责任制

B. 组织制定本单位安全生产规章制度和操作规程

C. 保证本单位安全生产投入的有效实施

D. 组织安全生产检查

答案:ABC

39.《安全生产法》规定:生产经营单位主要负责人对本单位安全生产负有(　　)职责。

A. 亲自去施工现场检查安全生产

B. 督促、检查本单位的安全生产工作,及时消除生产安全事故隐患

C. 组织制定并实施本单位的生产安全事故应急救援预案

D. 及时、如实报告生产安全事故

答案:BCD

40. 生产经营单位应当具备安全生产法和有关法律、(　　)规定的安全生产条件。

A. 行政法规　　B. 国家标准　　C. 临电规范　　D. 行业标准

答案:ABD

41. 劳动安全卫生制度主要指生产经营单位依法建立的(　　)等。

A. 安全生产责任制

B. 安全技术措施计划制度

C. 安全生产教育制度

D. 安全卫生检查制度

E. 伤亡事故职业病统计报告和处理制度

答案:ABCDE

42. 劳动安全卫生标准共分三级,即(　　)。

A. 国家标准　　B. 行业标准　　C. 地方标准　　D. 企业标准

答案:ABC

43. 建筑施工企业应当遵守有关环境保护和安全生产的法律、法规的规定,采取控制和处理施工现场的各种(　　)对环境的污染和危害的措施。

A. 粉尘　　B. 废气　　C. 废水

D. 固体废物　　E. 噪声　　F. 振动

答案:ABCDEF

44.《安全生产法》规定:生产经营单位应当对从业人员进行安全生产教育和培训,保证从业人员(　　)。未经安全生产教育和培训合格的从业人员,不得上岗作业。

A. 具备必要的安全生产知识
B. 熟悉有关的安全生产规章制度
C. 熟悉有关的安全操作规程
D. 掌握本岗位的安全操作技能
答案:ABCD
45. 新进场的作业人员必须进行(　　)的三级安全教育,经考核合格,方能上岗。
A. 公司　　B. 项目　　C. 班组
答案:ABC
46. 从业人员的权利包括(　　)。
A. 劳动的权利
B. 知情权
C. 批评、检举、控告权
D. 拒绝违章指挥和强令冒险作业的权利
答案:ABCD
47. 从业人员的权利包括(　　)。
A. 紧急避险权
B. 接受培训的权利
C. 享有意外伤害保险、工伤保险权和要求民事赔偿的权利
D. 依法参加工会组织
答案:ABCD
48. 生产经营单位的从业人员有权了解其作业场所和工作岗位存在的(　　),有权对本单位的安全生产工作提出建议。
A. 危险因素
B. 防范措施
C. 事故应急措施
D. 拒绝违章指挥和强令冒险作业的权利
答案:ABC
49.《安全生产法》规定从业人员的义务包括(　　)。
A. 遵守安全生产规章制度和操作规程
B. 服从管理的义务
C. 正确佩戴和使用劳动防护用品的义务
D. 掌握安全生产知识和提高安全生产技能的义务
E. 发现事故隐患或者职业危害及时报告的义务
答案:ABCDE
50.《安全生产法》规定:从业人员应当接受安全生产教育和培训,掌握本职工作所需的(　　)。
A. 安全生产知识　　B. 提高安全生产技能
C. 事故预防　　D. 应急处理能力
答案:ABCD
51.《建筑施工特种作业人员管理规定》规定:建筑施工特种作业包括(　　)以及经省级以

上人民政府建设主管部门认定的其他特种作业。

A. 建筑电工　　B. 建筑架子工
C. 建筑起重信号司索工　　D. 建筑起重机械司机
E. 建筑起重机械安装拆卸工　　F. 高处作业吊篮安装拆卸工

答案：ABCDEF

52. 从事建筑施工特种作业的人员，符合下列基本条件（　　）。

A. 年满 18 周岁且符合相关工种规定的年龄要求
B. 经医院体检合格且无妨碍从事相应特种作业的疾病和生理缺陷
C. 初中及以上学历
D. 符合相应特种作业需要的其他条件

答案：ABCD

53. 任何单位和个人不得非法（　　）或者以其他形式转让资格证书。

A. 涂改　　B. 倒卖　　C. 出租　　D. 出借

答案：ABCD

54. 建筑施工特种作业人员申请延期复核，应当提交下列材料（　　）。

A. 身份证（原件和复印件）
B. 体检合格证明
C. 年度安全教育培训证明或者继续教育证明
D. 用人单位出具的特种作业人员管理档案记录
E. 考核发证机关规定提交的其他资料

答案：ABCDE

55. 建筑施工特种作业人员在资格证书有效期内，有下列情形（　　）之一的，延期复核结果为不合格。

A. 超过相关工种规定年龄要求的
B. 身体健康状况不再适应相应特种作业岗位的
C. 对生产安全事故负有责任的
D. 2 年内违章操作记录达 3 次（含 3 次）以上的

答案：ABCD

56. 特种作业人员考核发证机关应当在每年年底向国务院建设主管部门报送建筑施工特种作业人员（　　）情况的年度统计信息资料。

A. 考核发证　　B. 违章情况　　C. 延期复核　　D. 相关资料

答案：AC

57. 发生以下（　　）情况时，考核发证机关应当撤销特种作业人员资格证书。

A. 持证人弄虚作假骗取资格证书或者办理延期复核手续的
B. 考核发证机关工作人员违法核发资格证书的
C. 考核发证机关规定应当撤销资格证书的其他情形

答案：ABC

58. 有下列情形（　　）之一的，考核发证机关应当注销特种作业人员资格证书。

A. 依法不予延期的
B. 持证人逾期未申请办理延期复核手续的

C. 持证人死亡或者不具有完全民事行为能力的

D. 考核发证机关规定应当注销的其他情形

答案：ABCD

59. 参加特种作业人员考核应当具备的条件包括(　　)。

A. 年满 18 周岁且符合相应特种作业规定的年龄要求

B. 近 3 个月内经二级乙等以上医院体检合格且无妨碍从事相应特种作业的疾病和生理缺陷

C. 初中及以上学历

D. 符合相应特种作业规定的其他条件

答案：ABCD

60. 建筑施工特种作业人员考核内容应当包括(　　)。

A. 安全生产知识　　B. 建筑施工知识

C. 安全技术理论　　D. 安全操作技能

答案：CD

61. 建筑施工特种作业人员考核内容分(　　)三类。

A. 掌握　　B. 熟悉　　C. 了解

答案：ABC

62. 安全操作技能考核，采用(　　)等方式。考核实行百分制，70 分为合格。

A. 微机考试　　B. 实际操作　　C. 模拟操作　　D. 口试

答案：BCD

63. 建筑架子工(普通脚手架)的作业范围包括：在建筑工程施工现场从事(　　)。

A. 落地式脚手架　　B. 悬挑式脚手架

C. 模板支架　　D. 外电防护架

答案：ABCD

64. 建筑架子工(普通脚手架)的作业范围包括：在建筑工程施工现场从事(　　)。

A. 卸料平台　　B. 洞口临边防护等登高架设

C. 维护　　D. 拆除作业

答案：ABCD

65. 建筑架子工(附着升降脚手架)的作业范围包括：在建筑工程施工现场从事附着式升降脚手架的(　　)等作业。

A. 安装　　B. 升降　　C. 维护　　D. 拆卸

答案：ABCD

66. 建筑起重机械司机(塔式起重机)的作业范围包括：在建筑工程施工现场从事(　　)塔式起重机的驾驶操作。

A. 固定式　　B. 轨道式　　C. 内爬升式　　D. 提升式

答案：ABC

67. 建筑起重机械安装拆卸工(塔式起重机)的作业范围包括：在建筑工程施工现场从事固定式、轨道式和内爬升式塔式起重机的(　　)。

A. 安装　　B. 附着　　C. 顶升　　D. 拆卸作业

答案：ABCD

68. 建筑施工特殊工种的技术考核大纲包括(　　)的内容。

A. 安全技术理论　　B. 安全操作技能　　C. 安全生产基本知识

答案:AB

69. 安全技术理论分为(　　)。

A. 安全生产基本知识　　B. 专业基础知识　　C. 专业技术理论

答案:ABC

70. 安全技术理论中的安全生产基本知识包括(　　)。

A. 了解建筑安全生产法律法规和规章制度

B. 熟悉有关特种作业人员的管理制度

C. 掌握从业人员的权利义务和法律责任

D. 熟悉高处作业安全知识

答案:ABCD

71. 安全技术理论中的安全生产基本知识包括(　　)。

A. 掌握安全防护用品的使用

B. 熟悉安全标志、安全色的基本知识

C. 熟悉施工现场消防知识

D. 了解现场急救知识

E. 熟悉施工现场安全用电基本知识

答案:ABCDE

72. 劳动纪律是(　　)的重要保证。

A. 劳动者应当履行规定的义务

B. 企业正常生产、生活秩序

答案:AB

73. 每个人都应该要做到遵纪守法,做到(　　),遵守企业各项纪律和规范。

A. 学法　　B. 知法　　C. 守法　　D. 用法

答案:ABCD

74. 用人单位根据工作实际编制的(　　)等,都是确保安全生产必要的手段。

A. 新设备操作规程　　B. 规章制度　　C. 操作规程　　D. 劳动纪律

答案:BCD

75. 职业道德是指从事一定职业劳动的人们,在特定的工作和劳动中以其内心信念和特殊社会手段来维系的,以善恶进行评价的(　　)的总和。

A. 法律约束　　B. 心理意识　　C. 行为原则　　D. 行为规范

答案:BCD

76. 职业道德是人们在从事职业的过程中形成的一种(　　)的约束机制。

A. 内在的　　B. 外在的　　C. 强制性　　D. 非强制性

答案:AD

77. 建筑工人职业道德基本规范包括(　　)等。

A. 忠于职守　　B. 热爱本职　　C. 信誉至上　　D. 遵纪守法

答案:ABCD

78. 建筑行业从业人员的职业道德包括(　　)。

A. 个人利益服从集体利益　B. 个人利益服从国家利益
C. 暂时利益服从长远利益　D. 局部利益服从整体利益
答案:ABCD

79. 劳动纪律和职业道德都是为调解(　　)之间的劳动关系的而产生的,他们之间既相互联系又有区别。
A. 人与社会　B. 集体与社会　C. 人与人　D. 人与集体
答案:CD

80. 劳动纪律和职业道德的主要相同点是(　　)。
A. 主体相同　B. 调整对象相同　C. 最终目的相同　D. 内容相同
答案:ABC

81. 劳动纪律与职业道德的区别是(　　)。
A. 性质不同　B. 直接目的不同　C. 调整对象不同　D. 实现手段不同
答案:ABD

82. 劳动纪律的直接目的是保证劳动者劳动义务的实现,保证劳动者能(　　)完成自己的本职工作。
A. 按分类　B. 按时　C. 按质　D. 按量
答案:BCD

83. 我国安全生产的方针是(　　)。
A. 防治结合　B. 安全第一　C. 预防为主　D. 综合治理
答案:BCD

84.《安全生产法》规定:生产经营单位应当对从业人员进行安全生产教育和培训,保证(　　)。
A. 从业人员具备必要的安全生产知识
B. 熟悉有关的安全生产规章制度
C. 熟悉有关的安全生产安全操作规程
D. 掌握本岗位的安全操作技能
答案:ABCD

85. 一般性教育是指对施工人员进行有关常识性安全知识教育,分为(　　)等。
A. 特种作业安全教育　B. 入场三级教育
C. 班前活动教育　D. 周一例会教育
答案:BCD

86.《建筑业企业职工安全培训教育暂行规定》规定:建筑业企业新进场的工人,必须接受(　　)的三级安全培训教育,经考核合格后,方能上岗。
A. 集团　B. 公司
C. 项目(或工区、工程处、施工队,下同)　D. 班组
答案:BCD

87. 新进场的人员是指第一次进入建筑施工现场的所有人员,包括(　　)及参加劳动的学生等。
A. 合同工　B. 临时工　C. 代训工　D. 实习人员
答案:ABCD

88. 三级安全教育中公司教育的内容包括(　　)。

A. 国家的安全生产方针、政策

B. 安全生产法规、标准和法制观念

C. 施工过程及安全安全生产规章制度,安全纪律

D. 公司安全生产形势、历史上发生的重大事故从中吸取教训

E. 事故后如何抢救伤员、排险、保护现场与及时报告

答案:ABCDE

89. 三级安全教育中项目经理部教育教育内容为(　　)。

A. 本项目施工特点及施工安全基本常识

B. 本项目安全生产制度、规定及安全注意事项

C. 本工种的安全操作规程

D. 机械设备、电气安全及高处作业等安全基本常识

答案:ABCD

90. 三级安全教育中项目经理部教育的内容为(　　)。

A. 防火、防毒、防尘、防爆知识及紧急情况安全处置

B. 安全疏散知识

C. 防护用品发放标准

D. 防护用具防护用品使用的基本常识

答案:ABCD

91. 三级安全教育中班组教育的内容为(　　)。

A. 本班组作业特点及安全操作规程

B. 班组安全活动制度及纪律

C. 爱护和正确使用安全防护装置(设施)及个人劳动用品

D. 本岗位易发生事故的不安全因素及其防范对策

E. 本岗位的作业环境及使用的机械设备、工具的安全要求

答案:ABCDE

92. 建筑施工企业建立健全新入场工人的三级教育档案,三级教育记录卡必须有(　　)本人签字,培训教育完成后,应分工种进行考试或考核合格后,方可上岗作业。

A. 考勤员　　B. 教育者　　C. 被教育者　　D. 公司经理

答案:BC

93. 通过教育提高现场所有人员的(　　),避免出现安全事故。

A. 安全意识　　B. 安全知识　　C. 安全技术　　D. 自我保护能力

答案:ABCD

94. 施工中当采用(　　)时要制定有针对性的安全技术要求。

A. 新工艺　　B. 新技术　　C. 新设备　　D. 新材料

答案:ABCD

95. 安全技术交底应该具有一定的(　　),能具体指导工人安全施工。

A. 新颖性　　B. 针对性　　C. 时效性　　D. 可操作性

答案:BCD

96. 建筑施工现场(　　),施工环境复杂,若不加强安全管理就会出现人身伤亡事故,并造

成重大经济损失。

A. 点多　　B. 线长　　C. 面广　　D. 流动性大

答案:ABCD

97. 专职安全员由一些(　　)的人员担任,在平常的工作中起表率作用,在具体的生产实践中可规范并约束其他人员的不良行为。

A. 技术好　　B. 责任心强　　C. 人缘好　　D. 与领导关系好

答案:AB

98. 班前教育是班组长根据当天的工作任务,结合本班组的人员情况和(　　)等,在向班组成员布置当天的生产任务时布置安全工作。

A. 操作水平　　B. 使用的机械　　C. 现场条件　　D. 工作环境

答案:ABCD

99. 班组班前教育的内容一般应包括(　　)。

A. 交代当天的工作任务,作出分工,指定负责人和监护人

B. 告知作业环境的情况,应注意的事项

C. 讲解使用的机械设备和工具的性能和操作技术

D. 分析危险源,告知可能发生事故的环节、部位和应采取的防护措施

100. 可能坠落范围半径的大小取决于与作业现场的(　　)等有关的基础高度。

A. 建筑物高度　　B. 地形　　C. 地势　　D. 建筑物分布

答案:BCD

101. 凡经医生诊断患有(　　)以及其他不宜从事高处作业的病症的人员,不得从事高处作业。

A. 高血压　　B. 心脏病　　C. 严重贫血　　D. 癫痫病

答案:ABCD

102. 高处作业人员禁止(　　)作业。

A. 赤脚　　B. 穿拖鞋　　C. 硬底鞋　　D. 劳保鞋

答案:ABC

103. 雨天和雪天进行高处作业时,必须采取可靠的(　　)措施。

A. 防滑　　B. 防寒　　C. 防冻　　D. 防触电

答案:ABC

104. 高处作业人员应从规定的通道上下,不得攀爬(　　),更不能乘坐非载人的垂直运输设备上下。

A. 人员上下爬梯　　B. 井架　　C. 龙门架　　D. 脚手架

答案:BCD

105. 当(　　)周边尚未安装栏杆或栏板时的作业,属于临边作业。

A. 沟边作业　　B. 阳台　　C. 料台　　D. 挑平台

答案:ABCD

106. 在进行临边作业时,必须设置(　　)等防护设施,防止发生坠落事故。

A. 防护栏杆　　B. 安全网　　C. 围护墙　　D. 防护棚

答案:AB

107. 根据规定,必须设置防护栏杆的部位有(　　)。

A. 尚未安装栏杆或栏板的阳台　　B. 料台与挑平台周边

C. 雨篷与挑檐边　　D. 基坑周边

答案：ABCD

108. 搭设临边防护栏杆的上杆离地高度可以为(　　)。

A. 0.9 m　　B. 1.0 m　　C. 1.1 m　　D. 1.2 m

答案：BCD

109. 洞口作业的防护措施，主要有(　　)等多种形式。

A. 设置防护栏杆　　B. 用遮盖物盖严　　C. 设置防护门　　D. 张挂安全网

答案：ABCD

110. 板与墙的洞口，必须设置牢固的(　　)或其他防坠落的防护设施。

A. 防护门　　B. 盖板　　C. 防护栏杆　　D. 安全网

答案：ABCD

111. 电梯井内应每隔(　　)设一道安全网。

A. 两层　　B. 最多隔 10 m　　C. 三层　　D. 最多 12 m

答案：AB

112. 墙面等处的竖向洞口，凡落地的洞口应加装(　　)的防护门，门栅网格的间距不应大于 15 cm，也可采用防护栏杆，下设挡脚板(笆)。

A. 开关式　　B. 工具式　　C. 固定式　　D. 简易式

答案：ABC

113. 在施工现场，借助于(　　)，在攀登条件下进行的作业称为攀登作业。

A. 楼梯　　B. 登高工具　　C. 登高设施　　D. 塔吊

答案：BC

114. 作业人员应从规定的通道上下，不得利用(　　)等非规定通道进行攀登。

A. 阳台之间　　B. 吊车臂架　　C. 通道　　D. 楼梯

答案：AB

115. 悬空作业是指在周边临空状态下，(　　)的条件下进行的高处作业。

A. 固定立足点　　B. 无立足点　　C. 无牢靠立足点　　D. 防护安全网

答案：BC

116. 一般情况下悬空作业主要是指建筑安装工程中的(　　)等多种作业。

A. 构件吊装　　B. 悬空绑扎钢筋　　C. 混凝土浇筑　　D. 安装门窗

答案：ABCD

117. 一般情况下悬空作业主要是指建筑安装工程中的(　　)、混凝土浇筑以及安装门窗等多种作业。

A. 构件吊装　　B. 悬空绑扎钢筋　　C. 脚手架搭设　　D. 龙门架拆除

答案：AB

118. 一般情况下悬空作业不包括(　　)等临时设施的搭设、拆除时的悬空作业。

A. 机械设备　　B. 脚手架　　C. 龙门架　　D. 混凝土浇筑

答案：ABC

119. 一般情况下悬空作业不包括(　　)情况下的悬空作业。

A. 构件吊装　　B. 悬空绑扎钢筋　　C. 脚手架搭设　　D. 龙门架拆除

答案：CD

120. 悬空作业处应有牢靠的立足处，并必须视具体情况，配置(　　)或其他安全设施。

A. 龙门架　　B. 防护栏网　　C. 栏杆　　D. 防护门

答案：BC

121. 悬空作业所用的(　　)等设备，均需经过技术鉴定或检证方可使用。

A. 索具　　B. 脚手板　　C. 吊篮

D. 吊笼　　E. 平台

答案：ABCDE

122. 吊装中的(　　)等屋面板上，严禁站人和行走。

A. 大模板　　B. 预制构件　　C. 石棉板　　D. 水泥板

答案：ABCD

123. 钢筋绑扎时的悬空作业，在绑扎(　　)和边柱等钢筋时，应搭设操作台架和张挂安全网。

A. 圈梁　　B. 挑梁　　C. 挑檐　　D. 外墙

答案：ABCD

124. 悬空大梁钢筋的绑扎，必须在满铺脚手板的(　　)上操作。

A. 支架　　B. 操作平台　　C. 挑梁　　D. 挑檐

答案：AB

125. 悬空作业在特殊情况下如无可靠的安全设施，必须的保护措施有(　　)。

A. 系好安全带　　B. 扣好保险钩　　C. 架设安全网　　D. 防雨棚

答案：ABC

126. 操作平台有(　　)平台。

A. 移动式　　B. 悬挑式

答案：AB

127. (　　)边缘等处，严禁堆放任何拆下物件。

A. 楼层边口　　B. 通道口　　C. 地面　　D. 脚手架

答案：ABD

128. 结构施工自二层起，(　　)等凡人员进出的通道口，均应搭设安全防护棚。

A. 井架　　B. 施工用电梯　　C. 通道口　　D. 脚手架

答案：ABC

129. 安全防护设施的验收，应具备下列资料(　　)。

A. 施工组织设计及有关验算数据

B. 安全防护设施验收记录

C. 安全防护设施变更记录及签证

答案：ABC

130. 劳动防护用品以人体保护部位划分为(　　)等种类。

A. 头部防护用品　　B. 呼吸器官防护用品

C. 眼面部防护用品　　D. 听觉器官防护用品

答案：ABCD

131. 呼吸器官防护用品是为防止(　　)经呼吸道吸入或直接向配用者供氧或清净空气，保证在尘、毒污染或缺氧环境中作业人员正常呼吸的防护用具。

A. 有害气体　　B. 蒸气　　C. 粉尘
D. 烟　　E. 雾
答案:ABCDE
132. 呼吸器官防护用品按功能主要分为(　　)。
A. 防尘口罩　　B. 防毒口罩(面具)　　C. 过滤式　　D. 隔离式
答案:AB
133. 呼吸器官防护用品按形式又可分为(　　)两类。
A. 防尘口罩　　B. 防毒口罩(面具)　　C. 过滤式　　D. 隔离式
答案:CD
134. 焊接护目镜和面罩是指预防(　　)等的危害。
A. 非电离辐射　　B. 金属火花　　C. 烟尘　　D. 防水
答案:ABC
135. 焊接护目镜分(　　)3 种。
A. 普通眼镜　　B. 前挂镜　　C. 防侧光镜　　D. 防化学飞溅
答案:ABC
136. 焊接护目镜的焊接面罩分(　　)等种类。
A. 手持面罩　　B. 头带式面罩
C. 安全帽面罩　　D. 安全帽前挂眼镜面罩
答案:ABCD
137. 听觉器官防护用品主要有(　　)三大类。
A. 眼罩　　B. 耳塞　　C. 耳罩　　D. 防噪声头盔
答案:BCD
138. (　　)等是施工现场常用的手部防护用品。
A. 普通防护手套　　B. 防寒手套　　C. 防切割手套　　D. 绝缘手套
答案:ABCD
139. 防坠落用品主要有(　　)两种。
A. 安全帽　　B. 安全带　　C. 安全网　　D. 防护栏杆
答案:BC
140. 安全帽的构造由(　　)等部分组成。
A. 帽壳(帽外壳、帽舌、帽沿)
B. 帽衬(帽箍、顶衬、后箍等)
C. 下颚带
答案:ABC
141. 安全帽帽壳的材料可用(　　)等制作。
A. 玻璃钢　　B. 塑料　　C. 藤条　　D. 钢材
答案:ABC
142. 安全帽的规格要求的(　　)是安全帽的两个重要尺寸要求。
A. 垂直间距　　B. 佩戴高度　　C. 水平间距　　D. 帽箍大小
答案:AB
143. 安全帽的规格要求的佩戴高度尺寸要求可以是(　　)。
A. 78 mm　　B. 82 mm　　C. 88 mm　　D. 91 mm

答案:BC

144. 安全帽的基本性能有(　　)。

A. 冲击吸收性能　B. 侧向刚性　C. 抗静电性能　D. 耐穿刺性能

答案:AD

145. (　　)等属于安全帽的特殊性能。

A. 绝缘性能　B. 阻燃性能　C. 侧向刚性　D. 抗静电性能

答案:ABCD

146. 每顶安全帽应有(　　)四项永久性标志。

A. 制造厂名称、商标、型号　B. 制造年、月

C. 生产合格证和检验证　D. 生产许可证编号

答案:ABCD

147. 安全帽在使用过程中,发现(　　)等异常现象要立即更换,不准再继续使用。

A. 龟裂　B. 下凹　C. 裂痕　D. 磨损

答案:ABCD

148. 安全带由(　　)组成。

A. 带子　B. 绳子　C. 金属配件　D. 系绳

答案:ABC

149. 安全带适用于(　　)等高处作业用。

A. 围杆　B. 悬挂　C. 攀登　D. 消防

答案:ABC

150. 安全带不适用于(　　)。

A. 吊物　B. 悬挂　C. 攀登　D. 消防

答案:AD

151. 安全带和绳必须用(　　)。

A. 钢丝　B. 锦纶　C. 维纶　D. 蚕丝料

答案:BCD

152. 安全带的金属配件用(　　)。

A. 不锈钢　B. 普通碳素钢　C. 铝合金　D. 钢筋

答案:BC

153. 安全带包裹绳子的套用(　　)。

A. 皮革　B. 轻革　C. 维纶　D. 橡胶

答案:ABCD

154. 安全带的金属配件表面光洁,边缘呈圆弧形,表面不得有(　　)。

A. 麻点　B. 裂纹　C. 锈迹　D. 焊接痕迹

答案:ABC

155. 安全带出厂时,每条安全带上应载明的内容包括(　　)。

A. 金属配件上应打上制造厂的代号

B. 安全带的带体上应缝上永久字样的商标、合格证和检验证

C. 安全绳上应加色线代表生产厂,以便识别

答案:ABC

156. 安全带的合格证应注明产品名称、生产年月、(　　)等。

A. 拉力试验 4 412.7 N(450 kgf)　　B. 冲击重量 100 kg

C. 制造厂名　　D. 检验员姓名

答案:ABCD

157. 包装安全带产品的箱体上应注明产品名称、数量、装箱日期、(　　)。

A. 体积　　B. 重量　　C. 制造厂名　　D. 送交单位名称

答案:ABCD

158. 禁止把安全带挂在(　　)的物件上。

A. 牢固　　B. 移动　　C. 带尖锐角　　D. 不牢固

答案:BCD

159. 安全带不使用时要妥善保管,不可接触(　　),不要存放在潮湿的仓库中保管。

A. 高温　　B. 明火

C. 强酸　　D. 强碱或尖锐物体

答案:ABCD

160. 在建筑施工现场,从事建筑施工活动的人员使用的(　　)、防护手套、防尘(毒)口罩等个人劳动保护用品。

A. 安全帽　　B. 安全带　　C. 安全(绝缘)鞋　　D. 防护眼镜

答案:ABCD

161. 安全标志是用以表达特定安全信息的标志,由(　　)构成。

A. 图形符号　　B. 安全色　　C. 几何形状(边框)　　D. 文字

答案:ABCD

162. 安全标志分(　　)四大类型。

A. 禁止标志　　B. 警告标志　　C. 指令标志　　D. 提示标志

答案:ABCD

163. 红色表示(　　)的意思。

A. 禁止　　B. 停止　　C. 危险　　D. 消防设备

答案:ABCD

164. 黑色用于(　　)的几何边框。

A. 安全标志的文字　　B. 图形符号　　C. 警告标志　　D. 背景色

答案:ABC

165. 红色安全色的使用部位是(　　)。

A. 各种禁止标志　　B. 交通禁令标志

C. 消防设备标志　　D. 机械的停止按钮

答案:ABCD

166. 红色安全色的使用部位是(　　)。

A. 刹车及停车装置的操纵手柄

B. 机器转动部件的裸露部分,如飞轮、齿轮、皮带轮等轮辐部分

C. 指示器上各种表头的极限位置的刻度

D. 各种危险信号

答案:ABCD

167. 黄色的使用部位是(　　)。

A. 各种警告标志　　B. 道路交通标志和标线

C. 警戒标记　　D. 各种飞轮、皮带轮及防护罩的内壁

E. 警告信号旗

答案:ABCDE

168. 蓝色的使用部位是(　　)。

A. 各种指令标志

B. 道路交通标志和标线

C. 警戒标记

D. 交通指示车辆和行人行驶方向的各种标线等标志

答案:AD

169. 绿色的使用部位是(　　)。

A. 各种提示标志

B. 车间厂房内的安全通道、行人和车辆的通行标志、急救站和救护站等

C. 消防疏散通道和其他安全防护设备标志

D. 机器启动按钮及安全信号旗等

答案:ABCD

170. 易燃易爆危险物品是指以燃烧、爆炸为主要特性的(　　)、自燃物品和遇湿易燃物品、氧化剂和有机过氧化物以及毒害品、腐蚀品中部分易燃易爆化学物品。

A. 压缩气体　　B. 液化气体　　C. 易燃液体　　D. 易燃固体

答案:ABCD

171. 易燃气体与易燃液体、固体相比,(　　)。

A. 更容易燃烧　　B. 不宜燃烧　　C. 且燃烧速度快　　D. 一燃即尽

答案:ABCD

172. 压缩气体和液化气体由于气体的(　　),所以非常容易扩散,能自发地充满任何容器。

A. 分子间距大　　B. 分子间距小　　C. 相互作用力小　　D. 相互作用力大

答案:AC

173. 盛装容器压缩气体和液化气体的容器(钢瓶)在储存、运输和使用过程中,要注意(　　)。

A. 防水　　B. 防火　　C. 防晒　　D. 隔热

答案:BCD

174. 施工现场经常使用(　　),忽视易燃易爆化学物品的管理,使用管理方法不当,遇到明火,极易造成群死群伤火灾事故。

A. 氧气　　B. 乙炔油漆　　C. 稀料　　D. 液化石油气

答案:ABCD

175. 要针对施工现场平面布置的实际,合理划分各作业区,特别是(　　)等区域,严格管理,保持通风良好,设立明显的标志。

A. 明火作业区　　B. 易燃　　C. 可燃材料堆场　　D. 危险物品库房

答案:ABCD

176. 易燃易爆、化学物品必须专人保管，保管员要详细核对产品(　　)，查清危险性质。

A. 名称　　B. 规格　　C. 牌号

D. 质量　　E. 数量

答案：ABCDE

177. 保管员发现易燃易爆、化学物品(　　)等情况，应及时进行安全处理。

A. 标志齐全　　B. 包装不良　　C. 质量异变　　D. 标号不符合

答案：BCD

178. 施工现场的所有人员必须经过消防安全教育，使其熟知基本的消防常识，做到(　　)。

A. 会报火警　　B. 会使用灭火器材

C. 会上网　　D. 会扑救初期火灾

答案：ABD

179. 所有需要动火作业的地点，要(　　)方可作业。

A. 制定安全防火措施　　B. 配备有消防器材　　C. 设专人监督　　D. 取得动火证

答案：ABCD

180. 电焊机导线应有良好的绝缘，接地线不得接在(　　)。

A. 管道　　B. 机床设备的金属构架

C. 建筑物的金属构架　　D. 机床设备的轨道上

答案：ABCD

181. 电焊作业的(　　)严禁油污，点火须使用规定的点火器。

A. 氧气瓶　　B. 氧气表　　C. 导管　　D. 割枪

答案：ABCD

182. (　　)是燃烧三要素。

A. 可燃物　　B. 助燃物　　C. 点火源　　D. 吹风机

答案：ABC

183. 日常管理中，一旦发生火灾，灭火使用的物品有(　　)等。

A. 棉被　　B. 水　　C. 砂子　　D、灭火器

答案：BCD

184. 冷却灭火法是灭火的一种主要方法，常用(　　)作灭火剂冷却降温灭火。

A. 水　　B. 砂子　　C. 三聚氰胺　　D. 二氧化碳

答案：AD

185. 把火源附近的(　　)搬走，中断可燃物质的供给，使燃烧因缺少可燃物而停止。

A. 可燃　　B. 易燃　　C. 易爆　　D. 助燃物品

答案：ABCD

186. 窒息灭火法是(　　)，使燃烧物得不到足够的氧气而熄灭的灭火方法。

A. 阻止空气流入燃烧区　　B. 用不燃烧气体冲淡空气

C. 用不燃物质冲淡空气　　D. 减少氧气

答案：ABC

187. 窒息灭火法具体方法有(　　)。

A. 用沙土、水泥、湿麻袋、湿棉被等不燃或难燃物质覆盖燃烧物

B. 喷洒雾状水、干粉、泡沫等灭火剂覆盖燃烧物
C. 用水蒸气或氮气、二氧化碳等惰性气体灌注发生火灾的容器、设备
D. 密闭起火建筑、设备和孔洞
答案:ABCD
188. 灭火器按其移动方式可分为(　　)。
A. 手提式　　B. 推车式　　C. 储气瓶式　　D. 二氧化碳
答案:AB
189. 灭火器按驱动灭火剂的动力来源可分为(　　)。
A. 储气瓶式　　B. 储压式　　C. 化学反应式　　D. 推车式
答案:ABC
190. 灭火器按所充装的灭火剂则又可分为(　　)、酸碱、清水等。
A. 泡沫　　B. 干粉　　C. 卤代烷　　D. 二氧化碳
答案:ABCD
191. 灭火器按所充装的灭火剂则又可分为(　　)、酸碱、清水等。
A. 泡沫　　B. 手提式　　C. 卤代烷　　D. 化学反应式
答案:AC
192. 手提式泡沫灭火器适用于扑救(　　)。
A. 一般 B 类火灾　　B. A 类火灾
C. B 类火灾中的水溶性可燃火灾　　D. D 类火灾
答案:AB
193. 手提式泡沫灭火器不能扑救(　　)。
A. C 类火灾　　B. A 类火灾
C. B 类火灾中的水溶性可燃火灾　　D. D 类火灾
答案:ACD
194. 酸碱灭火器不能用于扑救(　　)。
A. B 类物质燃烧的火灾　　B. C 类可燃性气体
C. D 类轻金属火灾　　D. 带电物体的火灾
答案:ABCD
195. 二氧化碳灭火器好处:灭火时不会因留下任何痕迹使物品损坏,因此可以用来扑灭(　　)等。
A. 书籍　　B. 档案　　C. 精密仪器　　D. 贵重设备
答案:ABCD
196. 1211 手提式灭火器使用时(　　),否则灭火剂不会喷出。
A. 不能直立　　B. 不能颠倒　　C. 不能横卧
答案:BC
197. 碳酸氢钠干粉灭火器适用于扑灭(　　)的初起火灾。
A. 易燃　　B. 可燃液体、气体　　C. 带电设备　　D. 金属燃烧
答案:ABC
198. 磷酸铵盐干粉灭火器适用于扑救(　　)的初起火灾。
A. 易燃　　B. 可燃液体、气体　　C. 固体类物质　　D. 金属燃烧

答案：ABC

199. 拨打110、120急救电话时，需讲清楚(　　)等。

A. 受伤害者的主要症状和伤情　　B. 受伤的时间

C. 已采取的初步急救措施　　D. 受伤者的年龄、性别、姓名、联系电话

答案：ABCD

200. 高处坠落伤害除有直接或间接受伤器官表现外，尚可有(　　)等症状。

A. 昏迷　　B. 呼吸窘迫　　C. 面色苍白　　D. 表情淡漠

答案：ABCD

201. 止血的方法有(　　)。

A. 直接压迫止血法

B. 加压包扎法

C. 填塞止血法

D. 指压动脉止血法(用手掌或手指压迫伤口近心端动脉)

答案：ABCD

202. 外伤包扎材料可用(　　)等。

A. 绷带　　B. 三角巾　　C. 干净的衣服

D. 床单　　E. 毛巾

答案：ABCDE

203. 外伤包扎的具体方法有(　　)。

A. 环形法　　B. 蛇形法　　C. 螺旋形法　　D. 螺旋反折法

答案：ABCD

204. 对出现(　　)的伤者必须用担架或木板搬运。

A. 昏迷　　B. 休克

C. 内出血　　D. 内脏损伤和头部创伤

答案：ABCD

205. 断肢的处理方法(　　)。

A. 立即拾起　　B. 干净的布片包好

C. 采取降温措施　　D. 涂抹碘酒

答案：ABC

206. 触电事故发生时采取的措施包括(　　)。

A. 使触电者迅速脱离电源，越快越好　　B. 关掉电闸

C. 戴上橡皮手套　　D. 切断电源

答案：ABD

207. 发生触电事故无法关断电源时，救援者最好(　　)等，用木棒、竹杆等将电线挑离触电者身体。

A. 戴上橡皮手套　　B. 穿橡胶运动鞋　　C. 戴安全帽　　D. 切断电源

答案：AB

208. 轻度一氧化碳中毒患者，应迅速将其撤离现场，移至空气新鲜通风处，但要注意给患者保暖，可以给患者喝些(　　)等热性饮料，中毒症状很快就会消失。

A. 盐水　　B. 绿豆汤　　C. 糖水　　D. 萝卜汤

答案:CD

209. 发生火灾时,可采取(　　)三项措施。

A. 灭火　　B. 报警　　C. 逃生　　D. 跳楼

答案:ABC

210. 发生火灾时及时打"119"报警,切勿心慌,一定要详细说明火警发生的(　　)等,以便消防车辆能及时前往救灾。

A. 地址　　B. 处所　　C. 时间　　D. 建筑物状况

答案:ABD

211. 逃生时为了防止浓烟呛人,可采用(　　)的办法。

A. 毛巾用水打湿蒙鼻　　B. 匍匐撤离

C. 直立快跑　　D. 口罩用水打湿蒙鼻

答案:ABD

212. 食物中毒者有休克症状表现有(　　)等。

A. 手足发凉　　B. 面色发青　　C. 鼻子发红　　D. 血压下降

答案:ABD

213. 食物中毒的现场抢救措施有(　　)等。

A. 催吐　　B. 导泻　　C. 解毒　　D. 通风

答案:ABC

214. 轻度中暑可采取(　　)等措施进行自我调理。

A. 离开高温环境到阴凉通风处休息

B. 饮冷盐开水　　C. 用冷水洗脸　　D. 通风降温

答案:ABCD

215. 中暑症状较重者,救护人员应将其移到阴凉通风处,平卧、揭开衣服,立即采取(　　)等方法给患者降温。

A. 冷湿毛巾敷头部　　B. 注射强心剂

C. 冷水擦身体　　D. 通风降温

答案:ACD

216. 亚硝酸盐中毒的原因主要有(　　)。

A. 误将亚硝酸盐当做食盐

B. 在肉食加工时作发色剂和催熟剂,若剂量掌握不当,可导致中毒

C. 未腌透的酸菜、咸菜(5~8日含量最高)、肉制品和变质的剩菜均含有大量的硝酸盐

D. 饮用含亚硝酸盐的井水、蒸锅水,也可引起中毒

答案:ABCD

217. 施工现场用电与一般工业或居民生活用电相比具有(　　)的特点。

A. 临时性　　B. 露天性　　C. 流动性　　D. 不可选择性

答案:ABCD

218. 电箱中应设两块端子板(　　),保护零线端子板与金属电箱相连,工作零线端子板与金属电箱绝缘。

A. 工作接地　　B. 工作零线 N　　C. 重复接地　　D. 保护零线 PE

答案:BD

219. 按照《临时用电安全技术规范》的规定，配电箱应分为(　　)。

A. 总配电箱　　B. 分配电箱　　C. 设开关箱　　D. 用电设备

答案：ABC

220. 施工现场的用电设备必须实行(　　)制，即每台用电设备必须有自己专用的开关箱。

A. 一机　　B. 一闸　　C. 一漏　　D. 一箱

答案：ABCD

221. 漏电保护器的主要参数包括(　　)。

A. 额定漏电动作电流　　B. 额定漏电动作时间

C. 额定漏电不动作电流　　D. 额定电压及额定电流

答案：ABCD

222. 当由于条件所限不能满足最小安全操作距离时，应设置绝缘性材料或采取良好接地措施的钢管搭设的(　　)等防护措施。

A. 防护性遮拦　　B. 栅栏　　C. 悬挂警告牌　　D. 操作规程

答案：ABC

223. 安全电压的分级分为(　　)五个等级。

A. 42 V　　B. 36 V

C. 24 V　　D. 12 V

E. 6 V

答案：ABCDE

224. 建筑施工现场常用的安全电压有(　　)。

A. 6 V　　B. 12 V　　C. 24 V　　D. 36 V

答案：BCD

225. 一般潮湿作业场所、(　　)、人防工程以及有高温、导电灰尘等的照明，电源电压应不大于 36 V。

A. 地下室　　B. 潮湿室内　　C. 潮湿楼梯　　D. 隧道

答案：ABCD

226. 电源线路可分为(　　)。

A. 工作相线(火线)　　B. 专用工作零线　　C. 保护接地线　　D. 专用保护零线

答案：ABD

227. 常用的插座分为(　　)等。

A. 单相双孔　　B. 单相三孔　　C. 三相三孔　　D. 三相四孔

答案：ABCD

228. 进入施工现场的每个人都必须认真遵守用电管理规定，见到用电警示标志或标牌时(　　)。

A. 可以据移动　　B. 不得随意靠近　　C. 不准随意损坏　　D. 不准挪动标牌

答案：BCD

229. 移动有电源线的机械设备(　　)等，必须先切断电源，不能带电搬动。

A. 电焊机　　B. 水泵　　C. 小型木工机械　　D. 手枪钻

答案：ABC

230. 手持电动机具按触电保护分为(　　)。

A. Ⅰ类工具　　B. Ⅱ类工具　　C. Ⅲ类工具　　D. Ⅳ类工具

答案：ABC

231. 使用手持电动工具前，必须检查(　　)等是否完好无损，接线是否正确(防止相线与零线错接)。发现工具外壳、手柄破裂，应立即停止使用并进行更换。

A. 外壳　　B. 手柄　　C. 负荷线　　D. 插头

答案：ABCD

232. 施工现场的触电事故按伤害类型主要分为(　　)两大类。

A. 电击　　B. 电伤　　C. 低压触电　　D. 高压触电

答案：AB

233. 施工现场的触电事故按触电发生部位电压的高低可分为(　　)事故。

A. 电击　　B. 电伤　　C. 低压触电　　D. 高压触电

答案：CD

234. 当人直接接触了带电体，电流通过人体，使肌肉发生麻木、抽动，如不能立刻脱离电源，将使人体神经中枢受到伤害，引起(　　)。

A. 烧伤　　B. 呼吸困难　　C. 心脏麻痹　　D. 死亡

答案：BCD

235. 电伤的伤害形式有(　　)，其中电弧烧伤最为常见，也最为严重，可使人致残或致命。

A. 电弧烧伤　　B. 灼伤　　C. 烙印　　D. 皮肤金属化

答案：ABCD

236. 触电事故的原因有(　　)几种。

A. 缺乏电气安全知识，自我保护意识淡薄

B. 违反安全操作规程

C. 不使用"TN—S"接零保护系统

D. 电气设备安装不合格

E. 电气设备缺乏正常检修和维护

答案：ABCDE

237. 特种设备生产、使用单位应当建立健全特种设备安全、节能(　　)。

A. 管理制度　　B. 岗位责任制度　　C. 规章制度　　D. 采购制度

答案：AB

238. 特种设备(　　)，应当接受特种设备安全监督管理部门依法进行的特种设备安全监察。

A. 生产单位　　B. 使用单位　　C. 检验检测机构　　D. 监理机构

答案：ABC

239. 国家鼓励特种设备节能技术的(　　)，促进特种设备节能技术创新和应用。

A. 研究　　B. 开发　　C. 示范　　D. 推广

答案：ABCD

240. 特种设备生产单位对其生产的特种设备的(　　)负责。

A. 安全性能　　B. 能效指标　　C. 产品指标

答案：AB

241. 压力容器的设计单位应当具备的条件是：有与压力容器设计相适应的(　　)。

A. 设计人员　　B. 设计审核人员
C. 场所和设备　　D. 管理制度和责任制度
答案:ABCD
242. 锅炉、压力容器、电梯、起重机械、客运索道、大型游乐设施及其安全附件、安全保护装置特种设备的制造、安装、改造单位应当具备的条件是有与特种设备制造、安装、改造相适应的(　　)。
A. 专业技术人员和技术工人　　B. 生产条件和检测手段
C. 健全的质量管理制度　　D. 健全的责任制度
答案:ABCD
243. 特种设备出厂时,应当附有安全技术规范要求的(　　)等文件。
A. 设计文件　　B. 产品质量合格证明
C. 安装及使用维修说明　　D. 监督检验证明
答案:ABCD
244. 电梯的(　　),必须由电梯制造单位或者其通过合同委托、同意的依照特种设备安全监察条例取得许可的单位进行。
A. 使用　　B. 安装　　C. 改造　　D. 维修
答案:BCD
245. 移动式压力容器、气瓶充装单位应当经省、自治区、直辖市的特种设备安全监督管理部门许可,并应当具备有与充装和管理相适应的(　　)条件,方可从事充装活动。
A. 管理人员和技术人员
B. 充装设备、检测手段、场地厂房、器具、安全设施
C. 健全的充装管理制度、责任制度
D. 紧急处理措施
答案:ABCD
246. 特种设备检验检测机构,应当具备有与所从事的检验检测工作相适应的(　　)条件。
A. 检验检测人员　　B. 检验检测仪器和设备
C. 健全的检验检测管理制度　　D. 检验检测责任制度
答案:ABCD
247. 特种设备检验检测机构和检验检测人员应当客观、公正、及时地出具(　　)。
A. 检验检测的手续　　B. 检验检测结果
C. 鉴定结论　　D. 鉴定的成绩
答案:BC
248. 特种设备检验检测机构进行特种设备检验检测,发现(　　),应当及时告知特种设备使用单位,并立即向特种设备安全监督管理部门报告。
A. 一般事故隐患　　B. 严重事故隐患
C. 能耗超标　　D. 能耗严重超标
答案:BD
249. 国务院特种设备安全监督管理部门和省、自治区、直辖市特种设备安全监督管理部门应当定期向社会公布特种设备安全以及能效状况。内容包括(　　)。
A. 特种设备质量安全状况

B. 特种设备事故的情况、特点、原因分析、防范对策

C. 特种设备能效状况

D. 其他需要公布的情况

答案：ABCD

250. 特种设备事故造成(　　)的情形为特别重大事故。

A. 30 人以上死亡

B. 100 人以上重伤

C. 1 亿元以上直接经济损失的

D. 客运索道、大型游乐设施高空滞留 100 人以上并且时间在 48 h 以上的

答案：ABCD

251. 特种设备事故造成(　　)情形的，为重大事故.

A. 10 人以上 30 人以下死亡

B. 50 人以上 100 人以下重伤

C. 5 000 万元以上 1 亿元以下直接经济损失

D. 客运索道、大型游乐设施高空滞留 100 人以上并且时间在 24 h 以上 48 h 以下的

答案：ABCD

252. 特种设备事故造成(　　)情形的，为较大事故.

A. 3 人以上 10 人以下死亡

B. 10 人以上 50 人以下重伤

C. 1 000 万元以上 5 000 万元以下直接经济损失

D. 起重机械整体倾覆的

E. 客运索道、大型游乐设施高空滞留人员 12 h 以上的

答案：ABCDE

253. 特种设备事故造成(　　)情形的，为一般事故。

A. 3 人以下死亡

B. 10 人以下重伤

C. 1 万元以上 1 000 万元以下直接经济损失

D. 压力容器、压力管道有毒介质泄漏，造成 500 人以上 1 万人以下转移的

答案：ABCD

254. 特种设备事故造成(　　)情形的，为一般事故。

A. 电梯轿厢滞留人员 2 h 以上的

B. 起重机械主要受力结构件折断或者起升机构坠落的

C. 客运索道高空滞留人员 3.5 h 以上 12 h 以下的

D. 大型游乐设施高空滞留人员 1 h 以上 12 h 以下的

答案：ABCD

255. 特种设备使用单位(　　)的，由特种设备安全监督管理部门责令限期改正；逾期未改正的，处 2 000 元以上 2 万元以下罚款；情节严重的，责令停止使用或者停产停业整顿。

A. 特种设备投入使用前或者投入使用后 30 日内，未向特种设备安全监督管理部门登记，擅自将其投入使用的

B. 建立特种设备安全技术档案的

C. 未依照条例的规定，对在用特种设备进行经常性日常维护保养和定期自行检查的，或者对在用特种设备的安全附件、安全保护装置、测量调控装置及有关附属仪器仪表进行定期校验、检修，并作出记录的

D. 未按照安全技术规范的定期检验要求，在安全检验合格有效期届满前1个月向特种设备检验检测机构提出定期检验要求的

答案：ABCD

256. 特种设备使用单位(　　)的，由特种设备安全监督管理部门责令限期改正；逾期未改正的，处2 000元以上2万元以下罚款；情节严重的，责令停止使用或者停产停业整顿。

A. 使用未经定期检验或者检验不合格的特种设备的

B. 特种设备出现故障或者发生异常情况，未对其进行全面检查、消除事故隐患，继续投入使用的

C. 未制定特种设备事故应急专项预案的

D. 未依照条例的规定，对电梯进行清洁、润滑、调整和检查的

E. 特种设备不符合能效指标，未及时采取相应措施进行整改的

答案：ABCDE

257. 特种设备使用单位(　　)的，由特种设备安全监督管理部门责令限期改正；逾期未改正的，责令停止使用或者停产停业整顿，处2 000元以上2万元以下罚款。

A. 未设置特种设备安全管理机构或者配备专职、兼职的安全管理人员的

B. 从事特种设备作业的人员，未取得相应特种作业人员证书，上岗作业的

C. 未对特种设备作业人员进行特种设备安全教育和培训的

答案：ABC

258. 电梯，是指动力驱动，利用沿刚性导轨运行的箱体或者沿固定线路运行的梯级(踏步)，进行升降或者平行运送人、货物的机电设备，包括(　　)等。

A. 载人电梯　　B. 载货电梯　　C. 自动扶梯　　D. 自动人行道

答案：ABCD

259. 起重机械包括规定为额定起重量(　　)0.5 t的升降机。

A. 大于　　B. 等于　　C. 小于

答案：AB

260. 场(厂)内专用机动车辆，是指除(　　)以外仅在工厂厂区、旅游景区、游乐场所等特定区域使用的专用机动车辆。

A. 道路交通　　B. 农用车辆　　C. 工业车辆

答案：AB

261. 场(厂)内专用机动车辆，是指除道路交通、农用车辆以外仅在(　　)等特定区域使用的专用机动车辆。

A. 工厂厂区　　B. 旅游景区　　C. 游乐场所　　D. 山区道路

答案：ABC

262.《建筑施工特种作业人员管理规定》规定了建筑施工特种作业人员的(　　)和监督管理的内容。

A. 考核　　B. 发证　　C. 从业　　D. 执业

答案：ABC

263.《建筑施工特种作业人员管理规定》中所称建筑施工特种作业人员是指在房屋建筑和市政工程施工活动中，从事可能对(　　)的安全造成重大危害作业的人员。

A. 本人　　B. 他人　　C. 家人　　D. 周围设备设施

答案：ABD

264.《建筑施工特种作业人员管理规定》中所称建筑施工特种作业人员是指在(　　)施工活动中，从事可能对本人、他人及周围设备设施的安全造成重大危害作业的人员。

A. 房屋建筑　　B. 机械制造　　C. 设备安装　　D. 市政工程

答案：AD

265.《建筑施工特种作业人员管理规定》规定了，建筑施工特种作业包括：(　　)。

A. 建筑电工　　B. 建筑架子工

C. 建筑起重信号司索工　　D. 电焊工

答案：ABC

266.《建筑施工特种作业人员管理规定》规定了，建筑施工特种作业包括：(　　)。

A. 电焊工　　B. 建筑起重机械司机

C. 建筑起重机械安装拆卸工　　D. 高处作业吊篮安装拆卸工

答案：BCD

267. 考核发证机关应当在办公场所公布建筑施工特种作业人员(　　)和标准等事项。

A. 申请条件　　B. 申请程序　　C. 工作时限　　D. 收费依据

答案：ABCD

268. 考核发证机关应当在考核前在机关网站或新闻媒体上公布(　　)等事项。

A. 考核科目　　B. 考核地点　　C. 考核时间　　D. 监督电话

答案：ABCD

269. 申请从事建筑施工特种作业的人员，应当具备下列基本条件：(　　)。

A. 年满 18 周岁　　B. 相关工种规定的年龄要求

C. 初中及以上学历　　D. 高中

答案：ABC

270. 申请从事建筑施工特种作业的人员，应当具备下列基本条件：(　　)。

A. 经医院体检合格

B. 无妨碍从事相应特种作业的疾病和生理缺陷

C. 符合相应特种作业需要的其他条件

D. 高中

答案：ABC

271. 持有特种作业资格证书的人员，应当受聘于(　　)，方可从事相应的特种作业。

A. 建筑施工企业　　B. 建筑起重机械出租单位

C. 设计单位　　D. 监理单位

答案：AB

272. 建筑施工特种作业人员应当严格按照(　　)进行作业，正确佩戴和使用安全防护用品，并按规定对作业工具和设备进行维护保养。

A. 设计标准　　B. 安全技术标准　　C. 规范　　D. 规程

答案：BCD

273. 建筑施工特种作业人员应当严格按照安全技术标准、规范和规程进行作业，正确(　　)安全防护用品，并按规定对作业工具和设备进行维护保养。

A. 佩戴　　B. 使用　　C. 购买　　D. 发放

答案：AB

274. 在施工中发生危及人身安全的紧急情况时，建筑施工特种作业人员有权(　　)。

A. 立即停止作业

B. 撤离危险区域

C. 继续完成任务

D. 向施工现场专职安全生产管理人员和项目负责人报告

答案：ABD

275. 用人单位使用特种作业人员应当履行的职责：(　　)。

A. 与持有效资格证书的特种作业人员订立劳动合同

B. 书面告知特种作业人员违章操作的危害

C. 向特种作业人员提供齐全、合格的安全防护用品和安全的作业条件

D. 组织特种作业人员参加年度安全教育培训或者继续教育，培训时间不少于 24 h

答案：ABCD

276. 建筑施工特种作业操作资格证(正证、副证)需要标明的信息包括(　　)。

A. 姓名　　B. 身份证号　　C. 操作类别　　D. 证号

答案：ABCD

277. 建筑施工特种作业操作资格证需要标明的信息包括(　　)。

A. 初次领证日期　　B. 使用日期

C. 第一次复核日期　　D. 发证机关

答案：ABCD

278. 编号为"冀 A012009000001"的建筑施工特种作业操作资格证书，表示的信息有(　　)。

A. 河北省石家庄　　B. 建筑电工

C. 2009 年取得证书　　D. 证书序列号为 000001

答案：ABCD

279. 建筑施工特种作业操作资格证书的工种类别代码有(　　)。

A. 建筑电工　01　　B. 建筑架子工　02

C. 建筑起重信号司索工　03　　D. 建筑架子工　01

答案：ABC

280. 建筑施工特种作业操作资格证书的工种类别代码有(　　)。

A. 建筑电工　02　　B. 建筑起重机械司机　04

C. 建筑起重机械安装拆卸工　05　　D. 高处作业吊篮安装拆卸工　06

答案：BCD

281. 安全技术理论考核，实行百分制，60 分为合格。其中(　　)。

A. 安全生产基本知识占 25%　　B. 专业基础知识占 25%

C. 专业技术理论占 50%

答案：ABC

282. 建筑电工安全技术考核大纲中，安全技术理论的内容包括：(　　)。

A. 安全生产基本知识　　B. 专业基础知识

C. 专业技术理论　　D. 安全操作技能

答案：ABC

283. 对安全生产基本知识的要求，包括：(　　)。

A. 了解建筑安全生产法律法规和规章制度　　B. 熟悉有关特种作业人员的管理制度

C. 掌握从业人员的权利义务和法律责任　　D. 熟悉高处作业安全知识

答案：ABCD

284. 对安全生产基本知识的要求，包括：(　　)。

A. 掌握安全防护用品的使用　　B. 熟悉安全标志、安全色的基本知识

C. 熟悉施工现场消防知识　　D. 了解现场急救知识

答案：ABCD

285. 对安全生产基本知识的要求，包括：(　　)。

A. 掌握从业人员的义务　　B. 熟悉安全色的基本知识

C. 熟悉施工现场安全用电基本知识　　D. 了解安全帽的使用

答案：ABC

286. 电工专业基础知识的要求包括：(　　)。

A. 了解力学基本知识　　B. 了解机械基础知识

C. 熟悉电工基础知识　　D. 掌握 TN－S 系统的要求

答案：ABC

287. 熟悉电工基础知识的内容包括(　　)。

A. 电流、电压、电阻、电功率等物理量的单位及含义

B. 直流电路、交流电路和安全电压的基本知识

C. 常用电气元器件的基本知识、构造及其作用

D. 三相交流电动机的分类、构造、使用及其保养

答案：ABCD

288. 电工的专业技术理论要求掌握的内容包括(　　)。

A. 施工现场临时用电 TN－S 系统的特点

B. 施工现场配电装置的选择、安装和维护

C. 配电线路的选择、敷设和维护

D. 施工现场常用电气设备的种类和工作原理

答案：ABC

289. 电工的专业技术理论要求掌握的内容包括(　　)。

A. 常用电工仪器的使用

B. 施工现场临时用电专项施工方案的主要内容

C. 施工现场临时用电安全技术档案的主要内容

D. 施工现场照明线路的敷设和照明装置的设置

答案：AC

290. 电工安全操作技能要求掌握：(　　)。

A. 施工现场临时用电系统的设置技能

B. 电气元件、导线和电缆规格、型号的辨识能力
C. 掌握施工现场临时用电接地装置接地电阻、设备绝缘电阻测试技能
D. 漏电保护装置参数的测试技能
答案：ABCD

291. 电工安全操作技能要求掌握：(　　)。
A. 掌握施工现场临时用电系统故障及电气设备故障的排除技能
B. 掌握利用模拟人进行触电急救操作技能
C. 电缆规格、型号的辨识能力
D. 漏电保护装置参数的测试技能
答案：ABCD

292. 建筑架子工(普通脚手架)安全技术考核大纲要求了解的专业基础知识包括(　　)。
A. 力学基本知识　　B. 建筑识图知识
C. 杆件的受力特点　　D. 安全技术理论
答案：ABC

293. 建筑架子工(普通脚手架)安全技术考核大纲要求熟悉的专业技术理论包括(　　)。
A. 脚手架搭设图样
B. 脚手架材料的种类、规格及材质要求
C. 扣件式、碗扣式钢管脚手架和门式脚手架的构造
D. 脚手架的验收内容和方法
答案：ABCD

294. 建筑架子工(普通脚手架)安全技术考核大纲要求了解的专业技术理论包括(　　)。
A. 脚手架专项施工方案的主要内容　　B. 脚手架的种类、形式
C. 脚手架常见事故原因及处置方法　　D. 门式脚手架的搭设和拆除方法
答案：ABC

295. 建筑架子工(普通脚手架)安全技术考核大纲要求掌握的专业技术理论包括(　　)。
A. 扣件式脚手架的搭设和拆除方法
B. 碗扣式钢管脚手架的搭设和拆除方法
C. 门式脚手架的搭设和拆除方法
D. 安全网的挂设方法
答案：ABCD

296. 建筑架子工(普通脚手架)安全技术考核大纲要求掌握的安全操作技能包括(　　)。
A. 辨识脚手架及构配件的名称、功能、规格的能力
B. 辨识不合格脚手架构配件的能力
C. 常用脚手架的搭设和拆除方法
D. 常用模板支架的搭设和拆除方法
答案：ABCD

297. 建筑架子工(普通脚手架)安全技术考核大纲(试行)的专业基础知识要求(　　)。
A. 了解力学基本知识　　B. 了解建筑识图知识
C. 了解杆件的受力特点　　D. 技术理论
答案：ABC

298. 建筑架子工（普通脚手架）安全技术考核大纲（试行）的专业技术理论部分要求（　　）。

A. 了解脚手架专项施工方案的主要内容　　B. 熟悉脚手架搭设图样

C. 熟悉脚手架的种类、形式　　D. 掌握安全网的挂设方法

答案：ABD

299. 建筑架子工（普通脚手架）安全技术考核大纲（试行）的专业技术理论部分要求掌握的（　　）。

A. 扣件式、碗扣式钢管脚手架和门式脚手架的搭设和拆除方法

B. 脚手架材料的种类、规格及材质要求

C. 安全网的挂设方法

D. 扣件式、碗扣式钢管脚手架和门式脚手架的构造

答案：AC

300. 建筑架子工（普通脚手架）安全技术考核大纲（试行）的专业技术理论部分要求熟悉（　　）。

A. 脚手架的验收内容和方法

B. 脚手架材料的种类、规格及材质要求

C. 安全网的挂设方法

D. 扣件式、碗扣式钢管脚手架和门式脚手架的构造

答案：ABD

301. 建筑架子工（普通脚手架）安全技术考核大纲（试行）的安全操作技能要求（　　）。

A. 掌握辨识脚手架及构配件的名称、功能、规格的能力

B. 掌握辨识不合格脚手架构配件的能力

C. 掌握常用脚手架的搭设和拆除方

D. 掌握常用模板支架的搭设和拆除方法

答案：ABCD

302. 建筑架子工（附着升降脚手架）安全技术考核大纲（试行）的专业基础知识要求（　　）。

A. 熟悉力学基本知识　　B. 了解电工基础知识

C. 了解钢结构基础知识　　D. 了解起重吊装基本知识

答案：ABCD

303. 建筑架子工（附着升降脚手架）安全技术考核大纲（试行）的专业技术理论要求掌握（　　）。

A. 各种附着升降脚手架安全装置的构造、工作原理

B. 附着升降脚手架专项施工方案的主要内容

C. 附着升降脚手架的搭设、拆卸、升降作业安全操作规程

D. 附着升降脚手架升降机构及安全装置的维护保养及调试

答案：ACD

304. 建筑架子工（附着升降脚手架）安全技术考核大纲（试行）的专业技术理论要求熟悉（　　）。

A. 脚手架的种类、型式

B. 附着升降脚手架的类型和结构
C. 各种类型附着升降脚手架基本构造、工作原理和基本技术参数
D. 升降机构及控制柜的工作原理
E. 附着升降脚手架的验收内容和方法
答案：ABCDE

305. 建筑架子工（附着升降脚手架）安全技术考核大纲（试行）的安全操作技能要求（　　）。
A. 掌握附着升降脚手架的搭设、拆除方法
B. 掌握附着升降脚手架提升和下降及提升和下降前、后操作内容、方法
C. 掌握附着升降脚手架提升和下降过程中的监控方法
D. 掌握附着升降脚手架升降机构常见故障判断及处置方法
答案：ABCD

306. 建筑架子工（附着升降脚手架）安全技术考核大纲（试行）的安全操作技能要求掌握（　　）。
A. 附着升降脚手架架体的防护和加固方法
B. 安全装置常见故障判断及处置方法
C. 紧急情况处置方法
D. 附着升降脚手架的拆除方法
答案：ABCD

307. 建筑起重信号司索工安全技术考核大纲（试行）的专业基础知识包括：（　　）。
A. 熟悉力学基础知识
B. 了解机械基础知识
C. 了解液压传动知识
答案：ABC

308. 建筑起重信号司索工安全技术考核大纲的专业技术理论要求掌握的内容包括（　　）。
A. 起重吊点的选择和物体绑扎、吊装等基本知识
B. 吊装索具、吊具等的选择、安全使用方法、维护保养和报废标准
C. 起重信号司索作业的安全技术操作规程
D.《起重吊运指挥信号》(GB 5082)的内容
答案：ABCD

309. 建筑起重信号司索工安全技术考核大纲的专业技术理论要求了解常用起重机械的（　　）。
A. 分类
B. 主要技术参数
C. 基本构造及工作原理
D. 起重信号司索作业常见事故原因及处置方法
答案：ABCD

310. 建筑起重信号司索工安全技术考核大纲的专业技术理论要求熟悉（　　）。
A. 物体的重量和重心的计算
B. 物体的稳定性
C. 两台或多台起重机械联合作业的安全理论知识
D. 两台或多台起重机械联合作业的负荷分配方法

答案：ABCD

311. 建筑起重信号司索工安全技术考核大纲的安全操作技能要求掌握(　　)。

A. 起重指挥信号的运用

B. 正确装置绳卡的基本要领和滑轮穿绕的操作技能

C. 常用绳结的编打方法并说明其应用场合

D. 掌握钢丝绳、卸扣、吊环、绳卡等起重索具、吊具

答案：ABCD

312. 建筑起重信号司索工安全技术考核大纲的安全操作技能要求掌握(　　)

A. 掌握钢丝绳、吊钩报废标准

B. 钢丝绳、卸扣、吊链的破断拉力、允许拉力的计算

C. 掌握常见基本形状物体的重量估算能力，并能判断出物体的重心，合理选择吊点

D. 常用起重机具的识别判断能力

答案：ABCD

313. 建筑起重机械司机(塔式起重机)安全技术考核大纲(试行)的专业技术理论要求熟悉的(　　)

A. 塔式起重机的基本技术参数　　B. 塔式起重机的基本构造与组成

C. 塔式起重机的基本工作原理　　D. 塔式起重机的安全技术要求

答案：ABCD

314. 建筑起重机械司机(塔式起重机)安全技术考核大纲(试行)的专业技术理论要求熟悉的(　　)

A. 塔式起重机安全防护装置的结构、工作原理

B. 塔式起重机试验方法和程序

C. 塔式起重机常见故障的判断与处置方法

D. 塔式起重机的维护与保养的基本常识

答案：ABCD

315. 建筑起重机械司机(塔式起重机)安全技术考核大纲(试行)的专业技术理论要掌握的(　　)

A. 塔式起重机主要零部件及易损件的报废标准

B. 塔式起重机的安全技术操作规程

C.《起重吊运指挥信号》(GB 5082)内容

答案：ABC

316. 建筑起重机械司机(塔式起重机)安全技术考核大纲(试行)的安全操作技能要求掌握(　　)。

A. 常见故障识别判断的能力

B. 塔式起重机吊钩、滑轮和钢丝绳的报废标准

C. 识别起重吊运指挥信号的能力

D. 紧急情况处置技能

答案：ABCD

317. 建筑起重机械司机(施工升降机)安全技术考核大纲(试行)的专业技术理论要求掌握(　　)。

A. 施工升降机主要零部件的技术要求及报废标准
B. 施工升降机的安全使用和安全操作
C. 施工升降机的基本技术参数
D. 施工升降机驾驶员的安全职责
答案:ABD

318. 建筑起重机械司机(施工升降机)安全技术考核大纲(试行)的安全操作技能要求(　　)。
A. 掌握施工升降机操作技能
B. 掌握主要零部件的性能及可靠性的判定
C. 掌握安全器动作后检查与复位处理方法
D. 掌握常见故障的识别、判断及紧急情况处置方法
答案:ABCD

319. 建筑起重机械司机(物料提升机)安全技术考核大纲(试行)专业技术理论要求(　　)。
A. 熟悉物料提升机的基本技术参数
B. 熟悉物料提升机技术标准及安全操作规程
C. 熟悉物料提升机基本结构及工作原理
D. 熟悉物料提升机安全装置的调试方法
E. 熟悉物料提升机维护保养常识
答案:ABCDE

320. 建筑起重机械司机(物料提升机)安全技术考核大纲(试行)中安全操作技能要求掌握(　　)。
A. 物料提升机的操作技能
B. 主要零部件的性能及可靠性的判定
C. 常见故障的识别、判断
D. 紧急情况处置方法
答案:ABCD

321. 建筑起重机械安装拆卸工(塔式起重机)安全技术考核大纲(试行)的专业技术理论要求(　　)。
A. 掌握塔式起重机的基本构造和工作原理
B. 掌握塔式起重机安装、拆卸的程序、方法
C. 掌握塔式起重机调试和常见故障的判断与处置
D. 掌握塔式起重机的基本技术参数
答案:ABCD

322. 建筑起重机械安装拆卸工(塔式起重机)安全技术考核大纲(试行)的专业技术理论要求(　　)。
A. 熟悉塔式起重机基础、附着及塔式起重机稳定性知识
B. 掌握塔式起重机安装自检的内容和方法
C. 掌握塔式起重机主要零部件及易损件的报废标准
D. 掌握塔式起重机安装、拆除的安全操作规程
答案:ABCD

323. 建筑起重机械安装拆卸工(塔式起重机)安全技术考核大纲(试行)中安全操作技能要求掌握(　　)。

A. 塔式起重机安装、拆卸的程序、方法和注意事项

B. 塔式起重机调试和常见故障的判断

C. 吊钩、滑轮、钢丝绳和制动器的报废标准

D. 紧急情况处置方法

答案:ABCD

324. 建筑起重机械安装拆卸工(塔式起重机)安全技术考核大纲(试行)中安全操作技能要求掌握(　　)。

A. 塔式起重机安装的程序、方法

B. 塔式起重机拆卸的程序、方法和注意事项

C. 滑轮、钢丝绳和制动器的报废标准

D. 掌握紧急情况处置方法

答案:ABCD

325. 建筑起重机械安装拆卸工(施工升降机)安全技术考核大纲(试行)的专业技术理论要求(　　)。

A. 掌握施工升降机的基本构造和工作原理

B. 熟悉施工升降机安全保护装置的构造、工作原理

C. 掌握施工升降机的安装、拆除的程序、方法

D. 熟悉施工升降机维护保养要求

答案:ABCD

326. 建筑起重机械安装拆卸工(施工升降机)安全技术考核大纲的专业技术理论要求掌握的内容是(　　)。

A. 施工升降机的基本构造和工作原理

B. 施工升降机安全保护装置的调整(试)方法

C. 施工升降机的安装、拆除的程序、方法和安全操作规程

D. 施工升降机主要零部件安装后的调整(试)

答案:ABCD

327. 建筑起重机械安装拆卸工(施工升降机)安全技术考核大纲的安全操作技能要求掌握(　　)。

A. 施工升降机的安装、拆卸工序和注意事项

B. 主要零部件的性能及可靠性的判定

C. 防坠安全器动作后的检查与复位处理方法

D. 常见故障的识别、判断

答案:ABCD

328. 建筑起重机械安装拆卸工(物料提升机)安全技术考核大纲中,专业技术理论要求(　　)

A. 熟悉物料提升机的基本技术参数

B. 掌握物料提升机安装、拆卸的程序、方法

C. 掌握物料提升机的基本结构和工作原理

D. 掌握物料提升机安装自检内容和方法

答案：ABCD

329. 建筑起重机械安装拆卸工(物料提升机)安全技术考核大纲中，专业技术理论要求掌握物料提升机(　　)。

A. 安全保护装置的结构　　B. 安全保护装置工作原理

C. 安全保护装置调整(试)方法　　D. 安装、拆卸的安全操作规程

答案：ABCD

330. 建筑起重机械安装拆卸工(物料提升机)安全技术考核大纲中，安全操作技能要求掌握(　　)。

A. 装拆工具、起重工具、索具的使用

B. 物料提升机架体、提升机构、附墙装置或缆风绳的安装、拆卸

C. 物料提升机的各主要系统安装调试

D. 紧急情况应急处置方法

答案：ABCD

331. 建筑起重机械安装拆卸工(物料提升机)安全技术考核大纲中，安全操作技能要求掌握钢丝绳的(　　).

A. 选用　　B. 更换　　C. 穿绕　　D. 固结

答案：ABCD

332. 高处作业吊篮安装拆卸工安全技术考核大纲(试行)中，专业技术理论要求(　　)。

A. 熟悉常用高处作业吊篮的构造特点

B. 熟悉高处作业吊篮主要性能参数

C. 熟悉高处作业吊篮提升机的性能、工作原理及调试方法

D. 熟悉高处作业吊篮的维护保养

答案：ABCD

333. 高处作业吊篮安装拆卸工安全技术考核大纲(试行)中，专业技术理论要求掌握(　　)。

A. 高处作业吊篮安全锁、提升机的构造、工作原理

B. 钢丝绳的性能、承载能力和报废标准

C. 电气控制元器件的分类和功能

D. 悬挂机构的结构和工作原理

答案：ABD

334. 高处作业吊篮安装拆卸工安全技术考核大纲(试行)中，专业技术理论要求掌握(　　)。

A. 高处作业吊篮安装、拆卸的安全操作规程

B. 高处作业吊篮安装自检内容和方法

C. 钢丝绳的报废标准

D. 高处作业吊篮安装、拆卸事故原因及处置方法

答案：ABC

335. 高处作业吊篮安装拆卸工的安全操作技能要求掌握(　　)。

A. 高处作业吊篮安装、拆卸的方法和程序　　B. 主要零部件的性能、作用及报废标准

C. 高处作业吊篮安全装置的调试　　D. 操作人员安全绳的固定方法

答案:ABCD

336. 高处作业吊篮安装拆卸工的安全操作技能要求掌握(　　)。

A. 操作人员安全绳的固定方法　　B. 高处作业吊篮的运行操作方法

C. 手动下降方法　　D. 紧急情况处置方法

答案:ABCD

337. 建筑电工安全操作技能考核标准的考核设备和器具包括(　　)。

A. 设备　　B. 测量仪器

C. 其他器具　　D. 个人安全防护用品

答案:ABCD

338. 建筑电工考核评分标准中,设置不符合要求扣 3 分的情况有(　　)。

A. 导线连接及接地　　B. 接零错误或漏接

C. 漏电保护器选择使用错误　　D. 断路器、开关选择使用错误

答案:ABCD

339. 建筑电工考核评分标准中,设置不符合要求扣 2 分的情况有(　　)。

A. 电线、电缆选择使用错误

B. 电流表、电压表、电度表、互感器连接错误

C. 用电设备通电试验不能运转

D. 导线分色错误

答案:ABD

340. 建筑电工考核评分标准中,测试接地装置的接地电阻、用电设备绝缘电阻、漏电保护器参数的考核设备和器具包括(　　)。

A. 接地装置 1 组、用电设备 1 台、漏电保护器 1 只

B. 接地电阻测试仪、兆欧表(绝缘电阻测试仪)、漏电保护器测试仪、计时器

C. 个人安全防护用品

答案:ABC

341. 建筑电工考核评分标准中,测试(　　)满分 15 分。完成一项测试项目,且测量结果正确的,得 5 分。

A. 接地装置的接地电阻　　B. 用电设备绝缘电阻

C. 漏电保护器参数　　D. 故障排除

答案:ABC

342. 临时用电系统及电气设备故障排除的考核设备和器具包括(　　)。

A. 施工现场临时用电模拟系统 2 套,设置故障点 2 处

B. 相关仪器、仪表和电工工具、计时器

C. 个人安全防护用

D. 开关箱

答案:ABC

343. 利用模拟人进行触电急救操作的考核方法,是设定心肺复苏模拟人呼吸、心跳停止,工作频率设定为 100 次/min 或 120 次/min,设定操作时间 250 s。由考生在规定时间内完成(　　)操作。

A. 将模拟人气道放开

B. 人工口对口正确吹气 2 次

C. 按单人国际抢救标准比例 30：2 一个循环进行胸外按压与人工呼吸，即正确胸外按压 30 次，正确人工呼吸口吹气 2 次；连续操作完成 5 个循环

答案：ABC

344. 利用模拟人进行触电急救操作，满分 10 分。在规定时间内完成规定动作，得分情况分为（　　）。

A. 仪表显示"急救成功"的，得 10 分

B. 动作正确，仪表未显示"急救成功"的，得 5 分

C. 动作错误的，不得分

D. 仪表未显示"急救成功"的，不得分

答案：ABC

345. 现场搭设双排落地扣件式钢管脚手架考核料具包括（　　）。

A. 钢管　　B. 扣件

C. 垫木、底座、脚手板　　D. 钢卷尺、扳手、扭力扳手

答案：ABCD

346. 现场搭设双排落地扣件式钢管脚手架的考核方法是（　　）。

A. 每 6～8 名考生为一组

B. 搭设一宽 5 跨、高 5 步的双排落地扣件式钢管脚手架

C. 脚手架步距 1.8 m，纵距 1.5 m，横距 1.3 m

D. 连墙件按二步三跨设置，操作层设置在第四步处

答案：ABCD

347. 现场搭设双排落地扣件式钢管脚手架的评分标准中，集体考核项目，考核得分即为每个人得分；扣 6 分的情况有（　　）

A. 垫木和底座　未设置垫木的

B. 扫地杆　未设置扫地杆的

C. 剪刀撑　未设置剪刀撑的

D. 不能正确使用扭力扳手测量扣件拧紧扭力矩的

答案：ABCD

348. 现场搭设双排落地扣件式钢管脚手架的评分标准中，集体考核项目，考核得分即为每个人得分；扣 2 分的情况有（　　）

A. 立杆的杆件间距尺寸偏差超过规定值的　　B. 剪刀撑设置不正确的

C. 未设置横向水平杆的　　D. 操作层防护设置不正确的

答案：ABCD

349. 现场搭设双排落地扣件式钢管脚手架的评分标准中，个人考核项目，个人安全防护用品使用中（　　）。

A. 未佩戴安全帽的，扣 4 分　　B. 佩戴安全帽不正确的，扣 2 分

C. 高处悬空作业时未系安全带的，扣 4 分　　D. 系挂安全带不正确的，扣 2 分

答案：ABCD

350. 建筑架子工（附着升降脚手架）安全操作技能考核标准（试行）要求考生会进

行(　　)。

A. 附着升降脚手架现场安装、升降作业　　　　B. 故障判断

C. 紧急情况处置

答案:ABC

351. 附着升降脚手架升降的操作层防护搭设不符合要求的扣分情况分为(　　)。

A. 未设置挡脚板的,扣 4 分

B. 未设置防护栏杆的,扣 4 分

C. 未设置脚手板的,扣 8 分;未满铺的,扣 2～6 分

D. 出现探头板的,扣 8 分

答案:ABCD

352. 附着升降脚手架升降的安全网的设置要求:(　　)每项扣 4 分。

A. 未设置首层平网　　　　B. 作业层未设置平网

C. 作业层未设置密目式安全网的

答案:ABC

353. 附着升降脚手架升降的附着支承结构安装中,不符合要求扣 4 分的情况(　　)。

A. 穿墙螺杆松动　　　　B. 双螺母缺失的

C. 未设置垫板的　　　　D. 垫板不符要求的

答案:ABC

354. 附着升降脚手架升降的电动葫芦及连接件的安装中,不符合要求扣 4 分的情况(　　)

A. 电动葫芦安装不牢固、传动部分不灵活的

B. 连接件缺损的

C. 使用非标准连接件的

D. 安装不牢固的

答案:BCD

355. 附着升降脚手架升降的升降作业考核时的评分标准,有(　　)。

A. 电动葫芦传动不灵,各个电动葫芦预紧张力不均,环链绞接的,每处扣 4 分

B. 未对供、用电线路检查的,扣 4 分

C. 未进行防坠装置调试复位的,每处扣 4 分

D. 升降作业相邻提升点间的高差调整达不到标准要求的,扣 4 分

答案:ABCD

356. 建筑架子工(附着升降脚手架)安全操作技能考核标准中,故障识别判断的考核方法是由考生识别判断(　　)等故障(对每个考生只设置 2 个)。

A. 线路检查　　　　B. 电动葫芦卡链

C. 防倾装置出轨　　　　D. 高差调整

答案:BC

357. 建筑架子工(附着升降脚手架)安全操作技能考核标准中,紧急情况处置,由考生对(　　)等紧急情况或图示、影像资料中所示的紧急情况进行描述,并口述处置方法。对每个考生设置一种。

A. 相邻机位不同步　　　　B. 突然断电

C. 高差调整　　D. 线路检查

答案：AB

358. 建筑起重信号司索工安全操作技能考核标准(试行)要求考生会(　　)的内容。

A. 起重吊运指挥信号　　B. 装置绳卡

C. 穿绕滑轮组　　D. 编打绳结

答案：ABCD

359. 建筑起重信号司索工安全操作技能考核标准(试行)中，起重吊运指挥信号的运用的考核器具包括(　　)。

A. 起重吊运指挥信号用红、绿色旗 1 套　　B. 指挥用哨子 1 只

C. 计时器 1 个　　D. 个人安全防护用品

答案：ABCD

360. 起重吊运指挥信号的运用的考核方法，在考评人员的指挥下，考生分别使用(　　)，各完成《起重吊运指挥信号》(GB 5082)中规定的 5 个指挥信号动作。

A. 音响信号与手势信号配合　　B. 音响信号与旗语信号配合

C. 手势信号与旗语信号配合

答案：AB

361. 建筑起重信号司索工安全操作技能考核标准(试行)中，装置绳卡的考核器具包括(　　)。

A. 三种不同规格钢丝绳(每种钢丝绳长度为 3～4 m)

B. 不同规格的绳卡各 5 只

C. 扳手 2 把、计时器 1 个

D. 个人安全防护用品

答案：ABCD

362. 建筑起重信号司索工安全操作技能考核标准(试行)中，装置绳卡的考核评分标准满分 10 分。(　　)，不得分。螺栓扣紧度、绳卡间距、安全弯(绳头)设置不符合要求的，每项扣 2 分。

A. 绳卡规格与钢丝绳不匹配的　　B. 绳卡数量不符合要求

C. 绳卡设置方向错误的

答案：ABC

363. 建筑起重信号司索工安全操作技能考核标准(试行)中，装置绳卡的考核评分标准满分 10 分。绳卡规格与钢丝绳不匹配的(或者绳卡数量不符合要求、绳卡设置方向错误的)，不得分。(　　)设置不符合要求的，每项扣 2 分。

A. 螺栓扣紧度　　B. 绳卡间距　　C. 安全弯　　D. 绳头

答案：ABCD

364. 重量估算的考核方法，是从各种规格钢丝绳、麻绳中随机分别抽取一种规格的钢丝绳和麻绳，由考生分别计算钢丝绳、麻绳的(　　)。

A. 破断拉力　　B. 允许拉力　　C. 剪切应力　　D. 拉应力

答案：AB

365. 重量估算的考核评分标准，满分 20 分，考核评分标准(　　)。

A. 钢丝绳、麻绳破断拉力计算错误的，每项扣 2.5 分

B. 钢丝绳、麻绳允许拉力计算错误的，每项扣 2.5 分

C. 钢材估算重量误差超过±10%的，每项扣 2.5 分

D. 未能正确判定其重心位置的，每项扣 2.5 分

答案：ABCD

366. 建筑起重机械司机（塔式起重机）安全操作技能考核标准（试行），起吊水箱定点停放的考核设备和器具包括（　　）。

A. 固定式 QTZ 系列塔式起重机 1 台

B. 水箱 1 个。边长 1 000×1 000×1 000 mm，水面距箱口 200 mm，吊钩距箱口 1 000 mm

C. 起重吊运指挥信号用红、绿色旗 1 套，1 只指挥用哨子，计时器 1 个

D. 个人安全防护用品

答案：ABCD

367. 建筑起重机械司机（塔式起重机）安全操作技能考核标准（试行），故障识别判断的考核方法由考生识别判断（　　）等故障或图示、影像资料（对每个考生只设置一种）。

A. 安全限位装置失灵　　B. 制动器失效

C. 指挥用哨子不响　　D. 未系挂安全带

答案：AB

368. 建筑起重机械司机（塔式起重机）安全操作技能考核标准，紧急情况处置的考核方法，由考生对（　　）等紧急情况或图示、影像资料中所示的紧急情况进行描述，并口述处置方法。对每个考生设置一种。

A. 指挥信号失灵　　B. 钢丝绳意外卡住

C. 吊装过程中遇到障碍物　　D. 地下障碍物

答案：BC

369. 施工升降机驾驶的考核方法，在考评人员指挥下，考生驾驶施工升降机（　　）；在上升和下降过程中各停层一次。

A. 上升一个过程　　B. 下降一个过程

答案：AB

370. 施工升降机驾驶的考核评分标准中，（　　）启动升降机的扣 5 分。

A. 未确认控制开关在零位　　B. 未发出音响信号示意

C. 未关闭层门　　D. 作业后未切断电源的、未闭锁梯笼门

答案：ABD

371. 施工升降机驾驶的紧急情况处置的考核方法，由考生对施工升降机电动机（　　）等紧急情况或图示、影像资料中所示的紧急情况进行描述，并口述处置方法。对每个考生设置一种。

A. 未关闭层门　　B. 制动失灵　　C. 突然断电　　D. 对重出轨

答案：BCD

372. 建筑起重机械司机（物料提升机）安全操作技能考核标准（试行），考核方法是根据指挥信号操作，每次提升或下降均需连续完成，中途不停。（　　）

A. 将吊笼从地面提升至第一停层接料平台处，停止

B. 从任意一层接料平台处提升至最高停层接料平台处，停止

C. 从最高停层接料平台处下降至第一停层接料平台处，停止

D. 从第一停层接料平台处下降至地面。

答案：ABCD

373. 建筑起重机械安装拆卸工（塔式起重机）安全操作技能考核标准，塔式起重机的安装、拆卸的考核设备和器具包括（　　）。

A. QTZ 型塔机一台（5 节以上标准节），也可用模拟机

B. 辅助起重设备一台

C. 专用扳手一套，吊、索具长、短各一套，铁锤 2 把，相应的卸扣 6 个

D. 水平仪、经纬仪、万用表、拉力器、30 m 长卷尺、计时器

答案：ABCD

374. 塔式起重机的安装、拆卸的考核要完成（　　）作业。

A. 塔式起重机起重臂　　B. 平衡臂部件的安装

C. 塔式起重机顶升加节

答案：ABC

375. 塔式起重机起重臂、平衡臂部件的安装中，（　　）扣 5 分。

A. 未对器具和吊索具进行检查的　　B. 底座安装前未对基础进行找平的

C. 平衡臂、起重臂、配重安装顺序不正确的　　D. 制动器未调整或调整不正确的

答案：ABCD

376. 塔式起重机起重臂、平衡臂部件的安装中，（　　）扣 2 分。

A. 构件连接螺栓未拧紧　　B. 销轴固定不正确的

C. 吊装外套架索具使用不当的　　D. 穿绕钢丝绳及端部固定不正确的

答案：ABD

377. 塔式起重机顶升加节过程中的评分标准（　　）。

A. 顶升作业前未检查液压系统工作性能的，扣 10 分

B. 顶升前未按规定找平衡的，每次扣 5 分

C. 顶升前未锁定回转机构的，扣 5 分

D. 顶升作业未按顺序进行的，每次扣 10 分

答案：ABCD

378. 建筑起重机械安装拆卸工（塔式起重机）安全操作技能考核标准，紧急情况处置的考核方法由考生对（　　）等紧急情况或图示、影像资料中所示紧急情况进行描述，并口述处置方法。对每个考生设置一种。

A. 突然断电　　B. 液压系统故障　　C. 制动失灵

答案：ABC

379. 建筑起重机械安装拆卸工（施工升降机）安全操作技能考核标准（试行），施工升降机的安装和调试考核方法，每 5 位考生一组，在辅助起重设备的配合下，完成（　　）作业。

A. 安装标准节（导轨架）和一道附着装置，并调整其垂直度

B. 安装吊笼，并对就位的吊笼进行手动上升操作

C. 调整滚轮及背轮的间隙

D. 防坠安全器动作后的复位调整

答案：ABCD

380. 施工升降机的安装和调试的考核评分标准，施工升降机安装和调试过程中，（　　）扣

15分。

A. 未按照工艺流程安装的　　B. 导轨架垂直度未达标准的

C. 未按照工艺流程操作的　　D. 背轮间隙调整未达标准的

答案：AC

381. 建筑起重机械安装拆卸工（施工升降机）安全操作技能考核标准（试行），紧急情况处置的考核方法，由考生对施工升降机电动机（　　）等紧急情况或图示、影像资料中所示的紧急情况进行描述，并口述处置方法。对每个考生设置一种。

A. 制动失灵　　B. 突然断电　　C. 对重出轨　　D. 背轮间隙过大

答案：ABC

382. 物料提升机的安装与调试的考核方法，每5名考生一组，在辅助起重设备的配合下，完成（　　）作业。

A. 安装高度9 m左右的物料提升机　　B. 对吊笼的滚轮间隙进行调整

C. 对安全装置进行调试

答案：ABC

383. 物料提升机的安装与调试的考核评分标准，（　　）每处扣5分。

A. 整机安装杆件安装和螺栓规格选用错误的　　B. 卷扬机的固定不符合标准要求的

C. 未按照工艺流程安装　　D. 安全装置未调试的

答案：ABD

384. 物料提升机的安装与调试的考核评分标准，（　　）每处扣2分。

A. 漏装螺栓、螺母、垫片的

B. 螺母紧固力矩未达标准的

C. 未按照标准进行钢丝绳连接的

D. 附墙装置或缆风绳安装不符合标准要求的

答案：ABCD

385. 高处作业吊篮的安装与调试的考核设备和器具（　　）。

A. 高处作业吊篮1套（悬挂机构、提升机、吊篮、安全锁、提升钢丝绳、安全钢丝绳）

B. 安装工具1套、计时器1个

C. 个人安全防护用品

答案：ABC

386. 高处作业吊篮的安装与调试的考核方法是每4位考生一组，在规定时间内完成（　　）作业。

A. 高处作业吊篮的整机安装　　B. 提升机、安全锁安装调试

答案：AB

387. 高处作业吊篮的安装与调试的考核评分标准中，操作不符合要求，每处扣2分的情况包括（　　）。

A. 整机安装钢丝绳绳卡规格、数量不符合要求的

B. 钢丝绳绳卡设置方向错误的

C. 配重安装数量不足的

D. 支架安装螺栓数量不足或松动的

答案：ABCD

388. 高处作业吊篮的安装与调试的考核评分标准中，操作不符合要求，每处扣 10 分的情况包括(　　)。

A. 配重未固定或固定不牢的　　B. 配重安装数量不足的

C. 前后支架距离不符合要求的　　D. 支架安装螺栓数量不足或松动的

答案：AC

389. 高处作业吊篮的安装与调试的考核评分标准中，操作不符合要求，每处扣 6 分的情况包括(　　)。

A. 防倾安全锁防倾功能试验不符合要求的　　B. 吊篮升降调试不符合要求的

C. 吊篮升降操作不符合要求的　　D. 手动下降操作不符合要求的

答案：ABCD

390. 高处作业吊篮紧急情况处理的考核方法，由考生对(　　)等紧急情况或图示、影像资料中所示的紧急情况进行描述，并口述处置方法。对每个考生设置一种。

A. 突然停电　　B. 制动失灵

C. 工作钢丝绳断裂　　D. 工作钢丝绳卡住

答案：ABCD

391.《建设工程安全生产管理条例》所称建设工程，是指(　　)及装修工程。

A. 土木工程　　B. 建筑工程　　C. 线路管道　　D. 设备安装工程

答案：ABCD

392. 建设单位应当向施工单位保证所提供资料的(　　)性。

A. 详细　　B. 真实　　C. 准确　　D. 完整

答案：BCD

393. 施工单位应当具备国家规定的(　　)等条件，依法取得相应等级的资质证书。

A. 注册资本　　B. 专业技术人员　　C. 技术装备　　D. 安全生产

答案：ABCD

394. 施工单位的项目负责人应当根据工程的特点组织制定安全施工措施，消除安全事故隐患，(　　)报告生产安全事故。

A. 及时　　B. 如实　　C. 真实　　D. 详细

答案：AB

395. 建设工程施工前，施工单位负责项目管理的技术人员应当对有关安全施工的技术要求向(　　)作出详细说明，并由双方签字确认。

A. 班组长　　B. 施工作业班组　　C. 作业人员　　D. 专职安全员

答案：BC

396. 施工单位应当根据(　　)的变化，在施工现场采取相应的安全施工措施。

A. 不同施工阶段　　B. 周围环境　　C. 季节、气候　　D. 领导

答案：ABC

397. 施工现场职工的(　　)等应当符合卫生标准。

A. 膳食　　B. 饮水　　C. 休息场所　　D. 娱乐场所

答案：ABC

398. 施工单位应当采取措施，防止或者减少粉尘(　　)、振动和施工照明对人和环境的危害和污染。

A. 废气　　B. 废水　　C. 固体废物　　D. 噪声

答案:ABCD

399. 作业人员有权对施工现场的(　　)中存在的安全问题提出批评、检举和控告,有权拒绝违章指挥和强令冒险作业。

A. 作业内容　　B. 作业条件　　C. 作业程序　　D. 作业方式

答案:BCD

400. 作业人员有权对施工现场的作业条件、作业程序和作业方式中存在的安全问题提出(　　),有权拒绝违章指挥和强令冒险作业。

A. 批评　　B. 检举　　C. 控告　　D. 建议

答案:ABC

401. 作业人员有权对施工现场的作业条件、作业程序和作业方式中存在的安全问题提出批评、检举和控告,有权拒绝(　　)。

A. 违章作业　　B. 违法劳动纪律　　C. 违章指挥　　D. 强令冒险作业

答案:CD

402. 作业人员应当遵守安全施工的(　　),正确使用安全防护用具、机械设备等。

A. 强制性标准　　B. 规章制度　　C. 操作规程　　D. 劳动纪律

答案:ABC

403. 作业人员应当遵守安全施工的强制性标准、规章制度和操作规程,正确使用(　　)等。

A. 手使工具　　B. 安全配件　　C. 安全防护用具　　D. 机械设备

答案:CD

404. 施工现场的安全防护用具、机械设备、施工机具及配件必须由专人管理,定期进行(　　),建立相应的资料档案,并按照国家有关规定及时报废。

A. 检查　　B. 维修　　C. 报废　　D. 保养

答案:ABD

405. 施工单位应当制定本单位生产安全事故应急救援预案,(　　)并定期组织演练。

A. 建立应急救援组织　　B. 配备应急救援人员

C. 配备必要的应急救援器材、设备　　D. 配备应急救援医生

答案:ABC

406. 施工单位应当根据建设工程施工的(　　),对施工现场易发生重大事故的部位、环节进行监控,制定施工现场生产安全事故应急救援预案。

A. 特点　　B. 范围　　C. 环境　　D. 场所

答案:AB

407. 施工单位应当根据建设工程施工的特点、范围,对施工现场易发生重大事故的(　　)进行监控,制定施工现场生产安全事故应急救援预案。

A. 设施　　B. 部位　　C. 环节　　D. 工程

答案:BC

408. 建筑起重机械的(　　)、使用及其监督管理,适用《建筑起重机械安全监督管理规定》。

A. 生产　　B. 租赁　　C. 安装　　D. 拆卸

答案：BCD

409.《建筑起重机械安全监督管理规定》所称建筑起重机械，是指纳入特种设备目录，在(　　)工地安装、拆卸、使用的起重机械。

A. 矿山开采　　B. 房屋建筑　　C. 市政工程

答案：BC

410.《建筑起重机械安全监督管理规定》所称建筑起重机械，是指纳入特种设备目录，在房屋建筑工地和市政工程工地(　　)的起重机械。

A. 制造　　B. 安装　　C. 拆卸　　D. 使用

答案：BCD

411. 出租单位出租的建筑起重机械和使用单位(　　)的建筑起重机械应当具有特种设备制造许可证、产品合格证、制造监督检验证明。

A. 购置　　B. 租赁　　C. 使用　　D. 制造

答案：ABC

412. 出租单位出租的建筑起重机械和使用单位购置、租赁、使用的建筑起重机械应当具有特种设备(　　)。

A. 制造许可证　　B. 安全许可证

C. 产品合格证　　D. 制造监督检验证明

答案：ACD

413. 出租单位应当在签订的建筑起重机械租赁合同中，明确租赁双方的安全责任，并出具建筑起重机械特种设备(　　)制造监督检验证明，提交安装使用说明书。

A. 制造许可证　　B. 产品合格证　　C. 备案证明　　D. 自检合格证明

答案：ABCD

414. 出现(　　)情形之一的建筑起重机械，不得出租、使用。

A. 国家明令淘汰　　B. 超过安全技术标准

C. 禁止使用的　　D. 超过制造厂家规定的使用年限的

答案：ABCD

415. 出现(　　)情形之一的建筑起重机械，不得出租、使用。

A. 国家明令淘汰或禁止使用的

B. 经检验达不到安全技术标准规定的

C. 没有完整安全技术档案的

D. 没有齐全有效的安全保护装置的

答案：ABCD

416. 超过(　　)的使用年限的建筑起重机械，出租单位或者自购建筑起重机械的使用单位应当予以报废，并向原备案机关办理注销手续。

A. 施工规范　　B. 安全技术标准

C. 制造厂家规定　　D. 设计规定

答案：BC

417. (　　)建筑起重机械的使用单位，应当建立建筑起重机械安全技术档案。

A. 设计单位　　B. 出租单位　　C. 自购

答案：BC

418. 从事建筑起重机械(　　)活动的单位应当依法取得建设主管部门颁发的相应资质和建筑施工企业安全生产许可证。

A. 生产　　B. 安装　　C. 拆卸　　D. 使用

答案:BC

419. 从事建筑起重机械安装、拆卸活动的单位应当依法取得建设主管部门颁发的(　　)。

A. 管理资质　　B. 相应资质

C. 安全资格　　D. 建筑施工企业安全生产许可证

答案:BD

420. 从事建筑起重机械安装、拆卸活动的单位,并在其资质许可范围内承揽建筑起重机械(　)工程。

A. 生产　　B. 安装　　C. 拆卸　　D. 使用

答案:BC

421. 建筑起重机械(　　)单位应当在签订的建筑起重机械安装、拆卸合同中明确双方的安全生产责任。

A. 生产　　B. 安装　　C. 拆卸　　D. 使用

答案:BD

422. 建筑起重机械使用单位和安装单位应当在签订的建筑起重机械(　　)合同中明确双方的安全生产责任。

A. 生产　　B. 安装　　C. 拆卸　　D. 使用

答案:BC

423. 实行施工总承包的,施工总承包单位应当与安装单位签订建筑起重机械(　　)工程安全协议书。

A. 生产　　B. 安装　　C. 拆卸　　D. 使用

答案:BC

424. 安装单位的安全职责(　　)。

A. 编制建筑起重机械安装、拆卸工程专项施工方案

B. 检查建筑起重机械及现场施工条件

C. 组织安全施工技术交底并签字确认

D. 制定事故应急救援预案

答案:ABCD

425. 安装单位应当将建筑起重机械安装、拆卸(　　)等材料报施工总承包单位和监理单位审核后,告知工程所在地县级以上地方人民政府建设主管部门。

A. 安全协议　　B. 工程专项施工方案

C. 人员名单　　D. 时间

答案:BCD

426. 安装单位应当将建筑起重机械安装、拆卸工程专项施工方案,安装、拆卸人员名单,安装、拆卸时间等材料报(　　)审核后,告知工程所在地县级以上地方人民政府建设主管部门。

A. 施工单位　　B. 分包单位

C. 施工总承包单位　　D. 监理单位

答案:CD

427. 安装单位的(　　)应当进行现场监督，技术负责人应当定期巡查。

A. 技术负责人　　B. 专业技术人员

C. 专职安全生产管理人员　　D. 作业人员

答案：BC

428. 建筑起重机械安装完毕后，安装单位应当按照(　　)的有关要求对建筑起重机械进行自检、调试和试运转。

A. 安全技术标准　　B. 安装使用说明书

C. 技术规范　　D. 设计文件

答案：AB

429. 建筑起重机械安装完毕后，安装单位应当按照安全技术标准及安装使用说明书的有关要求对建筑起重机械进行(　　)。

A. 自检　　B. 调试　　C. 试验　　D. 试运转

答案：ABD

430. 安装单位应当建立建筑起重机械安装、拆卸工程档案。资料内容(　　)。

A. 安装、拆卸合同及安全协议书　　B. 安装、拆卸工程专项施工方案

C. 安全施工技术交底的有关资料　　D. 安装工程验收资料

答案：ABCD

431. 使用单位应当自建筑起重机械安装验收合格之日起30日内，将建筑起重机械(　　)等，向工程所在地县级以上地方人民政府建设主管部门办理建筑起重机械使用登记。

A. 安装资料　　B. 安装验收资料

C. 建筑起重机械安全管理制度　　D. 特种作业人员名单

答案：BCD

432. 建筑起重机械使用单位应当根据(　　)，对建筑起重机械采取相应的安全防护措施。

A. 不同施工阶段　　B. 周围环境

C. 季节、气候的变化　　D. 不同单位

答案：ABC

433. 使用单位应当对在用的建筑起重机械及其(　　)等进行经常性和定期的检查、维护和保养，并做好记录。

A. 安全保护装置　　B. 吊具　　C. 索具　　D. 工具

答案：ABC

434. 使用单位应当对在用的建筑起重机械及其安全保护装置、吊具、索具等进行经常性和定期的(　　)，并做好记录。

A. 检查　　B. 维护　　C. 维修　　D. 保养

答案：ABD

435. 使用单位擅自在建筑起重机械上安装非原制造厂制造的标准节和附着装置的，由县级以上地方人民政府建设主管部门(　　)。

A. 责令限期改正　　B. 予以警告

C. 处以5 000元以上3万元以下罚款对　　D. 责令拆除

答案：ABC

三、判 断 题

1.宪法是我国安全生产法律法规中的根本法。 （ ）

答案：√

2.宪法规定：中华人民共和国公民有劳动的权利，没有劳动的义务。 （ ）

答案：×

3.宪法规定：中华人民共和国公民有受教育的权利和义务。 （ ）

答案：√

4.《建设工程安全生产管理条例》规定：建设单位不得向有关单位提出非法要求，可以压缩合同工期。 （ ）

答案：×

5.《建设工程安全生产管理条例》规定：建设单位在编制工程概算时，应当确定建设工程安全作业环境及安全施工措施所需费用。 （ ）

答案：√

6.建设单位不得明示或者暗示施工单位购买不符合要求的设备、设施、器材和用具。（ ）

答案：√

7.生产经营单位可以使用国家明令淘汰、禁止使用的危及生产安全的工艺、设备。（ ）

答案：×

8.实施爆破作业的，应当遵守国家有关民用爆炸物品管理的规定。 （ ）

答案：√

9.禁止出租检测不合格的机械设备和施工机具及配件。 （ ）

答案：√

10.检测不合格的机械设备和施工机具及配件可以在小型工程中使用。 （ ）

答案：×

11.在施工现场安装、拆卸施工起重机械和整体提升脚手架、模板等自升式架设设施，必须由具有相应资质的单位承担。 （ ）

答案：√

12.安全生产的法律法规规定：施工单位主要负责人依法对本单位的安全生产工作全面负责。 （ ）

答案：√

13.施工单位的项目负责人应当对建设工程项目的安全生产全面负责，是本项目安全生产的第一责任人。 （ ）

答案：√

14.作业人员进入新的岗位或者新的施工现场前，应当接受安全生产教育培训。（ ）

答案：√

15.未经教育培训或者教育培训考核不合格的人员，可以先上岗作业，然后在根据工作内容进行培训。 （ ）

答案：×

16.施工单位在采用新技术、新工艺、新设备、新材料时，应当对作业人员进行相应的安全生产教育培训。 （ ）

答案:√

17. 建设施工特种作业人员直接从事建设施工特种作业,具有较大危险性。（　）

答案:√

18. 视具体情况向作业人员提供安全防护用具和安全防护服装。（　）

答案:×

19. 施工单位应书面告知危险岗位的操作规程和违章操作的危害。（　）

答案:√

20. 施工单位应当将施工现场的办公、生活区与作业区分开设置,并保持安全距离。（　）

答案:√

21. 施工单位视情况在尚未竣工的建筑物内设置员工集体宿舍。（　）

答案:×

22. 施工现场使用的装配式活动房屋应当具有产品合格证。（　）

答案:√

23. 施工单位对因建设工程施工可能造成损害的毗邻建筑物、构筑物和地下管线等,应当采取专项防护措施。（　）

答案:√

24. 在城市市区内的建设工程,施工单位应当对施工现场实行封闭围挡。（　）

答案:√

25. 施工单位对因建设工程施工可能造成损害的毗邻建筑物、构筑物、地下管线等,可以采取专项防护措施,也可以不采取专项防护措施。（　）

答案:×

26. 施工单位在使用施工起重机械和整体提升脚手架、模板等自升式架设设施前,应当组织有关单位进行验收,也可以委托具有相应资质的检验检测机构进行验收。（　）

答案:√

27. 施工单位在使用施工起重机械和整体提升脚手架、模板等自升式架设设施前,不用组织有关单位进行验收。（　）

答案:×

28. 施工单位在使用施工起重机械和整体提升脚手架、模板等自升式架设设施前,必须委托具有相应资质的检验检测机构进行验收。（　）

答案:×

29. 施工起重机械和整体提升脚手架、模板等自升式架安装完成,即可投入使用。（　）

答案:×

30. 建设行政主管部门或者其他有关部门颁发的,起重机械和整体提升脚手架、模板等自升式架设设施的登记标志,应当置于或者附着于该设备的显著位置。（　）

答案:√

31. 建设行政主管部门或者其他有关部门颁发的,起重机械和整体提升脚手架、模板等自升式架设设施的登记标志,保存在资料里,不必附着于该设备的显著位置。（　）

答案:×

32. 特种设备使用单位应当对在用特种设备进行经常性日常维护保养,并定期自行检查。（　）

答案:√

33.特种设备使用单位应当对在用特种设备进行经常性日常维护保养,不需要定期自行检查。（　　）

答案:×

34.特种设备使用单位对在用特种设备应当至少每月进行一次自行检查,可以记录,也可以不用记录。（　　）

答案:×

35.特种设备使用单位在对在用特种设备进行自行检查和日常维护保养时发现异常情况的,应当及时处理。（　　）

答案:√

36.特种设备使用单位在对在用特种设备进行自行检查和日常维护保养时发现异常情况的,如果问题不大,可以继续使用,然后进行处理。（　　）

答案:×

37.特种设备在安全检验合格有效期届满前1个月向特种设备检测机构提出定期检验要求,未经定期检验或者检验不合格的特种设备,不得继续使用。（　　）

答案:√

38.特种设备在安全检验合格有效期届满前1个月向特种设备检测机构提出定期检验要求,未经定期检验或者检验不合格的特种设备,可以继续使用。（　　）

答案:×

39.锅炉、压力容器、电梯、起重机械、客运索道、大型游乐设施、场(厂)内专用机动车辆等特种设备作业人员,应当按照国家有关规定经特种设备安全监督管理部门考核合格,取得国家统一格式的特种作业人员证书,方可从事相应的作业或者管理工作。（　　）

答案:√

40.特种设备作业人员在作业中应当严格执行特种设备的操作规程和有关的安全规章制度。（　　）

答案:√

41.特种设备作业人员在作业过程中发现事故隐患或者其他不安全因素,应当立即向现场安全管理人员和单位有关负责人报告。（　　）

答案:√

42.特种设备作业人员在作业过程中发现事故隐患或者其他不安全因素,应当立即自己处理。（　　）

答案:×

43.建筑起重机械安装完毕后,使用单位应当组织出租、安装、监理等有关单位进行验收,或者委托具有相应资质的检验检测机构进行验收。（　　）

答案:√

44.建筑起重机械经验收合格后方可投入使用,未经验收或者验收不合格的不得使用。（　　）

答案:√

45.使用单位应当自建筑起重机械安装验收合格之日起30日内,将建筑起重机械安装验收资料、建筑起重机械安全管理制度、特种作业人员名单等,向工程所在地县级以上地方人民政府建设主管部门办理建筑起重机械使用登记。（　　）

答案:√

46.建筑起重机械安装备案的登记标志置于或者附着于该设备的显著位置。（ ）

答案:√

47.建筑起重机械特种作业人员在作业中有权拒绝违章指挥和强令冒险作业,有权在发生危及人身安全的紧急情况时立即停止作业或者采取必要的应急措施后撤离危险区域。（ ）

答案:√

48.建筑起重机械特种作业人员在作业中遇到任何情况时,必须服从指挥。（ ）

答案:×

49.《工伤保险条例》自 2004 年 1 月 1 日起施行。（ ）

答案:√

50.《工伤保险条例》规定:中华人民共和国境内的各类企业、有雇工的个体工商户应当依照本条例规定参加工伤保险,为本单位全部职工或者雇工缴纳工伤保险费。（ ）

答案:√

51.中华人民共和国境内的各类企业的职工和个体工商户的雇工,均有依照《工伤保险条例》的规定享受工伤保险待遇的权利。（ ）

答案:√

52.《工伤保险条例》规定:个体工商户可以不用为本单位全部职工或者雇工缴纳工伤保险费。（ ）

答案:×

53.职工因工受到伤害时,必须首先申请"工伤认定","被认定为工伤"是受伤害职工能够享受工伤保险待遇的最关键的前提条件。（ ）

答案:√

54.发生工伤事故伤害或者被诊断为职业病后,用人单位应当在 30 日内向统筹地区劳动保障行政部门提出工伤认定申请。（ ）

答案:√

55.用人单位未按前款规定提出工伤认定申请的,工伤职工或者其直系亲属、工会组织在事故伤害发生之日或者被诊断、鉴定为职业病之日起 1 年内,可以直接向用人单位所在地统筹地区劳动保障行政部门提出工伤认定申请。（ ）

答案:√

56.用人单位未规定的时限内提交工伤认定申请,在此期间发生条例规定的工伤待遇等有关费用由该用人单位负担。（ ）

答案:√

57.劳动保障行政部门收到用人单位、工伤职工或者其直系亲属、工会组织提出的工伤认定申请后,应当在 15 日内进行审查,申请人提供的材料完整,属于劳动保障行政部门管辖范围且在受理时效内的,应当受理。（ ）

答案:√

58.劳动保障行政部门对于申请人提供的材料不完整的,应当当场或者在 5 日内以书面形式一次性告知申请人需要补正的全部材料,申请人应在于 15 日内提交。（ ）

答案:√

59.职工或者其直系亲属认为是工伤,用人单位不认为是工伤的,由用人单位承担举证

责任。（　）

答案：√

60. 职工或者其直系亲属认为是工伤，用人单位不认为是工伤的，由工伤职工承担举证责任。（　）

答案：×

61. 劳动保障行政部门应当自受理工伤认定申请之日起 60 日作出工伤认定决定。（　）

答案：√

62.《工伤保险条例》规定：职工发生工伤经治疗伤情相对稳定后存在残疾影响劳动能力的，应当进行劳动能力鉴定。（　）

答案：√

63. 劳动能力鉴定是劳动和社会保障行政部门的一项重要工作，是确定工伤保险待遇的基础。（　）

答案：√

64. 根据我国相关标准的规定，劳动功能障碍分为十个伤残等级。（　）

答案：√

65. 劳动能力鉴定是指劳动功能障碍程度和生活自理障碍程度的等级鉴定。（　）

答案：√

66. 劳动功能障碍分为十个伤残等级，最重的为一级，最轻的为十级。（　）

答案：√

67. 劳动功能障碍分为十个伤残等级，最重的为十级，最轻的为一级。（　）

答案：×

68. 生活自理障碍分为三个等级：生活完全不能自理、生活大部分不能自理和生活部分不能自理。（　）

答案：√

69.《工伤保险条例》规定：设区的市级劳动能力鉴定委员会收到劳动能力鉴定申请后，应当从其建立的医疗卫生专家库中随机抽取 3 名或者 5 名相关专家组成专家组，由专家组提出鉴定意见。（　）

答案：√

70. 设区的市级劳动能力鉴定委员会根据专家组的鉴定意见作出工伤职工劳动能力鉴定结论，必要时，不可以委托具备资格的医疗机构协助进行有关的诊断。（　）

答案：×

71. 设区的市级劳动能力鉴定委员会应当自收到劳动能力鉴定申请之日起 60 日内作出劳动能力鉴定结论，必要时，作出劳动能力鉴定结论的期限可以延长 30 日。（　）

答案：√

72. 劳动能力鉴定结论应当及时送达申请鉴定的单位和个人。（　）

答案：√

73. 申请鉴定的单位或者个人对设区的市级劳动能力鉴定委员会做出的鉴定结论不服的，可以在收到该鉴定结论之日起 15 日内向省、自治区、直辖市劳动能力鉴定委员会提出再次鉴定申请。（　）

答案：√

74.省、自治区、直辖市劳动能力鉴定委员会作出的劳动能力鉴定结论为最终结论。( )
答案:√
75.职工因工作遭受事故伤害或者患职业病进行治疗,享受工伤医疗待遇。( )
答案:√
76.《工伤保险条例》的规定:工伤保险待遇从工伤保险基金支付。( )
答案:√
77.《工伤保险条例》的规定:工伤保险待遇由发生工伤单位支付。( )
答案:×
78.根据有关规定,施工现场安全由建筑施工企业负责。
答案:√
79.实行施工总承包的,由总承包单位负责。( )
答案:√
80.建筑法明确规定:施工现场的安全管理由总承包企业统一管理和全面负责。( )
答案:×
81.《建筑法》规定:施工现场安全由建筑施工企业负责。实行施工总承包的,由总承包单位负责。分包单位向总承包单位负责,服从总承包单位对施工现场的安全生产管理。( )
答案:√
82.安全生产责任制是企业岗位责任制的一个组成部分,是企业中最基本的一项安全制度,也是企业安全生产、劳动保护管理制度的核心。( )
答案:√
83.《安全生产法》规定:建筑施工企业的法人代表对本单位的安全生产工作全面负责。( )
答案:√
84.安全生产条件是保证安全生产的基石,是保障安全生产的前提和基础。( )
答案:√
85.生产经营单位不具备安全生产条件的,不得从事生产经营活动。( )
答案:√
86.《安全生产法》规定:生产经营单位应当具备的安全生产条件所必需的资金投入。( )
答案:√
87.《安全生产法》规定:安全生产投入由生产经营单位的决策机构、主要负责人或者个人经营的投资人予以保证,并对由于安全生产所必需的资金投入不足导致的后果承担责任。( )
答案:√
88.《安全生产法》规定:安全生产投入由生产经营单位安全生产管理机构予以保证。( )
答案:√
89.施工单位应建立健全安全生产管理规章制度,制定维护安全、防范危险、预防火灾措施和制度,为了避免对其他人员造成伤害,对施工现场实行封闭管理。( )
答案:√
90.《建筑法》规定:建筑施工企业应当在施工现场采取维护安全、防范危险、预防火灾等措施;有条件的,应当对施工现场实行封闭管理。( )
答案:√
91.《建筑法》规定:施工现场对毗邻的建筑物、构筑物和特殊作业环境可能造成损害的,建

筑施工企业应当采取安全防护措施。 ( )

答案:√

92. 国家机关、事业组织、社会团体也可视为用人单位。 ( )

答案:√

93. 用人单位必须为劳动者提供符合国家规定的劳动安全卫生条件和必要的劳动防护用品,对从事有职业危害作业的劳动者应当定期进行健康检查。 ( )

答案:√

94. 建筑施工、易燃易爆和有毒有害等危险作业场所应当设置相应的防护措施、报警装置、通讯装置、安全标志等。 ( )

答案:√

95. 施工现场的危险性大的生产设备设施,如起重机械、电梯等,必须经有资质的检验检测机构进行检测合格、颁发安全使用许可证后方可投入使用。 ( )

答案:√

96. 企业提供的劳动防护用品,必须符合国家标准的合格劳动防护用品。 ( )

答案:√

97. 建筑施工企业应当遵守有关环境保护和安全生产的法律、法规的规定,采取控制和处理施工现场的各种粉尘、废气、废水、固体废物以及噪声、振动对环境的污染和危害的措施。 ( )

答案:√

98.《劳动法》明确规定,国家对女职工和未成年工实行特殊保护。 ( )

答案:√

99. 未成年工是指年龄满16周岁未满18周岁的劳动者。 ( )

答案:√

100. 未成年工是指年龄满14周岁未满16周岁的劳动者。 ( )

答案:×

101.《劳动法》规定:禁止安排女职工从事国家规定的第四级体力劳动强度的劳动和其他紧急从事的劳动。 ( )

答案:√

102.《劳动法》规定:禁止安排女职工在经期从事高处、低温、冷水作业和国家规定的第三级体力劳动强度的劳动。 ( )

答案:√

103.《劳动法》规定:禁止安排未成年工从事有毒有害、国家规定的第四级体力劳动强度的劳动和其他禁忌从事的劳动。 ( )

答案:√

104.《建筑法》规定:建筑施工企业应当建立健全劳动安全生产教育培训制度,加强对职工安全生产的教育培训。 ( )

答案:√

105.《建筑法》规定:未经安全生产教育培训的人员,不得上岗作业。 ( )

答案:√

106. 直接从事特种作业的人员称为特种作业人员。 ( )

答案:√

107.《劳动法》规定:从事特种作业的劳动者必须经过专门培训并取得特种作业资格。（　）

答案:√

108.《安全生产法》规定:生产经营单位的特种作业人员必须按照国家有关规定经专门的安全作业培训,取得特种作业操作资格证书,方可上岗作业。（　）

答案:√

109.从业人员有权对本单位安全生产工作中存在的问题提出批评、检举、控告。（　）

答案:√

110.用人单位违反安全生产相关法律法规,或者不履行安全保障责任的情况,职工有直接对用人单位提出批评,或向有关部门检举和控告的权利。（　）

答案:√

111.从业人员有权拒绝违章指挥和强令冒险作业。（　）

答案:√

112.生产经营单位不得因从业人员对本单位安全生产工作提出批评、检举、控告或者拒绝违章指挥、强令冒险作业而降低其工资、福利等待遇或者解除与其订立的劳动合同。（　）

答案:√

113.从业人员发现直接危及人身安全的紧急情况时,有权停止作业或者在采取可能的应急措施后撤离作业场所。（　）

答案:√

114.从业人员发现直接危及人身安全的紧急情况时,应在完成工作任务后撤离作业场所。（　）

答案:×

115.生产经营单位可以与从业人员订立协议,免除或者减轻其对从业人员因生产安全事故伤亡依法应承担的责任。（　）

答案:×

116.《安全生产法》规定:因生产安全事故受到损害的从业人员,除依法享有工伤社会保险外,依照有关民事法律尚有获得赔偿的权利的,有权向本单位提出赔偿要求。（　）

答案:√

117.《安全生产法》规定:从业人员应当接受安全生产教育和培训,掌握本职工作所需的安全生产知识,提高安全生产技能,增强事故预防和应急处理能力。（　）

答案:√

118.《安全生产法》规定:从业人员发现事故隐患或者其他不安全因素,应当立即向现场安全生产管理人员或者本单位负责人报告;接到报告的人员应当及时予以处理。（　）

答案:√

119.建筑施工特种作业人员的考核内容应当包括安全技术理论和实际操作。（　）

答案:√

120.特种作业考核发证机关考核前应当在机关网站或新闻媒体上公布考核科目、考核地点、考核时间和监督电话等事项。（　）

答案:√

121.考核发证机关应当自考核结束之日起10个工作日内公布考核成绩。（　）

答案:√

122. 特种作业资格证书应当采用国务院建设主管部门规定的统一样式，由考核发证机关编号后签发。（　）

答案：√

123. 特种作业资格证书在全国通用。（　）

答案：√

124. 用人单位每年应当对从业人员进行安全教育培训或者继续教育，不得少于 24 h。（　）

答案：√

125. 用人单位每两年应当对从业人员进行安全教育培训或者继续教育，不得少于 24 h。（　）

答案：×

126. 任何单位和个人不得非法涂改、倒卖、出租、出借或者以其他形式转让特种作业资格证书。（　）

答案：√

127. 特种作业资格证书有效期为 2 年。（　）

答案：√

128. 特种作业资格证书延期复核合格的，有效期延期 2 年。（　）

答案：√

129. 建筑施工特种作业人员在资格证书有效期内，未按规定参加年度安全教育培训或者继续教育的，不准延期。（　）

答案：√

130. 考核发证机关收到建筑施工特种作业人员提交的延期复核资料不符合规定的，自收到延期复核资料之日起 5 个工作日内作出不予延期决定，不用解释说明理由。（　）

答案：×

131. 考核发证机关收到建筑施工特种作业人员提交的延期复核资料齐全且符合规定的，自受理之日起 10 个工作日内办理准予延期复核手续，并在证书上注明延期复核合格，并加盖延期复核专用章。（　）

答案：√

132. 特种作业人员在资格证书有效期满前按规定提出延期复审资料齐全，考核发证机关未作出决定的，视为延期复核合格。（　）

答案：√

133. 特种作业人员在资格证书有效期满前按规定提出延期复审资料齐全，考核发证机关未作出决定的，视为延期复核不合格。（　）

答案：×

134. 县级以上地方人民政府建设主管部门应当监督检查建筑施工特种作业人员从业活动，查处违章作业行为并记录在档。（　）

答案：√

135. 特种作业人员考核发证机关及时向国务院建设主管部门报送相关资料。（　）

答案：√

136. 特种作业人员考核发证机关应当在每年年底向国务院建设主管部门报送建筑施工特种作业人员考核发证和延期复核情况的年度统计信息资料。（　）

答案：√

137.建筑施工特种作业人员要求掌握的即是要求能运用相关特种作业知识解决实际问题。（ ）

答案:√

138.建筑施工特种作业人员要求熟悉的即是要求能较深理解相关特种作业安全技术知识。（ ）

答案:√

139.建筑施工特种作业人员要求了解的即是要求具有相关特种作业的基本知识。（ ）

答案:√

140.安全技术理论考核，采用闭卷笔试方式。（ ）

答案:√

141.安全技术理论考核，采用开卷笔试方式。（ ）

答案:×

142.安全技术理论考核，考核时间为2小时，实行百分制，60分为合格。（ ）

答案:√

143.安全技术理论考核，考核时间为1小时，实行百分制，60分为合格。（ ）

答案:×

144.安全技术理论考核，考核时间为2小时，实行百分制，70分为合格。（ ）

答案:×

145.安全技术理论考核，安全生产基本知识占25%、专业基础知识占25%、专业技术理论占50%。（ ）

答案:√

146.安全技术理论考核，安全生产基本知识占50%、专业基础知识占50%。（ ）

答案:×

147.安全操作技能考核，采用实际操作（或模拟操作）、口试等方式。考核实行百分制，70分为合格。（ ）

答案:√

148.安全操作技能考核，采用实际操作（或模拟操作）、口试等方式。考核实行百分制，60分为合格。（ ）

答案:×

149.特种作业人员考核时，安全技术理论考核不合格的，不得参加安全操作技能考核。（ ）

答案:√

150.特种作业人员考核时，安全技术理论考试和实际操作技能考核均合格的，为考核合格。（ ）

答案:√

151.特种作业人员考核时，安全操作技能考核不合格的，不得参加安全技术理论考核。

（ ）

答案:×

152.特种作业人员考核时，安全技术理论考试和实际操作技能考核有一门合格即为考核合格。（ ）

答案:×

153. 首次取得《建筑施工特种作业操作资格证书》的人员实习操作不得少于3个月。 （ ）

答案:√

154. 实习操作期间，用人单位应当指定专人指导，指导人员应当从取得相应特种作业资格证书并从事相关工作3年以上、无不良记录的熟练工中选择。 （ ）

答案:√

155. 特种作业人员实习操作期满，经用人单位考核合格，方可独立作业。 （ ）

答案:√

156. 特种作业人员取得《建筑施工特种作业操作资格证书》后，即可独立作业。 （ ）

答案:×

157. 建筑电工的作业范围即在建筑工程施工现场从事临时用电作业。 （ ）

答案:√

158. 建筑起重司索信号工的作业范围包括：在建筑工程施工现场从事对起吊物体进行绑扎、挂钩等司索作业和起重指挥作业。 （ ）

答案:√

159. 建筑起重机械司机（施工升降机）的作业范围包括：在建筑工程施工现场从事施工升降机的驾驶操作。 （ ）

答案:√

160. 建筑起重机械司机（施工升降机）的作业范围包括：在建筑工程施工现场从事塔式起重机的驾驶操作。 （ ）

答案:×

161. 建筑起重机械司机（物料提升机）的作业范围包括：在建筑工程施工现场从事物料提升机的驾驶操作。 （ ）

答案:√

162. 建筑起重机械安装拆卸工（施工升降机）的作业范围包括：在建筑工程施工现场从事施工升降机的安装和拆卸作业。 （ ）

答案:√

163. 建筑起重机械安装拆卸工（物料提升机）的作业范围包括：在建筑工程施工现场从事物料提升机的安装和拆卸作业。 （ ）

答案:√

164. 高处作业吊篮安装拆卸工的作业范围包括：在建筑工程施工现场从事高处作业吊篮的安装和拆卸作业。 （ ）

答案:√

165. 安全生产基本知识的内容包括了解现场急救知识。 （ ）

答案:√

166. 劳动纪律是劳动者在劳动中所必须遵守的劳动规则和劳动秩序。 （ ）

答案:√

167. 劳动纪律是劳动者应当履行规定的义务，也是企业正常生产、生活秩序的重要保证。 （ ）

答案:√

168. 劳动者应主动、自觉遵守劳动纪律。 （ ）

答案:√

169. 用人单位有权在法律允许的情况下制定劳动纪律，并对违反劳动纪律的劳动者进行处理。（　）

答案:√

170. 用人单位随时对违反劳动纪律的劳动者进行处理。（　）

答案:×

171. 用人单位在任何情况下不应该违反劳动纪律的劳动者进行处理。（　）

答案:×

172. 我国《宪法》明文规定:中华人民共和国公民必须遵守劳动纪律。（　）

答案:√

173.《劳动法》规定:劳动身应当遵守劳动纪律和职业道德。（　）

答案:√

174. 遵纪守法是用人单位对从业人员的基本要求，也是从业人员的基本义务和必备素质。（　）

答案:√

175. 劳动者应掌握扎实的职业技能和相关专业知识，严格遵守企业的规章制度，服从企业的安排，维护企业和自身利益的同时，履行法律要求劳动者承担的义务。（　）

答案:√

176. 职业道德是人们在从事职业的过程中形成的一种内在的、非强制性的约束机制。（　）

答案:√

177. 职业道德是人们在履行本职工作过程中所应遵循的行为规范和准则。（　）

答案:√

178. 职业道德是从业人员在职业活动中应当遵循的社会道德。（　）

答案:√

179. 建筑行业是社会主义现代化建设中的一个十分重要的行业。（　）

答案:√

180. 建筑工人职业道德基本规范包括忠于职守、热爱本职，质量第一、信誉至上、遵纪守法等。（　）

答案:√

181. 从业人员应该认真履行自己的工作职责，保质保量地完成自己应予承担的各项任务。（　）

答案:√

182. 从业人员要严格遵守劳动纪律，遵守企业的各项规章制度，顾全大局，勇挑重担。（　）

答案:√

183. 工程技术人员和工人以及工人之间要团结友爱，互相学习，取长补短。（　）

答案:√

184. 与人合作时，要多替同事着想，多给同事方便，关心和信任对方，积极帮助对方解决困难，虚心接受批评，认真改正自己的缺点和不足。（　）

答案:√

185. 从业人员应该努力学习科学文化知识，刻苦钻研生产和施工技术，不断提高业务能

力，讲究工作效率。 (　　)

答案：√

186. 从业人员应该充分发挥主观能动性，积极给领导提出合理化建议，帮助领导排忧解难。 (　　)

答案：√

187. 在生产劳动过程中，每个人都遵守劳动纪律和职业道德，是保证生产正常进行和提高劳动生产率的需要。 (　　)

答案：√

188. 劳动纪律属于法律关系的范畴，是一种义务。 (　　)

答案：√

189. 劳动纪律的直接目的是保证劳动者劳动义务的实现，保证劳动者能按时、按质、按量完成自己的本职工作。 (　　)

答案：√

190. 遵守劳动纪律，有时候需要强制的手段，不遵守劳动纪律可能会受到惩罚。 (　　)

答案：√

191. 从业人员如果违背了职业道德，会受到社会舆论和良心的谴责。 (　　)

答案：√

192. 安全生产教育工作是安全生产管理的重要手段。 (　　)

答案：√

193. 未经安全生产教育和培训合格的从业人员，不得上岗作业。 (　　)

答案：√

194. 生产经营单位的特种作业人员必须按照国家有关规定经专门的安全作业培训，取得特种作业操作资格证书，方可上岗作业。 (　　)

答案：√

195. 特殊性教育是指为完成某一特殊工作而进行的专门的教育。 (　　)

答案：√

196. 特种作业安全教育属于特殊性教育。 (　　)

答案：√

197. 安全技术交底属于特殊性教育。 (　　)

答案：√

198. 新进场的人员是指第一次进入建筑施工现场的所有人员。 (　　)

答案：√

199. 施工现场的班组长(或劳务、分包单位代表)应该对从业人员进行第三级安全教育。 (　　)

答案：√

200. 三级安全教育中公司教育的培训教育的时间不得少于15学时。 (　　)

答案：√

201. 三级安全教育中项目经理部教育的培训教育的时间不得少于15学时。 (　　)

答案：√

202. 三级安全教育中班组教育的培训教育的时间不得少于20学时。 (　　)

答案:√

203.建筑施工企业建立健全新入场工人的三级教育档案,三级教育记录卡必须有教育者和被教育者本人签字,培训教育完成后即可上岗作业。( )

答案:×

204.建筑施工企业建立健全新入场工人的三级教育档案,三级教育记录卡必须有教育者和被教育者本人签字,培训教育完成后,应分工种进行考试或考核合格后,方可上岗作业。( )

答案:√

205.通过教育提高现场所有人员的安全意识、安全知识、安全技术和自我保护能力,避免出现安全事故。( )

答案:√

206.安全技术交底是为对某一分部分项工程进行施工而制定的有针对性的安全技术要求。( )

答案:√

207.当采用新工艺、新技术、新设备、新材料时,应制定有针对性的安全技术要求。( )

答案:√

208.安全技术交底是特殊性安全教育的一种形式。( )

答案:√

209.安全技术交底应该具有一定的针对性、时效性和可操作性,能具体指导工人安全施工。( )

答案:√

210.安全技术交底实行逐级交底制,开工前由技术负责人向全体职工进行交底。( )

答案:√

211.班组长每天要向工人进行施工要求、作业环境的安全交底。( )

答案:√

212.班组安全管理就是企业安全生产管理的第一道防线。( )

答案:√

213.搞好班组安全管理,是保证企业安全生产的基础。( )

答案:√

214.生产班组的安全生产由班组长全面负责。( )

答案:√

215.班组可以视具体情况看是否设专职安全员。( )

答案:×

216.每一位员工都应该参与到班组的日常安全管理工作中。( )

答案:√

217.班组安全管理的好与坏是安全员的事。( )

答案:×

218.班组班前教育的目的是提高广大职工的自我保护能力。( )

答案:√

219.接受安全知识教育,是提高从业人员安全意识和应变能力的重要手段。( )

答案:√

220. 检查督促班组成员正确穿戴和使用防护用品、用具是班组班前教育的一般内容之一。（ ）

答案：√

221. 班前活动开展得要认真，不能抱着走过场了事的心理。（ ）

答案：√

222. 积极推进班组安全教育工作，通过培训教育，使员工掌握标准、执行标准、依标作业，规范班组的作业行为，可有效强化班组安全管理。（ ）

答案：√

223. 高处作业是指凡在坠落高度基准面 2 m 以上（含 2 m）有可能坠落的高处进行的作业。（ ）

答案：√

224. 高处作业是指凡在 2 m 以上（含 2 m）有可能坠落的高处进行的作业。（ ）

答案：×

225. 坠落高度基准面是指由高处坠落达到的底面。（ ）

答案：×

226. 坠落高度基准面是在可能坠落范围内最低处的水平面称为坠落高度基准面。（ ）

答案：√

227. 高处作业高度是指作业区各作业位置至相应坠落高度基准面的垂直距离中的最大值。（ ）

答案：√

228. 为确定可能坠落范围而规定的相对于作业位置的一段水平距离称为可能坠落范围半径。（ ）

答案：√

229. 当作业位置至其底部的垂直距离为 2～5 m 时，可能坠落范围半径 R 为 2 m。（ ）

答案：√

230. 当作业位置至其底部的垂直距离为 5～15 m 时，可能坠落范围半径 R 为 3 m。（ ）

答案：√

231. 当为 15～30 m 时，可能坠落范围半径 R 为 4 m。（ ）

答案：√

232. 当作业位置至其底部的垂直距离为 30 m 以上时，可能坠落范围半径 R 为 5 m。（ ）

答案：√

233. 高处作业根据高处作业高度分为四级。（ ）

答案：√

234. 高处作业高度在 2～5 m 时，称为一级高处作业。（ ）

答案：√

235. 高处作业高度在 5～15 m 时，称为二级高处作业。（ ）

答案：√

236. 高处作业高度在 15～30 m 时，称为三级高处作业。（ ）

答案：√

237. 高处作业高度在 30 m 以上时，称为特级高处作业。（ ）

答案：√

238. 高处作业分为一般高处作业和特殊高处作业两种。（ ）

答案：√

239. 在高温或低温环境下进行的高处作业，称为异温高处作业。（ ）

答案：√

240. 降雪时进行的高处作业，称为雪天高处作业。（ ）

答案：√

241. 降雨时进行的高处作业，称为雨天高处作业。（ ）

答案：√

242. 室外完全采用人工照明时进行的高处作业，称为夜间高处作业。（ ）

答案：√

243. 在接近或接触带电体条件下进行的高处作业，统称为带电高处作业。（ ）

答案：√

244. 在无立足点或无牢靠立足点的条件下进行的高处作业，统称为悬空高处作业。（ ）

答案：√

245. 对突然发生的各种灾害事故，进行抢救的高处作业，称为抢救高处作业。（ ）

答案：√

246. 高处作业的分级以级别、类别和种类标记。（ ）

答案：√

247. 高处作业安全技术措施实施后，由工地技术负责人组织有关人员进行验收，凡验收不合格的或不符合要求的待修整合格后方可投入使用。（ ）

答案：√

248. 凡经医生诊断患有高血压、心脏病、严重贫血、癫痫病以及其他不宜从事高处作业的病症的人员，不得从事高处作业。（ ）

答案：√

249. 高处作业人员应每年进行一次体检。（ ）

答案：√

250. 攀登和悬空高处作业人员及搭设高处作业安全设施的人员必须经过专业技术培训及专业考试合格，取得特种作业操作证后方可上岗作业。（ ）

答案：√

251. 高处作业人员必须按规定穿戴合格的防护用品，使用安全带时，必须高挂低用，并系挂在牢固可靠处。（ ）

答案：√

252. 高处作业人员禁止赤脚、穿拖鞋或硬底鞋作业。（ ）

答案：√

253. 施工中发现有缺陷和隐患时，必须及时解决；危及人身安全时，必须停止作业。（ ）

答案：√

254. 高处作业中所用的工具应随手放入工具袋。（ ）

答案：√

255. 高处作业过程中传递物件禁止抛掷。（ ）

答案:√

256. 遇有 6 级以上强风、浓雾等恶劣气候,不得进行露天攀登与悬空高处作业。（ ）

答案:√

257. 作为安全措施的各种栏杆、设施、安全网等,不得随意拆除。（ ）

答案:√

258. 作为安全措施的各种栏杆、设施、安全网等,如果妨碍正常施工则可以拆除。（ ）

答案:×

259. 因作业需要,临时拆除或变动安全防护设施时,必须经施工负责人同意,并采取相应的可靠措施,作业后应立即恢复。（ ）

答案:√

260. 防护棚搭设与拆除时,应设警戒区,并应派专人监护。严禁上下同时拆除。（ ）

答案:√

261. 尚未安装栏杆的楼梯段以及楼层周边尚未砌筑围护等处作业都属于临边作业。（ ）

答案:√

262. 施工现场的坑槽作业、深基础作业,对地面上的作业人员也构成临边作业。（ ）

答案:√

263. 基坑周边,尚未安装栏杆或栏板的阳台、料台与挑平台周边,雨篷与挑檐边,无外脚手的屋面与楼层周边及水箱与水塔周边等处,都必须设置防护栏杆。（ ）

答案:√

264. 井架与施工用电梯和脚手架等与建筑物通道的两侧边,必须设防护栏杆。（ ）

答案:√

265. 各种垂直运输接料平台,除两侧设防护栏杆外,平台口还应设置安全门或活动防护栏杆。（ ）

答案:√

266. 搭设临边防护栏杆时,防护栏杆应由上、下两道横杆及栏杆柱组成,上杆离地高度为 1.0～1.2 m,下杆离地高度为 0.5～0.6 m。（ ）

答案:√

267. 坡度大于 1∶2.2 的层面,防护栏杆应高于 1.5 m,并加挂安全立网。（ ）

答案:√

268. 临边防护栏杆的横杆长度大于 2 m 时,必须加设栏杆柱。（ ）

答案:√

269. 临时栏杆的钢管离基坑边口的距离,不应小于 50 cm。（ ）

答案:√

270. 当在混凝土楼面、屋面或墙面固定时,可用预埋件与钢管或钢筋焊牢。（ ）

答案:√

271. 临时栏杆的整体构造应能使防护栏杆在上杆任何处,能经受任何方向的 1 000 N 外力。（ ）

答案:√

272. 防护栏杆必须自上而下用安全立网封闭。（ ）

答案:√

273. 防护栏杆的栏杆下边应设置严密固定的高度不低于 18 cm 的挡脚板或 40 cm 的挡脚笆。 ( )

答案:√

274. 护栏杆的外侧面临街道时,除防护栏杆外,敞口立面必须采取满挂安全网或其他可靠措施作全封闭处理。 ( )

答案:√

275. 规范中规定:在水平面上短边尺寸小于 250 mm 的,在垂直面上高度小于 750 mm 的均称为孔。 ( )

答案:√

276. 板与墙的洞口,必须设置牢固的盖板、防护栏杆、安全网或其他防坠落的防护设施。 ( )

答案:√

277. 电梯井口必须设防护栏杆或固定栅门。 ( )

答案:√

278. 电梯井内应每隔两层并最多隔 10 m 设一道安全网。 ( )

答案:√

279. 施工现场通道附近的各类洞口与坑槽等处,除设置防护设施与安全标志外,夜间还应设红灯示警。 ( )

答案:√

280. 楼板、屋面和平台等面上短边尺寸小于 25 cm 但大于 2.5 cm 的孔口,必须用坚实的盖板盖严。 ( )

答案:√

281. 楼板面等处边长为 25～50 cm 的洞口、安装预制构件时的洞口以及缺件临时形成的洞口,可用竹、木等作盖板、盖住洞口。 ( )

答案:√

282. 边长为 50～150 cm 的洞口,必须设置以扣件扣接钢管而成的网格,并在其上满铺竹笆或脚手板。 ( )

答案:√

283. 边长在 150 cm 以上的洞口,四周设防护栏杆,洞口下张设安全平网。 ( )

答案:√

284. 垃圾井道和烟道,应随楼层的砌筑或安装而消除洞口,或参照预留洞口作防护。 ( )

答案:√

285. 对邻近的人与物有坠落危险性的其他竖向的孔、洞口,均应予以盖没或加以防护,并有固定其位置的措施。 ( )

答案:√

286. 在施工现场,借助于登高工具或登高设施,在攀登条件下进行的作业称为攀登作业。 ( )

答案:√

287. 攀登作业因作业面窄小,且处于高空,故危险性更大。 ( )

答案：√

288. 梯脚底部应坚实，高度不够时，可以垫高或接长使用。（　）

答案：×

289. 梯子的上端应有固定措施。（　）

答案：√

290. 梯子如需接长使用，必须有可靠的连接措施，且接头不得超过1处。（　）

答案：√

291. 折梯使用时上部夹角以35°～45°为宜，铰链必须牢固，并应有可靠的拉撑措施。（　）

答案：√

292. 固定式直爬梯梯宽不应大于50 cm，支撑应采用不小于∟70×6的角钢，埋设与焊接均必须牢固。（　）

答案：√

293. 固定式直爬梯梯子顶端的踏棍应与攀登的顶面齐平，并加设1～1.5 m高的扶手。（　）

答案：√

294. 使用直爬梯进行攀登作业超过2 m时，宜加设护笼，超过8 m时，必须设置梯间平台。（　）

答案：√

295. 使用直爬梯进行攀登作业超过2 m时，宜加设梯间平台，超过8 m时，必须设置护笼。（　）

答案：×

296. 作业人员应从规定的通道上下，不得在阳台之间等非规定通道进行攀登，也不得任意利用吊车臂架等施工设备进行攀登。（　）

答案：√

297. 作业人员上下梯子时，必须面向梯子，且不得手持器物。（　）

答案：√

298. 钢屋架的安装中，在层架上下弦登高操作时，对于三角形屋架应在屋脊处，梯形层架应在两端设置攀登时上下的梯架。（　）

答案：√

299. 钢屋架吊装以前，应在上弦设置防护栏杆。（　）

答案：√

300. 钢屋架吊装以前，应预先在下弦挂设安全网；吊装完毕后，即将安全网铺设固定。（　）

答案：√

301. 悬空作业是指在周边临空状态下，无立足点或无牢靠立足点的条件下进行的高处作业。（　）

答案：√

302. 一般情况下悬空作业主要是指建筑安装工程中的构件吊装、悬空绑扎钢筋、混凝土浇筑以及安装门窗等多种作业。（　）

答案：√

303. 一般情况下悬空作业不包括机械设备及脚手架、龙门架等临时设施的搭设、拆除时的悬空作业。（　）

答案：√

304. 钢结构的吊装，构件应尽可能在地面组装，并应搭设进行临时固定、电焊、高强螺栓连接等工序的高空安全设施，随构件同时上吊就位。（ ）

答案：√

305. 悬空安装大模板、吊装第一块预制构件、吊装单独的大中型预制构件时，必须站在操作平台上操作。（ ）

答案：√

306. 严禁在安装中的管道上站立和行走。（ ）

答案：√

307. 安装中的管道设置了固定措施可以临时在上面站立和行走。（ ）

答案：×

308. 模板支设和拆卸时，严禁在连接件和支撑件上攀登上下作业。（ ）

答案：√

309. 模板支设和拆卸时，严禁在上下同一垂直面上装、拆模板。（ ）

答案：√

310. 模板上有预留洞时，应在安装后将洞盖严。（ ）

答案：√

311. 钢筋绑扎时的悬空作业，在绑扎钢筋和安装钢筋骨架时，必须搭设脚手架和马道。（ ）

答案：√

312. 钢筋绑扎时的悬空作业，在绑扎圈梁、挑梁、挑檐、外墙和边柱等钢筋时，应搭设操作台架和张挂安全网。（ ）

答案：√

313. 混凝土浇筑时的悬空作业，浇筑离地 2 m 以上框架、过梁、雨篷和小平台时，应设操作平台，也可以直接站在模板或支撑件上操作。（ ）

答案：×

314. 悬空作业在特殊情况下如无可靠的安全设施，必须系好安全带并扣好保险钩，或架设安全网。（ ）

答案：√

315. 悬空进行门窗作业时，安装门、窗，油漆及安装玻璃时，严禁操作人员站在樘子、阳台栏板上操作。（ ）

答案：√

316. 悬空进行门窗作业时，严禁手拉门、窗进行攀登。（ ）

答案：√

317. 在高处悬空进行外墙安装门、窗，无外脚手架时，应张挂安全网。（ ）

答案：√

318. 当操作平台高度超过 2 m 时，应在四周装设防护栏杆。（ ）

答案：√

319. 移动式操作平台的面积不应超过 10 m^2，高度不应超过 5 m，还应进行稳定验算，并采用措施减少立柱的长细比。（ ）

答案：√

320. 操作平台四周必须按临边作业要求设置防护栏杆，并应布置登高扶梯。（　）

答案：√

321. 操作平台上应显著地标明容许荷载值。（　）

答案：√

322. 操作平台上人员和物料的总重量，严禁超过设计的容许荷载。（　）

答案：√

323. 钢模板、脚手架等拆除时，下方不得有其他操作人员。（　）

答案：√

324. 结构施工自二层起，凡人员进出的通道口(包括井架、施工用电梯的进出通道口)，均应搭设安全防护棚。（　）

答案：√

325. 建筑施工进行高处作业之前，应进行安全防护设施的逐项检查和验收。验收合格后，方可进行高处作业。（　）

答案：√

326. 安全防护设施，应由单位工程负责人验收，并组织有关人员参加。（　）

答案：√

327. 劳动防护用品，是指由生产经营单位为从业人员配备的，使其在劳动过程中免遭或者减轻事故伤害及职业危害的个人防护装备。（　）

答案：√

328. 听觉器官防护用品能够防止过量的声能侵入外耳道，使人耳避免噪声的过度刺激，减少听力损伤，预防噪声对人身引起不良影响的个体防护用品。（　）

答案：√

329. 手部防护用品根据劳动防护用品分类与代码标准，按照防护功能将手部防护用品分为12类。（　）

答案：√

330. 足部防护用品是防止生产过程中有害物质和能量损伤劳动者足部的护具，通常人们称劳动防护鞋。（　）

答案：√

331. 防水鞋、防滑鞋、防穿刺鞋、电绝缘鞋等是施工现场常用的足部防护用品。（　）

答案：√

332. 防坠落用品是防止人体从高处坠落，通过绳带，将高处作业者的身体系接于固定物体上或在作业场所的边沿下方张网，以防不慎坠落。（　）

答案：√

333. 防坠落用品主要有安全带和安全网两种。（　）

答案：√

334. 中华人民共和国境内所有企事业和个体经济组织等用人单位必须为所有从业人员配备符合标准规定的劳动防护用品，并指导、督促劳动者在作业时正确使用，保证劳动者在劳动过程中的安全和健康。（　）

答案：√

335. 电工、电焊工使用绝缘手套和绝缘鞋除按期更换外，不应做到每次使用前作绝缘性能

的检查和每半年作一次绝缘性能复测。 ( )

答案:×

336. 建筑安装等高处作业场所必须按规定架设安全网,作业人员根据不同的作业条件合理选用和佩戴相应种类的安全带。 ( )

答案:√

337. 安全帽的颜色一般以浅色或醒目的颜色为宜,如白色、浅黄色等。 ( )

答案:√

338. 安全帽的规格要求的佩戴高度尺寸要求是 80~90 mm。 ( )

答案:√

339. 安全帽的规格要求的垂直距离、佩戴高度两项要求任何一项不合格都会直接影响到安全帽的整体安全性。 ( )

答案:√

340. 在保证安全性能的前提下,安全帽的重量越重越安全。 ( )

答案:×

341. 安全性能是指安全帽的防护性能,包括基本性能要求和特殊性能要求。 ( )

答案:√

342. 安全帽冲击吸收性能试验中,传递到头模上的冲击力的值越小,说明安全帽的防冲击的性能就越好。 ( )

答案:√

343. 安全帽的性能要求是产品必须达到的指标。 ( )

答案:√

344. 安全帽歪戴、把帽沿戴在脑后并不影响安全帽对于冲击的防护作用。 ( )

答案:×

345. 安全帽的下颌带必须扣在颌下,并系牢,松紧要适度。 ( )

答案:√

346. 受过重击的安全帽,表面没有损坏现象,可以视情况继续使用。 ( )

答案:×

347. 安全帽不但可以防碰撞,而且还能起到绝缘作用。 ( )

答案:√

348. 到现场检查的领导不佩戴安全帽不准进入施工现场。 ( )

答案:√

349. 安全带是预防高处作业工人坠落事故的个人防护用品。 ( )

答案:√

350. 安全带不适用于消防和吊物。 ( )

答案:√

351. 安全带包裹绳子的套用皮革、轻革、维纶或橡胶。 ( )

答案:√

352. 安全带的腰带必须是一整根,其宽度为 40~50 mm,长度为 1 300~1 600 mm。( )

答案:√

353. 安全带的安全绳直径不小于 13 mm,捻度为 8.5~9/100(花/mm)。 ( )

答案:√

354.安全带的金属钩必须有保险装置。 ( )

答案:√

355.安全带及其金属配件、带、绳必须按照《安全带检验方法》国家标准进行测试。( )

答案:√

356.悬挂、攀登安全带,以 100 kg 重量拴挂自由坠落作冲击试验,应无破断。 ( )

答案:√

357.生产厂检验过的安全带样品外观无损伤可以继续出售。 ( )

答案:×

358.禁止把安全带挂在移动或带尖锐角或不牢固的物件上。 ( )

答案:√

359.将安全带挂在高处,人在下面工作就叫高挂低用。 ( )

答案:√

360.安全带必须高挂低用,也可以视情况低挂高用。 ( )

答案:×

361.安全带不使用时要妥善保管,不可接触高温、明火、强酸、强碱或尖锐物体,不要存放在潮湿的仓库中保管。 ( )

答案:√

362.定期或抽样试验用过的安全带,没问题可以再继续使用。 ( )

答案:×

363.各类机床或有被夹挤危险的地方,严禁使用手套。 ( )

答案:√

364.绝缘手套的使用期间,每半年至少作一次电性能测试,如不合格不可继续使用。 ( )

答案:√

365.企业采购劳动保护用品时,应查验劳动保护用品生产厂家或供货商的生产、经营资格,验明商品合格证明和商品标识,以确保采购劳动保护用品的质量符合安全使用要求。 ( )

答案:√

366.从业人员对企业提供的不合格劳动保护用品有权拒绝使用。 ( )

答案:√

367.企业提供的劳动保护用品,从业人员无权拒绝使用。 ( )

答案:×

368.安全标志分禁止标志、警告标志、指令标志和提示标志四大类型。 ( )

答案:√

369.禁止标志的含义是禁止人们不安全行为的图形标志。 ( )

答案:√

370.警告标志的基本含义是提醒人们对周围环境引起注意,以避免可能发生危险的图形标志。 ( )

答案:√

371.指令标志的含义是强制人们必须做出某种动作或采用防范措施的图形标志。( )

答案:√

372.提示标志的含义是向人们提供某种信息(如标明安全设施或场所等)的图形标志。( )

答案:√

373. 安全标志是传递与安全和健康有关的信息。 ( )

答案:√

374. 安全色:传递安全信息含义的颜色,包括红、蓝、黄、绿四种颜色。 ( )

答案:√

375. 对比色:使安全色更加醒目的反衬色,包括黑、白两种颜色。 ( )

答案:√

376. 红色与白色相间条纹:表示禁止人们进入危险的环境。 ( )

答案:√

377. 黄色与黑色相间条纹:表示提示人们特别注意的意思。 ( )

答案:√

378. 蓝色与白色相间条纹:表示必须遵守规定的信息。 ( )

答案:√

379. 绿色与白色相间的条纹:与提示标志牌同时使用,更为醒目地提示人们。 ( )

答案:√

380. 压缩气体和液化气体从管口或破损处高速喷出时,由于强烈的摩擦作用,会产生静电。 ( )

答案:√

381. 压缩气体和液化气体,除了氧气和压缩空气外,大都具有一定的毒害性。 ( )

答案:√

382. 施工现场的明火作业区保持通风良好,设立明显的标志。 ( )

答案:√

383. 施工现场的可燃材料堆场、危险物品库房等,应严格管理,保持通风良好,设立明显的标志。 ( )

答案:√

384. 木刨花、试验剩余物应及时清出,放在指定地点。 ( )

答案:√

385. 施工现场的用火管理,要严格落实危险场地动用明火审批制度。 ( )

答案:√

386. 氧气、乙炔瓶两者不能混放。 ( )

答案:√

387. 在民工宿舍、员工休息室、危险物品库房等火灾危险处设立醒目的严禁吸烟等消防安全标志。 ( )

答案:√

388. 在电器装置相对集中的地点,如变电所,配电室、发电机室等配置相应的灭火器材并禁止烟火。 ( )

答案:√

389. 氧气、乙炔不能长时间在阳光下暴晒,两者间距不得少于 10 m,且距离明火区 10 m 以上。 ( )

答案:√

390. 乙炔瓶表面温度不得超过 40℃。（ ）

答案：√

391. 保存易燃易爆物品处应挂警示牌“严禁烟火”。（ ）

答案：√

392. 灭火就是破坏燃烧三要素的结合。（ ）

答案：√

393. 窒息灭火法就是把不燃的气体或不燃液体（如二氧化碳、氮气、四氯化碳等）喷洒到燃烧物区域内或燃烧物上，使燃烧物得不到足够的氧气而熄灭的灭火方法。（ ）

答案：√

394. 泡沫灭火器扑灭在容器内燃烧的火灾时，切忌直接对准液面喷射，以免由于射流的冲击，反而将燃烧的液体冲散或冲出容器，扩大燃烧范围。（ ）

答案：√

395. 空气泡沫灭火器使用时，应一直紧握开启压把，不能松手，否则也会中断喷射。（ ）

答案：√

396. 二氧化碳灭火器灭火原理：让可燃物的温度迅速降低，并与空气隔离。（ ）

答案：√

397. 使用二氧化碳灭火器时，在室外使用的，应选择在上风方向喷射，并且手要放在钢瓶的木柄上，防止冻伤。（ ）

答案：√

398. 1211 手提式灭火器使用时不能颠倒，也不能横卧，否则灭火剂不会喷出。（ ）

答案：√

399. 干粉灭火器扑救可燃、易燃液体火灾时，应对准火焰根部扫射。（ ）

答案：√

400. 施工现场发生伤亡事故后，发现人员应立即报告项目负责人，项目负责人根据具体情况及时上报有关部门或人员，紧急情况下，任何人都可以拨打 120 急救电话。（ ）

答案：√

401. 止血带使用不能超过 1 小时，不能用金属丝、线带等作止血带。（ ）

答案：√

402. 异物刺入体内时应先将异物拨出，然后用棉垫等止血、包扎。（ ）

答案：×

403. 受伤者如有断肢，要应立即将断肢拾起，把断肢用干净的手绢、毛巾、布片包好，放在没有裂缝的塑料袋或胶皮带内，袋口扎紧，然后在口袋周围放冰块雪糕等降温。（ ）

答案：√

404. 触电是施工现场的五大伤害之一。（ ）

答案：√

405. 发现有触电者应立即用手去拉触电者，使其脱离电源。（ ）

答案：×

406. 对电灼伤的伤口或创面不要用油膏或不干净的敷料包敷，而用干净的敷料包扎，或送医院后待医生处理。（ ）

答案：√

407. 触电者呼吸停止时，应就地平卧解松衣扣，通畅气道，立即口对口人工呼吸。（　　）

答案：√

408. 口对口做人工呼吸具体作法：首先清除口内异物，然后口对口紧合吹气。（　　）

答案：√

409. 煤气中毒又称一氧化碳中毒，一氧化碳中毒分轻、中、重度 3 种。（　　）

答案：√

410. 轻度一氧化碳中毒仅表现为头晕、心悸、恶心、四肢乏力，神志一般清楚。（　　）

答案：√

411. 中度一氧化碳中毒处于推而不醒的昏迷状态，伴有脸色及口唇呈樱桃红色。（　　）

答案：√

412. 重度一氧化碳中毒出现反射消失、抽搐、大小便失禁、脑水肿、肺水肿。（　　）

答案：√

413. 灭火最重时效，能于火源初萌时，立即予以扑灭，即能迅速遏止火灾发生或蔓延。（　　）

答案：√

414. 发生火灾逃生时应作好简易防护，匍匐前进，不要直立迎风而逃。（　　）

答案：√

415. 严重眼伤时，可让伤者仰躺，施救者设法支撑其头部，并尽可能使其保持静止不动，千万不要试图拔出插入眼中的异物。（　　）

答案：√

416. 如果吃下去的是变质的食物，则可服用十滴水来促使迅速呕吐。（　　）

答案：√

417. 若是误食了变质的防腐剂或饮料，最好的急救方法是用鲜牛奶或其他含蛋白质的饮料灌服。（　　）

答案：√

418. 严重中暑者（体温较高者）还可用冷水冲淋或在头、颈、腋下、大腿放置冰袋等方法迅速降温。如中暑者能饮水，则应让其喝冷盐开水或其他清凉饮料，以补充水分和盐分。对病情较重者，应迅速转送医院作进一步急救治疗。（　　）

答案：√

419. 建筑施工现场的电工属于特种作业工种，必须按国家有关规定经专门安全作业培训，取得特种作业操作资格证书，方可上岗作业。（　　）

答案：√

420. 除电工外，其他人员不得随意从事电气设备及电气线路的安装、维修和拆除。（　　）

答案：√

421. 建筑施工现场必须采用 TN－S 接零保护系统，即具有专用保护零线（PE 线）、电源中性点直接接地的 220/380 V 三相五线制系统。（　　）

答案：√

422. 将电气设备外壳与电网的零线连接叫保护接零。（　　）

答案：√

423. 在实际工作中一定要把保护接零与保护接地区分开来。（　　）

答案：√

424. 在同一个电网内，不允许一部分用电设备采用保护接地，而另一部分设备采用保护接零。 ( )

答案：√

425. 工作零线与保护零线必须严格分开。 ( )

答案：√

426. 保护零线严禁穿过漏电保护器，工作零线必须穿过漏电保护器。 ( )

答案：√

427. 保护零线和工作零线都必须穿过漏电保护器。 ( )

答案：×

428. 电箱中应设两块端子板（工作零线 N 与保护零线 PE），保护零线端子板与金属电箱相连，工作零线端子板与金属电箱绝缘。 ( )

答案：√

429. 保护零线必须作重复接地，工作零线禁止作重复接地。 ( )

答案：√

430. 保护零线禁止作重复接地，工作零线必须作重复接地。 ( )

答案：×

431. 保护零线和工作零线禁止作重复接地。 ( )

答案：×

432. 保护零线的统一标志为绿/黄双色线，在任何情况下不准使用绿/黄双色线作负荷线。 ( )

答案：√

433. "两级保护"主要指采用漏电保护措施，除在末级开关箱内加装漏电保护器外，还要在上一级分配电箱或总配电箱中再加装一级漏电保护器，总体上形成两级保护。 ( )

答案：√

434. 第一级漏电保护区域较大，停电后影响也大，漏电保护器灵敏度不要求太高，其漏电动作电流和动作时间应大于后面的第二级保护，这一级保护主要提供间接保护和防止漏电火灾。 ( )

答案：√

435. 专用开关箱内必须设置独立的隔离开关和漏电保护器。 ( )

答案：√

436. 施工现场所有用电设备，除作保护接零外，必须在设备负荷线的首端处设置漏电保护装置。 ( )

答案：√

437. 额定漏电动作电流的作用是当漏电电流达到此值时，保护器动作，保证人员安全。 ( )

答案：√

438. 额定漏电动作时间是指从达到漏电动作电流时起，到电路切断为止的时间。 ( )

答案：√

439. 当在架空线路一侧作业时，必须保持安全操作距离。 ( )

答案：√

440. 当由于条件所限不能满足最小安全操作距离时，应设置绝缘性材料或采取良好接地

措施的钢管搭设的防护性遮拦、栅栏并悬挂警告牌等防护措施。 ( )

答案:√

441.室内灯具离地面低于2.4 m,手持照明灯具,电源电压应不大于36 V。 ( )

答案:√

442.一般潮湿作业场所、地下室、潮湿室内、潮湿楼梯、隧道、人防工程以及有高温、导电灰尘等的照明,电源电压应不大于36 V。 ( )

答案:√

443.在特别潮湿的场所、锅炉或金属容器内、导电良好的地面使用手持照明灯具等,照明电源电压不得大于12 V。 ( )

答案:√

444.一般情况下,工作相线(火线)带电危险,专用工作零线和专用保护零线不带电(但在不正常情况下,工作零线也可以带电)。 ( )

答案:√

445.一般相线(火线)分为A、B、C三相,分别为黄色、绿色、红色。工作零线为淡蓝色,专用保护零线为黄绿双色线。 ( )

答案:√

446.严禁用黄绿双色、黑色、蓝色线当相线。 ( )

答案:√

447.在宿舍工棚、仓库、办公室内严禁使用电饭煲、电水壶、电炉、电热杯等较大功率电器。 ( )

答案:√

448.严禁在宿舍内乱拉乱接电源,非专职电工不准乱接或更换熔丝,不准以其他金属丝代替熔丝(保险)丝。 ( )

答案:√

449.严禁在宿舍内乱拉乱接电源,非专职电工不准乱接或更换熔丝,紧急情况时可以用其他金属丝代替熔丝(保险)丝。 ( )

答案:×

450.当发现电线坠地或设备漏电时,切不可随意跑动和触摸金属物体,并保持10 m以上距离。 ( )

答案:√

451.照明系统中每一单相回路上,灯具和插座数量不宜超过25个,并应装设熔断电流为15 A以下的熔断保护器。 ( )

答案:√

452.施工现场临时用电一般采用三级配电方式,即总配电箱(或配电室),下设分配电箱,再以下设开关箱,开关箱以下就是用电设备。 ( )

答案:√

453.电箱、开关箱应安装端正、牢固,不得倒置、歪斜。 ( )

答案:√

454.分配电箱与开关箱的距离不得超过30 m。开关箱与固定式用电设备的水平距离不宜超过3 m。 ( )

答案:√

455. 严禁用同一个开关电器直接控制两台及两台以上用电设备(含插座)。 ( )

答案:√

456. 开关箱中必须设漏电保护器,其额定漏电动作电流应不大于 30 mA,漏电动作时间应不大于 0.1 s。 ( )

答案:√

457. 在停、送电时,送电操作顺序:总配电箱→分配电箱→开关箱;断电操作顺序:开关箱→分配电箱→总配电箱。 ( )

答案:√

458. 熔断器的熔丝烧断时,必须用原规格的熔丝,严禁用铜线、铁线代替。 ( )

答案:√

459. 熔断器的熔丝烧断时,可以用铜线、铁线拧紧代替原规格的熔丝。 ( )

答案:×

460. Ⅱ类工具是指绝缘结构皆为双重绝缘结构的电动机具。 ( )

答案:√

461. Ⅰ、Ⅱ、Ⅲ类工具都能保证使用时电气安全的可靠性,不必接地或接零。 ( )

答案:×

462. 一般场所应选用Ⅰ类手持式电动工具,并应装设额定漏电动作电流不大于 15 mA、额定漏电动作时间小于 0.1 s 的漏电保护器。 ( )

答案:√

463. 在露天、潮湿场所或金属构架上操作时,必须选用Ⅱ类手持式电动工具,并装设漏电保护器,严禁使用Ⅰ类手持式电动工具。 ( )

答案:√

464. 作业人员使用手持电动工具时,应穿绝缘鞋,戴绝缘手套。 ( )

答案:√

465. 电击是最危险的触电事故,大多数触电死亡事故都是电击造成的。 ( )

答案:√

466. 电伤是电流的热效应、化学效应或机械效应对人体造成的伤害。 ( )

答案:√

467. 灼伤是指由于电流的热效应引起的伤害。 ( )

答案:√

468. 皮肤金属化是在电流作用下,使熔化和蒸发的金属微粒渗入皮肤表层。 ( )

答案:√

469. 特种设备生产、使用单位应当建立健全特种设备安全、节能管理制度和岗位安全、节能责任制度。 ( )

答案:√

470. 特种设备生产、使用单位的主要负责人应当对本单位特种设备的安全和节能全面负责。 ( )

答案:√

471. 特种设备检验检测机构,应当依照特种设备安全监察条例规定,进行检验检测工作,

对其检验检测结果、鉴定结论承担法律责任。 ( )

答案:√

472.国家鼓励推行科学的管理方法,采用先进技术,提高特种设备安全性能和管理水平,增强特种设备生产、使用单位防范事故的能力,对取得显著成绩的单位和个人,给予奖励。 ( )

答案:√

473.特种设备生产、使用单位和特种设备检验检测机构,应当保证必要的安全和节能投入。 ( )

答案:√

474.国家鼓励实行特种设备责任保险制度,提高事故赔付能力。 ( )

答案:√

475.特种设备安全监督管理部门应当建立特种设备安全监察举报制度。 ( )

答案:√

476.特种设备安全监督管理部门应当建立特种设备安全监察登记制度。 ( )

答案:×

477.特种设备安全监督管理部门应当建立特种设备安全监察举报制度,对举报的特种设备生产、使用和检验检测违法行为,及时予以处理。 ( )

答案:√

478.特种设备安全监督管理部门和行政监察等有关部门应当为举报人保密,并按照国家有关规定给予奖励。 ( )

答案:√

479.特种设备安全监督管理部门和行政监察等有关部门应当将为举报人的信息公布于众。 ( )

答案:×

480.特种设备生产单位,应当依照特种设备安全监察条例规定以及国务院特种设备安全监督管理部门制订并公布的安全技术规范的要求,进行生产活动。 ( )

答案:√

481.特种设备生产单位,只要依据国务院特种设备安全监督管理部门制订并公布的安全技术规范的要求,进行生产活动就符合要求。 ( )

答案:×

482.特种设备生产单位对其生产的特种设备的安全性能和能效指标负责。 ( )

答案:√

483.特种设备生产单位对国家产业政策明令淘汰的特种设备,可以根据需要适当生产。 ( )

答案:×

484.压力容器的设计单位应当经国务院特种设备安全监督管理部门许可,方可从事压力容器的设计活动。 ( )

答案:√

485.锅炉、压力容器、电梯、起重机械、客运索道、大型游乐设施及其安全附件、安全保护装置的制造、安装、改造单位,以及压力管道用管子、管件、阀门、法兰、补偿器、安全保护装置等的制造单位和场(厂)内专用机动车辆的制造、改造单位,应当经国务院特种设备安全监督管理部

门许可，方可从事相应的活动。 （ ）

答案：√

486.特种设备出厂时，应当附有安全技术规范要求的设计文件、产品质量合格证明、安装及使用维修说明、监督检验证明等文件。 （ ）

答案：√

487.锅炉、压力容器、电梯、起重机械、客运索道、大型游乐设施、场(厂)内专用机动车辆的维修单位，应当有与特种设备维修相适应的专业技术人员和技术工人以及必要的检测手段，并经省、自治区、直辖市特种设备安全监督管理部门许可，方可从事相应的维修活动。 （ ）

答案：√

488.锅炉、压力容器、电梯、起重机械、客运索道、大型游乐设施、场(厂)内专用机动车辆的维修单位，经省、自治区、直辖市特种设备安全监督管理部门许可，方可从事相应的维修活动。（ ）

答案：×

489.电梯的安装、改造、维修，必须由电梯制造单位或者其通过合同委托、同意的依照特种设备安全监察条例取得许可的单位进行。 （ ）

答案：√

490.电梯制造单位对电梯质量以及安全运行涉及的质量问题负责。 （ ）

答案：√

491.电梯井道的土建工程必须符合建筑工程质量要求。 （ ）

答案：√

492.电梯安装施工过程中，电梯安装单位应当遵守施工现场的安全生产要求，落实现场安全防护措施。 （ ）

答案：√

493.电梯安装施工过程中，施工现场的安全生产监督，由安装单位依照有关法律、行政法规的规定执行。 （ ）

答案：×

494.电梯安装施工过程中，电梯安装单位应当服从建筑施工总承包单位对施工现场的安全生产管理，并订立合同，明确各自的安全责任。 （ ）

答案：√

495.电梯安装施工过程中，电梯安装单位符合本单位对施工现场的安全生产管理，确保安全生产。 （ ）

答案：×

496.电梯的制造、安装、改造和维修活动，必须严格遵守安全技术规范的要求。 （ ）

答案：√

497.电梯的制造、安装、改造和维修活动，必须严格遵守质量技术规范的要求。 （ ）

答案：×

498.电梯制造单位委托或者同意其他单位进行电梯安装、改造、维修活动的，应当对其安装、改造、维修活动进行安全指导和监控。 （ ）

答案：√

499.电梯制造单位委托或者同意其他单位进行电梯安装、改造、维修活动的，该单位自己应当对其安装、改造、维修活动进行安全指导和监控。 （ ）

答案:×

500.电梯的安装、改造、维修活动结束后,电梯制造单位应当按照安全技术规范的要求对电梯进行校验和调试,并对校验和调试的结果负责。 ( )

答案:√

501.锅炉、压力容器、电梯、起重机械、客运索道、大型游乐设施的安装、改造、维修以及场(厂)内专用机动车辆的改造、维修竣工后,安装、改造、维修的施工单位应当在验收后30日内将有关技术资料移交使用单位。 ( )

答案:√

502.特种设备使用单位,应当严格执行特种设备安全监察条例和有关安全生产的法律、行政法规的规定,保证特种设备的安全使用。 ( )

答案:√

503.特种设备使用单位应当使用符合安全技术规范要求的特种设备。 ( )

答案:√

504.特种设备使用单位应当使用符合国家要求的特种设备。 ( )

答案:×

505.特种设备检验检测工作应当符合安全技术规范的要求。 ( )

答案:√

506.检验检测人员从事检验检测工作,必须在特种设备检验检测机构执业,可以在两个以上检验检测机构中执业。 ( )

答案:×

507.特种设备检验检测机构和检验检测人员对涉及的被检验检测单位的商业秘密,负有保密义务。 ( )

答案:√

508.检验检测结果、鉴定结论经检验检测人员签字后,由检验检测机构负责人签署。 ( )

答案:√

509.检验检测结果、鉴定结论经检验检测人员签字即可。 ( )

答案:×

510.特种设备检验检测机构和检验检测人员对检验检测结果、鉴定结论负责。 ( )

答案:√

511.只有检验检测人员对检验检测结果、鉴定结论负责。 ( )

答案:×

512.特种设备检验检测机构和检验检测人员不得从事特种设备的生产、销售,但可以其名义推荐或者监制、监销特种设备。 ( )

答案:×

513.特种设备安全监督管理部门依照特种设备安全监察条例规定,对特种设备生产、使用单位和检验检测机构实施安全监察。 ( )

答案:√

514.未依法取得许可、核准、登记的单位擅自从事特种设备的生产、使用或者检验检测活动的,特种设备安全监督管理部门应当依法予以处理。 ( )

答案:√

515. 违反条例规定，被依法撤销许可的，自撤销许可之日起 3 年内，特种设备安全监督管理部门不予受理其新的许可申请。（　）

答案：√

516. 违反条例规定，被依法撤销许可的，自撤销许可之日起 1 年内，特种设备安全监督管理部门不予受理其新的许可申请。（　）

答案：×

517. 特种设备安全监察人员应当忠于职守、坚持原则、秉公执法。（　）

答案：√

518. 特种设备安全监督管理部门对特种设备生产、使用单位和检验检测机构实施安全监察时，应当有两名以上特种设备安全监察人员参加，并出示有效的特种设备安全监察人员证件。（　）

答案：√

519. 较大事故由省、自治区、直辖市特种设备安全监督管理部门会同有关部门组织事故调查组进行调查。（　）

答案：√

520. 一般事故由设区的市的特种设备安全监督管理部门会同有关部门组织事故调查组进行调查。（　）

答案：√

521. 锅炉、压力容器、电梯、起重机械、客运索道、大型游乐设施的安装、改造、维修的施工单位以及场(厂)内专用机动车辆的改造、维修单位，在施工前未将拟进行的特种设备安装、改造、维修情况书面告知直辖市或者设区的市的特种设备安全监督管理部门即行施工的，或者在验收后 30 日内未将有关技术资料移交锅炉、压力容器、电梯、起重机械、客运索道、大型游乐设施的使用单位的，由特种设备安全监督管理部门责令限期改正；逾期未改正的，处 2 000 元以上 1 万元以下罚款。（　）

答案：√

522. 电梯制造单位对电梯的安全运行情况进行跟踪调查和了解时，发现存在严重事故隐患，未及时向特种设备安全监督管理部门报告的，由特种设备安全监督管理部门责令限期改正；逾期未改正的，予以通报批评。（　）

答案：√

523. 特种设备使用单位使用未取得生产许可的单位生产的特种设备或者将非承压锅炉、非压力容器作为承压锅炉、压力容器使用的，由特种设备安全监督管理部门责令停止使用，予以没收，处 2 万元以上 10 万元以下罚款。（　）

答案：√

524. 特种设备存在严重事故隐患，无改造、维修价值，或者超过安全技术规范规定的使用年限，特种设备使用单位应当予以报废。（　）

答案：√

525. 特种设备使用单位的主要负责人在本单位发生特种设备事故时，应立即组织抢救。（　）

答案：√

526. 特种设备使用单位的主要负责人对特种设备事故隐瞒不报、谎报或者拖延不报的，或者在事故调查处理期间擅离职守或者逃匿的，会受到法律的制裁。（　）

答案:√

527. 发生较大事故,对事故发生负有责任的单位,由特种设备安全监督管理部门处 20 万元以上 50 万元以下罚款。 ( )

答案:√

528. 发生较大事故,对事故发生负有责任的单位的主要负责人未依法履行职责,导致事故发生的,由特种设备安全监督管理部门处以上一年年收入 40%的罚款。 ( )

答案:√

529. 特种设备作业人员违反特种设备的操作规程和有关的安全规章制度操作,或者在作业过程中发现事故隐患或者其他不安全因素,未立即向现场安全管理人员和单位有关负责人报告的,由特种设备使用单位给予批评教育、处分;情节严重的,撤销特种设备作业人员资格;触犯刑律的,依照刑法关于重大责任事故罪或者其他罪的规定,依法追究刑事责任。 ( )

答案:√

530. 压力容器,是指盛装气体或者液体,承载一定压力的密闭设备。 ( )

答案:√

531. 压力容器是最高工作压力大于或者等于 0.1 MPa(表压),且压力与容积的乘积大于或者等于 2.5 MPa·L 的气体、液化气体和最高工作温度高于或者等于标准沸点的液体的固定式容器和移动式容器。 ( )

答案:√

532. 压力容器是盛装公称工作压力大于或者等于 0.2 MPa(表压),且压力与容积的乘积大于或者等于 1.0 MPa·L 的气体、液化气体和标准沸点等于或者低于 60℃液体的气瓶,氧舱等。 ( )

答案:√

533. 电梯,是指动力驱动,利用沿刚性导轨运行的箱体或者沿固定线路运行的梯级(踏步),进行升降或者平行运送人、货物的机电设备,包括载人(货)电梯、自动扶梯、自动人行道等。 ( )

答案:√

534. 起重机械,是指用于垂直升降或者垂直升降并水平移动重物的机电设备,其范围规定为额定起重量大于或者等于 0.5 t 的升降机;额定起重量大于或者等于 1 t,且提升高度大于或者等于 2 m 的起重机和承重形式固定的电动葫芦等。 ( )

答案:√

535. 特种设备包括其所用的材料、附属的安全附件、安全保护装置和与安全保护装置相关的设施。 ( )

答案:√

536. 国务院建设主管部门负责全国建筑施工特种作业人员的监督管理工作。 ( )

答案:√

537. 省、自治区、直辖市人民政府建设主管部门负责本行政区域内建筑施工特种作业人员的监督管理工作。 ( )

答案:√

538. 省、自治区、直辖市安监局负责本行政区域内建筑施工特种作业人员的监督管理工作。 ( )

答案:×

539.符合规定的人员应当向本人户籍所在地或者从业所在地考核发证机关提出申请,并提交相关证明材料。 ( )

答案:√

540.考核发证机关应当自收到申请人提交的申请材料之日起5个工作日内依法作出受理或者不予受理决定。 ( )

答案:√

541.考核发证机关应当自收到申请人提交的申请材料之日起15个工作日内依法作出受理或者不予受理决定。 ( )

答案:×

542.考核发证机关在受理了申请之后,应当及时向申请人核发准考证。 ( )

答案:√

543.持有特种作业资格证书的人员,应当受聘于建筑施工企业或者建筑起重机械出租单位,方可从事相应的特种作业。 ( )

答案:√

544.用人单位对于首次取得资格证书的人员,应当在其正式上岗前安排不少于6个月的实习操作。 ( )

答案:×

545.建筑施工特种作业人员应当参加年度安全教育培训或者继续教育,每年不得少于24 h。 ( )

答案:√

546.建筑施工特种作业操作资格证书的封皮采用深绿色塑料封皮对开,尺寸为100 mm×75 mm。 ( )

答案:√

547.特种作业操作资格证书正本及副本均采用纸质,正本加盖钢印和发证机关章后塑封,尺寸为90 mm×60 mm。 ( )

答案:√

548.特种作业操作资格证书正本及副本均采用纸质。 ( )

答案:√

549.建筑施工特种作业操作资格证书编号共十四位。 ( )

答案:√

550.建筑施工特种作业操作资格证书编号共十二位。 ( )

答案:×

551.建筑施工特种作业操作资格证书编号共十四位。其中第一位为持证人所在省(市、自治区)简称,如河北省为"冀"。 ( )

答案:√

552.建筑施工特种作业操作资格证书编号的第三、四位为工种类别代码,用2个阿拉伯数字标注。 ( )

答案:√

553.建筑施工特种作业操作资格证书编号的第三、四位为发放年份代码,用2个阿拉伯数

字标注。 （ ）

答案：×

554. 建筑电工安全技术考核大纲(试行)内容包括：安全技术理论和安全生产基本知识。（ ）

答案：×

555. 建筑起重机械安装拆卸工(施工升降机)安全技术考核大纲的安全操作技能要求掌握紧急情况处置方法。 （ ）

答案：√

556. 建筑电工的考核设备：总配电箱、分配电箱、开关箱(或模板)各 1 个，用电设备 1 台，电气元件若干，电缆、导线若干。 （ ）

答案：√

557. 建筑电工考核的测量仪器：万用表、兆欧表(绝缘电阻测试仪)、漏电保护器测试仪、接地电阻测试仪。 （ ）

答案：√

558. 建筑电工的考核时间为 90 min。 （ ）

答案：√

559. 建筑电工的考核满分 60 分。 （ ）

答案：√

560. 考核评分标准中。各项目所扣分数总和不得超过该项应得分值。 （ ）

答案：√

561. 考核评分标准中。有的项目出现严重不符合的所扣分数总和可以超过该项应得分值。 （ ）

答案：×

562. 建筑电工考核评分标准中，要求会使用相应仪器测量接地装置的接地电阻值、测量用电设备绝缘电阻、测量漏电保护器参数。 （ ）

答案：√

563. 建筑电工考核评分标准中，测试接地装置的接地电阻、用电设备绝缘电阻、漏电保护器参数的考核时间是 15 min。 （ ）

答案：√

564. 建筑电工考核评分标准中，测试接地装置的接地电阻、用电设备绝缘电阻、漏电保护器参数满分 15 分。完成一项测试项目，且测量结果正确的，得 5 分。 （ ）

答案：√

565. 临时用电系统及电气设备故障排除的考核时间是 15 min。 （ ）

答案：√

566. 各项考核的时间应符合规定的要求，具体可根据实际考核情况调整。 （ ）

答案：√

567. 各项考核的时间应符合规定的要求，不能调整。 （ ）

答案：×

568. 建筑架子工(普通脚手架)操作技能考核标准，要求考生能够现场搭设双排落地扣件式钢管脚手架。 （ ）

答案：√

569. 现场搭设双排落地扣件式钢管脚手架的满分 70 分。 ( )

答案:√

570. 查找满堂脚手架(模板支架)存在的安全隐患的考核时间是 30 min。 ( )

答案:×

571. 扣件式钢管脚手架部件的判废的满分 10 分。在规定时间内能正确判断并说明原因的,每项得 2.5 分;判断正确但不能准确说明原因的,每项得 1.5 分。 ( )

答案:√

572. 附着升降脚手架升降作业的考核要求,每次 3 组、每 4 位考生一组,每组负责一个机位,操作三套升降机构的升降作业。 ( )

答案:√

573. 附着升降脚手架升降的安全网的设置要求:未设置首层平网、作业层平网和密目式安全网的,每项扣 4 分。 ( )

答案:√

574. 附着升降脚手架升降的防坠装置调试,调试不到位、动作不可靠的,每处扣 4 分。 ( )

答案:√

575. 附着升降脚手架升降的防坠装置调试,调试不到位、动作不可靠的,每处扣 8 分。 ( )

答案:×

576. 建筑架子工(附着升降脚手架)安全操作技能考核标准中,故障识别判断的考核时间是 15 min。满分 10 分。在规定时间内正确识别判断的,每项得 5 分。 ( )

答案:√

577. 建筑起重信号司索工安全操作技能考核标准(试行)中,装置绳卡的考核方法,是由考生装置一组钢丝绳绳卡。时间是 10 min。 ( )

答案:√

578. 起重吊具、索具和机具的识别判断,随机抽取 2 根不同规格的钢丝绳,由考生判断钢丝绳的规格。 ( )

答案:√

579. 起重吊具、索具和机具的识别判断,从起重吊、索具和机具实物或图示、影像资料中随机抽取 5 种,由考生识别并说明其名称。 ( )

答案:√

580. 钢丝绳、卸扣、绳卡和吊钩的判废,满分 10 分。在规定时间内正确判断并说明原因的,每项得 2.5 分;判断正确但不能准确说明原因的,每项得 1 分。 ( )

答案:√

581. 重量估算的考核器具包括各种规格钢丝绳、麻绳若干、钢构件(管、线、板、型材组成的简单构件)实物或图示、影像资料、计时器 1 个、个人安全防护用品。 ( )

答案:√

582. 施工升降机驾驶的考核评分标准中,未关闭层门启动升降机的扣 10 分。 ( )

答案:√

583. 施工升降机驾驶的考核评分标准,满分 15 分。在规定时间内正确识别判断的,每项得 7.5 分。 ( )

答案:√

584. 塔式起重机起重臂、平衡臂部件的安装顺序：安装底座→安装基础节→安装回转支承→安装塔帽→安装平衡臂及起升机构→安装 1～2 块平衡重(按使用说明书要求)→安装起重臂→安装剩余平衡重→穿绕起重钢丝绳→接通电源→调试→安装后自验。 (　　)

答案：√

585. 塔式起重机顶升加节的顶升顺序：连接回转下支承与外套架→检查液压系统→找准顶升平衡点→顶升前锁定回转机构→调整外套架导向轮与标准节间隙→搁置顶升套架的爬爪、标准节踏步与顶升横梁→拆除回转下支承与标准节联接螺栓→顶升开始→拧紧联接螺栓或插入销轴(一般要有 2 个顶升行程才能加入标准节)→加节完毕后油缸复原→拆除顶升液压线路及电气。 (　　)

答案：√

586. 塔式起重机起重臂、平衡臂部件的安装中，吊点位置确定不正确的，扣 10 分。 (　　)

答案：√

587. 塔式起重机起重臂、平衡臂部件的安装中，吊点位置确定不正确的，扣 8 分。 (　　)

答案：×

588. 建筑起重机械安装拆卸工(塔式起重机)安全操作技能考核标准，塔式起重机的安装、拆卸的考核，塔式起重机起重臂、平衡臂部件的安装和塔式起重机顶升加节作业，在考核时可任选一题。 (　　)

答案：√

589. 建筑起重机械安装拆卸工(塔式起重机)安全操作技能考核标准，塔式起重机的安装、拆卸的考核，塔式起重机起重臂、平衡臂部件的安装和塔式起重机顶升加节作业，必须全考。 (　　)

答案：×

590. 施工升降机的安装和调试的考核时间是 240 min。具体可根据实际模拟情况调整。 (　　)

答案：√

591. 施工升降机安装和调试过程中，导轨架垂直度未达标准的，扣 10 分。 (　　)

答案：√

592. 物料提升机的安装与调试的考核时间是 180 min，具体可根据实际模拟情况调整。 (　　)

答案：√

593. 高处作业吊篮的安装与调试的考核时间为 60 min。满分 80 分。 (　　)

答案：√

594. 高处作业吊篮的安装与调试的考核评分标准，各项目所扣分数总和不得超过该项应得分值。 (　　)

答案：√

595. 高处作业吊篮的安装与调试的考核评分标准中，提升机、安全锁安装调试与升降操作提升机、安全锁安装不正确的，每项扣 3 分。 (　　)

答案：√

596. 高处作业吊篮的安装与调试的考核评分标准中，提升机、安全锁安装调试与升降操作提升机、安全锁安装不正确的，每项扣 5 分。 (　　)

答案：×

597. 高处作业吊篮的安装与调试的考核评分标准中，提升(安全)钢丝绳穿绕方式不符合要求的，扣8分。（ ）

答案：√

598. 高处作业吊篮的安装与调试的考核评分标准中，提升(安全)钢丝绳穿绕方式不符合要求的，扣5分。（ ）

答案：×

599. 高处作业吊篮紧急情况处理，在规定时间内对存在的问题描述正确并正确叙述处置方法的，得10分。（ ）

答案：√

600. 高处作业吊篮紧急情况处理，在规定时间内对存在的问题描述正确，但未能正确叙述处置方法的，得5分。（ ）

答案：√

601. 建设单位应当向施工单位保证所提供资料的真实、准确、完整性。（ ）

答案：√

602. 建设单位不得压缩合同约定的工期。（ ）

答案：√

603. 建设单位不得明示或者暗示施工单位购买、租赁、使用不符合安全施工要求的安全防护用具、机械设备、施工机具及配件、消防设施和器材。（ ）

答案：√

604. 建设单位应当将拆除工程发包给具有相应资质等级的施工单位。（ ）

答案：√

605. 建设单位应当将拆除工程发包给任何施工单位。（ ）

答案：×

606. 设计单位和注册建筑师等注册执业人员应当对其设计负责。（ ）

答案：√

607. 工程监理单位和监理工程师对建设工程安全生产承担监理责任。（ ）

答案：√

608. 工程监理单位和监理工程师对建设工程安全生产承担管理责任。（ ）

答案：×

609. 禁止出租检测不合格的机械设备和施工机具及配件。（ ）

答案：√

610. 施工单位从事建设工程的新建、扩建、改建和拆除等活动。（ ）

答案：√

611. 施工单位应在其资质等级许可的范围内承揽工程。（ ）

答案：√

612. 施工单位主要负责人依法对本单位的安全生产工作全面负责。（ ）

答案：√

613. 分包单位应当服从总承包单位的安全生产管理。（ ）

答案：√

614. 分包单位应当按照本单位的安全生产管理模式进行管理。（ ）

答案:√

615.施工现场生活区的选址应当符合安全性要求。 ( )

答案:√

616.施工现场生活区的选址应当符合舒适性要求。 ( )

答案:×

617.施工单位不得在尚未竣工的建筑物内设置员工集体宿舍。 ( )

答案:√

618.施工单位在尚未竣工的建筑物内设置员工集体宿舍,一定要符合安全性要求。 ( )

答案:×

619.施工现场临时搭建的建筑物应当符合安全使用要求。 ( )

答案:√

620.施工单位应当采取措施,防止或者减少粉尘、废气、废水、固体废物、噪声、振动和施工照明对人和环境的危害和污染。 ( )

答案:√

621.在城市市区内的建设工程,施工单位应当对施工现场实行封闭围挡。 ( )

答案:√

622.作业人员进入新的岗位或者新的施工现场前,应当接受安全生产教育培训。未经教育培训或者教育培训考核不合格的人员,不得上岗作业。 ( )

答案:√

623.作业人员进入新的岗位或者新的施工现场前,应当接受安全生产教育培训。然后就可以上岗作业。 ( )

答案:×

624.施工单位在采用新技术、新工艺、新设备、新材料时,应当对作业人员进行相应的安全生产教育培训。 ( )

答案:√

625.施工单位应当为施工现场从事危险作业的人员办理意外伤害保险。 ( )

答案:√

626.意外伤害保险费由施工单位支付。 ( )

答案:√

627.意外伤害保险费由职工本人支付。 ( )

答案:×

628.实行施工总承包的,由总承包单位支付意外伤害保险费。 ( )

答案:√

629.意外伤害保险期限自建设工程开工之日起至竣工验收合格止。 ( )

答案:√

630.施工单位应当制定本单位生产安全事故应急救援预案,建立应急救援组织或者配备应急救援人员,配备必要的应急救援器材、设备,并定期组织演练。 ( )

答案:√

631.施工单位制定本单位生产安全事故应急救援预案就能保证应急响应能力。 ( )

答案:×

632. 实行施工总承包的，总承包单位统一组织编制建设工程生产安全事故应急救援预案。（ ）

答案：√

633. 实行施工总承包的，建设工程生产安全事故应急救援预案，由工程总承包单位和分包单位单独编制，各自建立应急救援组织或者配备应急救援人员，配备救援器材、设备，并定期组织演练。（ ）

答案：×

634. 实行施工总承包的建设工程，由总承包单位负责上报事故。（ ）

答案：√

635. 发生生产安全事故后，施工单位应当采取措施防止事故扩大，保护事故现场。需要移动现场物品时，应当做出标记和书面记录，妥善保管有关证物。（ ）

答案：√

636. 国务院建设主管部门对全国建筑起重机械的租赁、安装、拆卸、使用实施监督管理。（ ）

答案：√

637. 出租单位出租的建筑起重机械和使用单位购置、租赁、使用的建筑起重机械应当具有特种设备制造许可证、产品合格证、制造监督检验证明。（ ）

答案：√

638. 出租单位应当在签订的建筑起重机械租赁合同中，明确租赁双方的安全责任。（ ）

答案：√

639. 国家明令淘汰或禁止使用的建筑起重机械，出租单位或者自购建筑起重机械的使用单位应当予以报废，并向原备案机关办理注销手续。（ ）

答案：√

640. 超过安全技术标准或制造厂家规定的使用年限的建筑起重机械，出租单位或者自购建筑起重机械的使用单位适当修理使用。（ ）

答案：×

641. 出租单位、自购建筑起重机械的使用单位，应当建立建筑起重机械安全技术档案。（ ）

答案：√

642. 从事建筑起重机械安装、拆卸活动的单位，并在其资质许可范围内承揽建筑起重机械安装、拆卸工程。（ ）

答案：√

643. 从事建筑起重机械安装、拆卸活动的单位，应当依法取得建设主管部门颁发的相应资质和建筑施工企业安全生产许可证，可以承揽建筑起重机械安装、拆卸工程。（ ）

答案：×

644. 实行施工总承包的，施工总承包单位应当与安装单位签订建筑起重机械安装、拆卸工程安全协议书。（ ）

答案：√

645. 安装单位应当按照安全技术标准及建筑起重机械性能要求，编制建筑起重机械安装、拆卸工程专项施工方案，并由本单位技术负责人签字。（ ）

答案：√

646.安装单位应当按照安全技术标准及建筑起重机械性能要求，编制建筑起重机械安装、拆卸工程专项施工方案，并由本单位负责人签字。 ( )

答案:×

647.安装单位应当将建筑起重机械安装、拆卸工程专项施工方案，安装、拆卸人员名单，安装、拆卸时间等材料报施工总承包单位和监理单位审核后，告知工程所在地县级以上地方人民政府建设主管部门。 ( )

答案:√

648.安装单位应当将建筑起重机械安装、拆卸工程专项施工方案，安装、拆卸人员名单，安装、拆卸时间等材料报施工总承包单位和监理单位审核后，与工程所在地县级以上地方人民政府建设主管部门无关。 ( )

答案:×

649.建筑起重机械安装完毕后，安装单位自检合格的，应当出具自检合格证明，并向使用单位进行安全使用说明。 ( )

答案:√

650.安装、拆卸工程生产安全事故应急救援预案是建筑起重机械安装、拆卸工程档案大内容之一。 ( )

答案:√

651.实行施工总承包的，由施工总承包单位组织验收。 ( )

答案:√

652.建筑起重机械在验收前应当经有相应资质的检验检测机构监督检验合格。 ( )

答案:√

653.建筑起重机械在验收前应当经检验检测机构监督检验合格。 ( )

答案:×

654.检验检测机构和检验检测人员对检验检测结果、鉴定结论依法承担法律责任。 ( )

答案:√

655.建筑起重机械使用单位可以不用制定建筑起重机械生产安全事故应急救援预案。 ( )

答案:×

656.建筑起重机械使用单位应指定专职设备管理人员、专职安全生产管理人员进行现场监督检查。 ( )

答案:√

657.建筑起重机械出现故障或者发生异常情况的，立即停止使用，消除故障和事故隐患后，方可重新投入使用。 ( )

答案:√

658.使用单位在建筑起重机械租期结束后，应当将定期检查、维护和保养记录移交出租单位。 ( )

答案:√

659.使用单位在建筑起重机械租期结束后，应当自行保管定期检查、维护和保养记录。( )

答案:×

660.禁止擅自在建筑起重机械上安装非原制造厂制造的标准节和附着装置。 ( )

答案:√

661. 使用单位酌情在建筑起重机械上安装非原制造厂制造的标准节和附着装置。（　　）

答案：×

662. 施工现场有多台塔式起重机作业时，施工总承包单位应当组织制定并实施防止塔式起重机相互碰撞的安全措施。（　　）

答案：√

663. 施工现场有多台塔式起重机作业时，安装单位应当组织制定并实施防止塔式起重机相互碰撞的安全措施。（　　）

答案：×

664. 监理单位发现存在生产安全事故隐患的，应当要求安装单位、使用单位限期整改，对安装单位、使用单位拒不整改的，及时向建设单位报告。（　　）

答案：√

665. 监理单位发现存在生产安全事故隐患的，直接向建设单位报告。（　　）

答案：×

666. 不同施工单位在同一施工现场使用多台塔式起重机作业时，建设单位应当协调组织制定防止塔式起重机相互碰撞的安全措施。（　　）

答案：√

667. 不同施工单位在同一施工现场使用多台塔式起重机作业时，监理单位应当协调组织制定防止塔式起重机相互碰撞的安全措施。（　　）

答案：×

668. 建筑起重机械特种作业人员应当遵守建筑起重机械安全操作规程和安全管理制度，在作业中有权拒绝违章指挥和强令冒险作业，有权在发生危及人身安全的紧急情况时立即停止作业或者采取必要的应急措施后撤离危险区域。（　　）

答案：√

669. 建筑起重机械特种作业人员应当遵守建筑起重机械安全操作规程和安全管理制度，在作业中有权拒绝违章指挥和强令冒险作业，不能停止作业或者采取必要的应急措施后撤离危险区域。（　　）

答案：×

670. 使用单位擅自在建筑起重机械上安装非原制造厂制造的标准节和附着装置的，由县级以上地方人民政府建设主管部门责令限期改正，予以警告，并处以 5 000 元以上 3 万元以下罚款。（　　）

答案：√